U0382619

Chen Changshu

陈昌曙文集

马克思主义哲学卷

陈昌曙/编著

科学出版社

北京

内 容 简 介

陈昌曙先生坚持用马克思主义哲学作为研究技术哲学的理论基础,引领开创了独具特色的、工程传统的中国技术哲学研究方向,逐渐形成了中国技术哲学的"东北学派",正如他本人所说:"我们承认的技术哲学,只能是马克思主义哲学在工程技术领域的应用。"本书主要选取了陈昌曙公开发表的哲学论文、专著,以及参与编著的教材、译作、词条等,包含"辩证法"、"认识论·方法论·逻辑学"、"唯物史观"和"哲学与自然科学及其他"四大部分。

本书可作为全国高校马克思主义哲学必修课教材和科学技术哲学研究生参考用书,对科技工作者和管理人员也具有一定参考价值。

图书在版编目(CIP)数据

陈昌曙文集·马克思主义哲学卷/陈昌曙编著 .—北京:科学出版社,2015

ISBN 978-7-03-045090-6

Ⅰ.①陈… Ⅱ.①陈… Ⅲ.①陈昌曙(1932~2011)-文集 ②马克思主义哲学-文集 Ⅳ.①B-53 ②B0-0

中国版本图书馆 CIP 数据核字(2015)第 133443 号

责任编辑:樊 飞 郭勇斌/责任校对:刘小梅
责任印制:徐晓晨/封面设计:铭轩堂

科 学 出 版 社 出版
北京东黄城根北街 16 号
邮政编码:100717
http://www.sciencep.com

北京厚诚则铭印刷科技有限公司 印刷

科学出版社发行 各地新华书店经销

*

2015 年 7 月第 一 版 开本:720×1000 1/16
2021 年 1 月第三次印刷 印张:18 3/4
字数:600 000
定价:169.00 元
(如有印装质量问题,我社负责调换)

总　　序

　　陈昌曙教授是中国技术哲学的开创者和奠基人，是我国科技哲学领域的一代名师。他在哲学道路上近半个世纪的耕耘，始终跋涉于马克思主义哲学和科学技术哲学领域，为我国当代哲学的发展和技术哲学学科的创立做出了重要贡献，在国内外享有较高的学术声誉，影响深远。

　　陈昌曙教授1932年7月7日生于上海，1950年毕业于江苏苏州中学，同年考入东北工学院（现东北大学前身），1954年被选派到中国人民大学马列主义研究班学习，开始了他的哲学学术生涯，两年多的研修历程，也使他的哲学才华逐渐展露。1956年回到母校任教，从事哲学教学和研究工作。1961～1965年，他开始将哲学认识论的研究与自然科学相结合，研究自然科学方法论问题，这为他日后的技术哲学探索累积了丰厚的学养。1978年"文化大革命"结束了，他和千千万万个中国知识分子一样，满怀热情地迎接科学的春天，开始探索我国技术哲学这一新的学术领域。

　　20世纪80年代初，陈昌曙教授对我国技术哲学独立地位的思考日渐成熟。1982年，他发表了《科学与技术的统一和差异》一文，明确提出了科学与技术划界的思想，阐述了技术与科学之间存在着本质性的差异，从而奠定了技术哲学学科在中国的独立地位。1986年以后，他广泛深入地了解了采矿、电子、化工、自控等专业的特点，仔细考察了工程技术人员的研究过程和成果，认真探究了工程技术人员思维方式和研究方法，进一步深化了对工程技术学科的认识，这些独创性的研究都为我国技术哲学学科的奠定了坚实的基础。

　　1992年，陈昌曙教授带领的学术团队在技术哲学领域斩获颇丰。在理论研究方面：提出了人工自然理论、科学与技术的差异、技术的本质和技术体系的结构等新观点和新理论，形成了技术哲学理论的研究重点；在应用研究方面：重点关注了东北老工业基地技术改造中的哲学问题和社会学问题，以及技术创新、可持续发展中的技术等应用问题。正是沿着理论和应用两个方向，陈昌曙教授带领的学术团队为技术哲学学科构建了坚实的支柱，并逐渐形成了技术哲学研究的"东北学派"。

　　1980～2001年，陈昌曙教授发表了60余篇文章探讨技术哲学问题，内容涉及技术哲学得以成立的基本前提、技术哲学的研究对象、历史演进、学科性质、学科体系、基本内容、技术的本质与要素、技术与生产、技术与工程的关系、技术与社会的关系、产业与产业技术，以及可持续发展等问题。经过 20 余年的努力，他开创了具有工程传统的中国技术哲学研究方向，高屋建瓴地绘制了我国技术哲学发展的图谱和路线图，在国内外学术界产生了深远的影响。

在学科创建之初，陈昌曙教授遇到的第一个问题就是要建立什么样的中国技术哲学。由于多年以来深受马克思主义哲学思想的浸染，他将中国的技术哲学定位于以马克思主义为指导，以中国工程技术实践为土壤的哲学学科。当然，这种定位无论就中国的学术环境，还是从他学术成长道路而言，都是必然的。陈昌曙教授的哲学道路就是从马克思主义哲学开始的。1955～1957 年，他以辩证唯物主义为基础，深入细致地研究了唯物辩证法和认识论，在《哲学研究》上发表了《关于唯物辩证法的两对范畴》、《唯物辩证法的范畴——本质与现象》、《唯物辩证法的范畴——形式与内容》等系列文章，出版了《唯物辩证法的主要范畴》（人民出版社，1957 年）和《唯物辩证法的范畴——必然性和偶然性》（湖北人民出版社，1957 年）两部著作。在之后的研究中，他又以历史唯物主义为基础，阐述了对社会主义的认识，对劳动价值、知识价值和劳动分配关系的理解，以及领导干部与马克思主义哲学的关系等问题。

自哲学研究以来，陈昌曙教授对认识论问题极为关注，并将认识论与自然科学相结合，试图打开科学认识论和方法论的"黑箱"。除"文化大革命"期间被迫停止所有研究工作以外，他从未间断过对这些问题的思考，其思想的火花可见其学术生涯的各个时期。因此，科学认识论和方法论的研究成果，是陈昌曙教授技术哲学思想的理论基础，也是其技术哲学思想的重要组成部分。

对于国际技术哲学的理论成果，陈昌曙教授认为应该用辩证的态度去认识。他指出："我们不赞成把国外的技术哲学或技术论原原本本地搬到中国来，把它抬高到不适当的高度。西方技术哲学和日本的技术论当然是值得借鉴的，其中也包括有益的资料和合理的思想，有的还试图用历史唯物主义的观点探讨问题，但同时也要注意到，无论是德国或是美国的技术哲学，或者是日本的技术论，都处在形成的过程中，对工程技术界和学术理论界的影响都不甚大，而且，国外的技术哲学终究不是针对我们所面临的问题，在提出问题和解决问题的观点方法上也有可分析批评之处。"他和远德玉教授合著《技术选择论》的目的之一就是要在批判西方的"技术自主论"思想的基础上，明确人与技术之间的选择关系。在这部论著中，两位先生一致认为：人虽然不能完全自由地选择技术，但是在一定程度上，人对技术有着广阔的选择天地，在技术选择上也有自己的用武之地。当然，他们也并没有完全否定"技术自主论"，也认为其中"包括着合理的东西"。

两位先生对待西方学术思想的态度也正是我们今后应该效仿的。

中国的技术哲学要直面中国工程技术实践中的现实问题，使之成为工程师能够听懂并可以实践的哲学，从而实现人文学者和工程技术人员的对话，这是陈昌曙教授对中国技术哲学的基本要求。他从科学与技术的关系，技术的先进性标准与适用性标准的区别与联系，技术发展的内部关系，技术研究的体系，技术发展的条件，技术科学与工程技术研究的方法论，技术、自然与人的协调等 8 个方面，对中国技术哲学要回答的实际问题给予明示。从这一点上看，中国技术哲学从一开始就是工程传统的。尽管陈昌曙教授十分喜欢技术，但他本人并不是一位职业工程师，相反，他是一位有着卓越哲学思维的哲学家，其深厚的哲学底蕴使他能够突破工程师的职业视角，以一个哲学家的角度反思工程技术，这使得他的技术哲学尽管具有浓重的工程传统色彩，但还是体现了其人文主义的反思倾向，这在他撰写的《技术哲学引论》中关于"人工自然"和"可持续发展"问题的讨论里表现得尤为突出。

陈昌曙教授自开垦中国技术哲学这块处女地伊始，就在思考中国技术哲学发展的基本问题，因为凝练的基本问题具有研究纲领的意义和价值。20 世纪 80 年代，他在《技术是哲学的研究对象》一文中就初步构建了技术哲学的研究框架，在宏观上对技术哲学的研究方向做了初步探索。20 世纪 90 年代末，他认为提出中国特色技术哲学基本问题的时机已经成熟了。2000 年 10 月 14 日，在清华大学召开的"第八届全国技术哲学研讨会"上，陈昌曙教授和陈红兵博士提交了《技术哲学基础研究的 35 个问题》这篇带有研究纲领性的论文。文中就技术哲学的学科定位和性质、技术哲学研究的理论意义、技术哲学的本质、科学与技术的关系、技术的价值、技术发展的规律性等 6 个方面提出了 35 个至关重要的问题。就如同 20 世纪德国数学家希尔伯特提出的 23 个数学问题一直指导着整个 20 世纪世界数学研究一样，陈昌曙教授关于技术哲学基础研究的 35 个问题，以其深远的立意、丰富的内涵和深邃的思想，不仅深刻地影响着当代中国技术哲学的研究范畴，也必将对我国未来技术哲学的发展产生历史性的影响。

当然，陈昌曙教授的学术视野并没有局限于理论层面的探讨，先生以其独特的视角，关注着现实问题。1978 年以后，关于科学技术如何成为生产力的问题，他从当时我国科学技术发展的实践出发，提出"技术是科学转化为生产力的中介"这一重要思想，为我国科学技术尽快长入经济，实现科学技术的生产力功能提供了理论基础；为注重基础科学研究同时大力加强应用研究的科技政策的制定提供了科学依据，促进了当代中国科学与技术的协调发展。

自此以后，从哲学层面关注现实问题成为陈昌曙教授重要的研究方向，论题涉及 STS 问题、技术社会化问题、技术创新问题、高技术问题、企业技术改造问题、东北老工业基地转型问题、可持续发展问题等诸多方面，先生为此撰写了大量论文，充分体现了科学技术哲学的应用价值。

陈昌曙教授一生致力于中国的技术哲学研究，开创了中国特色的技术哲学研究传统，为中国技术哲学的发展指明了方向，"没有特色就没有地位，没有基础就没有水平，没有应用就没有前途"。这是先生的至理名言，它鼓舞着我们后辈学者朝着此方向不断探索着理论与实践的未来世界。

陈昌曙教授的学术成果，之前主要以论文和专著的形式单独发表，先生去世之后在遗稿中又发现了很多没有发表的文字资料。这些已发表和未发表的论著，从不同角度多方面地反映着先生的学识、学养、学术、学风。现今我们将这些成果整理成《陈昌曙文集》，在科学出版社出版。

先生虽已驾鹤西去，却为我们留下了大量而宝贵的精神财富。《陈昌曙文集》的出版，必将对具有中国特色技术哲学的发展产生重要影响，也必将使我们在国际技术哲学领域里，不断推进具有中国气派和中国风格的技术哲学思想，使我国的技术哲学在国际技术哲学领域占有一席之地，产生重要影响。

陈　凡

2014 年 6 月 7 日于沈阳南湖

目　　录

什么是形而上学?[*]

　　形而上学是一种与辩证法根本敌对的观察事物的思想方法。这两种方法在整个哲学史中，进行着不可调和的斗争。在辩证法看来，整个世界是一个有内在联系的统一整体，其中各个对象或现象是互相依赖着，而且处于不断的运动、变化和发展中，而发展是由于事物固有的矛盾引起的。与此相反，形而上学对世界看法的基本特征是：①把世界的各种现象看做是孤立的没有内在联系的偶然堆积，把事物看做是与周围条件隔离的、没有相互作用的东西；②把世界看做是静止不动、停顿不变的状态，否认运动或把一切运动只归结为位置的移动，否认运动中新东西的产生旧东西的死亡；③把运动看作只是简单的增长过程，只承认量的变化不承认质的变化，把发展归结为循环模式的运动和过去事物的简单重复；④把世界看作没有内部矛盾、没有新与旧斗争的死板的东西，把发展的源泉移到事物的外部。

　　在中国和欧洲古代哲学中就有着用运动变化的观点来看世界的辩证法的见解。但是古代辩证法是原始的、朴素的，它产生于生产及科学很不发展的条件下，还不足以解释世界的具体的、个别的各个部分。后来这种辩证法就被形而上学所代替。在中世纪，产生了为封建统治作辩护的形而上学的思想。例如，在中国有所谓"天不变，道亦不变"的思想。

　　15~18世纪是形而上学的繁荣时期，这是和当时自然科学发展的特点及资产阶级哲学的局限性分不开的，资本主义生产方式的萌芽和产生，使15~18世纪成为自然科学不断发展的时期。力学、数学、光学、矿物学等都产生了。这一阶段自然科学发展的特点是：搜集既成的材料，把自然界的各种事物当作原来就是这样的东西加以分门别类的研究方法，是自然科学发展必然的和经常必要的过程，因为在研究事物的总体、发现事物发展的规律之前，必须首先知道自然界的各个部分，然后才能加以分析、比较和综合，从而找到现象的内在联系。但是，当时的自然科学家和哲学家却把这种分门别类的研究方法绝对化了，他们把自然界的各个部分互相孤立起来，并且把自然界的各个过程看作永恒不变的"死的"

　　* 原载于《光明日报》，1955年5月10日，"答读者问"栏目

东西。

在社会领域内也统治着形而上学的观点，认为社会的发展是决定于人的"不变的天性"和"永恒的道德"的要求，而资本主义制度则是能体现这种"不变的天性"的永恒的理想王国。

形而上学方法的产生，一方面与人对世界认识的过程、与科学发展的特点分不开，同时也是由资产阶级的阶级局限性决定的。形而上学地考察世界有利于统治人民的剥削阶级，资产阶级总是把资本主义制度的"不变性"、"永恒性"宣传为"正常的"东西。

19世纪，自然科学进入了一个新的发展阶段，物理学、化学、地质学、胚胎学、古生物学、生物学等有了很大的发展。这一时期自然科学的特点是：整理已经积累的材料，发现和研究自然界各个过程的相互联系，研究事物的发生和发展的规律。过去的自然科学已经搜集了大量的实际材料（如搜集了10万多种不同的植物），使系统地和依据内在联系地来整理材料并得出普遍性的理论结论这一工作成为不可避免的事；而为了系统地研究自然界的联系和变化，形而上学的方法就成为严重的阻碍，要求有辩证的思想方法来作指导。19世纪时，科学发现给辩证法的产生准备了条件，已经提出了天体是由发展而来的假说，发现了物质与运动不灭和运动形式之间的互相转化的规律，发现了细胞和生物进化之间互相转化的规律。自然科学证明了：整个自然界，从最小的东西到最大的东西，从沙粒到太阳，从原生生物到人，都处于相互联系、运动变化、产生和消减之中，形而上学方法已经破产。

19世纪，产生了反形而上学的资产阶级唯心论的辩证法，主要是黑格尔哲学。他的辩证法虽有"合理的内核"，但整个哲学体系则是唯心主义。

19世纪30年代，由于资本主义制度在欧洲许多国家中成熟，无产阶级已开始成为的政治力量并与资产阶级进行尖锐地斗争，造成了产生无产阶级科学世界观的社会前提和阶级基础。马克思和恩格斯总结了阶级斗争的经验，概括了自然科学发展的巨大成就，批判地吸收和改造了前人的一切优秀理论成果，创立了唯一正确的马克思主义科学，创立了与唯心论和形而上学根本对立的辩证唯物主义哲学。这一哲学的方法就是科学的唯物辩证法。

但是，形而上学并不因为自然科学的发展与唯物辩证法的产生而消减。在资本主义的垂死时期，帝国主义资产阶级由于害怕社会进步、害怕客观规律性更加猖狂地宣传形而上学，并用各种方法把它伪装成"科学方法"来达到欺骗人民的目的。

由于自然科学与阶级斗争的发展，公开地完全否认发展已经很困难，19、20世纪的形而上学者也不得不在口头上承认世界在运动、变化、发展着。但他们同时又歪曲发展的本质，把发展归结为重复，归结为只有量变而没有根本质变的庸俗进化过程，否认运动中新东西的产生和运动由低级到高级的过渡，否认事物的内部矛盾的斗争是发展的源泉，把发展的动力移到事物外部，移到精神、上帝，导向神秘主义、唯心主义。

在现代资产阶级科学中，广泛地宣传着各种形而上学的反动理论。在社会领域内，形而上学的庸俗进化论是资产阶级改良主义的理论基础，是帝国主义思想家反对社会主义革命的思想武器。帝国主义资产阶级的代表——右派社会党人——在口头上有时也承认由资本主义过渡到社会主义，同时大力鼓吹所谓"阶级斗争熄灭"、"资本主义和平长入社会主义"等形而上学反动理论。

在当前中国，由于工人阶级在社会生活各方面已经处于领导地位，形而上学的思想方法在社会中已不能占据统治地位。但这绝不等于说在我们的科学研究和实际工作中、在许多干部的头脑中已经没有这种思想方法存在了。由于旧中国遗留下来的许多错误理论还未彻底批判，帝国主义包围及其思想影响还存在，国内还有剥削阶级及小生产者，国家科学水平还不高，唯物辩证法的宣传也还不够，这些原因就使形而上学方法在不同领域和不同程度上有所反映。

关于唯物辩证法的两对范畴：
必然性与偶然性、可能性与现实性 *

一、唯物辩证法的范畴的意义

唯物辩证法是关于客观世界的规律，以及反映这些规律的范畴、概念的科学体系。

什么是范畴呢？为什么必须研究唯物辩证法的范畴呢？

范畴是概念的一种，是反映现实世界各种事物和现象的最一般的和最本质的联系和关系的基本逻辑概念。它是在人的实践活动的基础上，在人的认识发展的历史过程中形成的。认识是一个复杂的过程，是由感性认识到理性认识、是形成范畴概念和规律的过程。人就是用概念、范畴、规律来把握世界的。"自然在人地认识中的反映形式，这个形式就是概念、规律、范畴，等等"①。

范畴是反映对象或现象最普遍的特性，反映现实的最普遍和最根本的关系和联系的概念。在哲学上，如因果性、必然性和偶然性、现象和本质、规律性、可能性与现实性、形式与内容等就是这样的范畴。

唯心主义把范畴看做是不反映客观实际的思维的形式。与此相反，唯物主义认为范畴是客观的、不以人的意志为转移的联系的反映。范畴的客观性、它是否具有真理的意义是由实践来证明的。恩格斯在《自然辩证法》中指出，关于必然性、因果性的观念，是在人的活动中证实的。

范畴不仅是客观世界的反映，它对认识世界和改造世界也有着重大的意义。

哲学范畴的研究首先对确立正确的世界观有重大的意义。要具有正确的科学世界观，我们就必须回答一系列重大的问题。例如，世界是物质的还是精神的？世界在时间上和空间上是有限的还是无限的？客观世界发展有没有规律性、因果性？支配世界的是必然性还是偶然性？人能否认识世界的本质还是只能认识它的

---

* 原载于《哲学研究》1955 年第 3 期（1955 年 9 月）

① 列宁．黑格尔《逻辑学》一书摘要．北京：人民出版社，1954：146

现象？等等。这里，就碰到了许多必须要加以正确了解的哲学范畴：物质、时间与空间、有限与无限、规律性、因果性、必然与偶然、现象与本质；而且可以说，如果没有对这些范畴的正确的科学的了解，就不会树立坚不可摧的世界观。

目前，必须强调指出的是：哲学范畴在认识论上的巨大作用。与一般具体科学的概念不同，哲学范畴是认识世界的普遍的方法。哲学范畴对于思维是极其重要的，它使人能更深刻地认识周围现实。恩格斯指出：人们"离开了思维便不能前进一步，要思维就必须有思维的规定（逻辑范畴）。"①

范畴在认识论中的巨大作用与地位，集中地反映在列宁著名的指示中。列宁指出："在人面前是自然现象之纲。本能的人、野人没有把自己从自然中分离出来，意识的人则分离出来。范畴是分离地阶段，即对世界的认识地阶段，是帮助认识这个网与把握这个网的网上的结节点。"② 我们必须很好研究列宁这一指示。

哲学范畴的研究，教导我们如何透过自然界与社会的纷繁复杂现象来认识事物的内在本质，发现过程的客观规律性；教导我们从偶然的环节中发现过程必然的内容，使我们能找到事变发生的可能性的根据，找到可能性为现实的条件。总之，范畴乃是我们认识运动的契机、支持点。人在认识客观世界时，进行抽象的思维，摒弃了对象的非本质的方面，而用概念、范畴的形式把客观现实的本质方面分离出来。这些概念范畴和规律就好像网上的结节点，我们通过这些范畴，就能把握住客观世界。固然，我们的思维不仅仅应用于哲学范畴，但哲学范畴乃是任何科学认识的普遍方法。哲学范畴的运用帮助我们去发现科学的规律与范畴，去把握整个自然和社会的网。例如，列宁运用辩证法的逻辑分析了帝国主义条件下的各种现象而得出结论：在帝国主义条件下，由于资本主义政治与经济发展不平衡规律的决定作用，社会主义革命可能首先在一国或几国胜利。这一伟大的科学结论的得出是列宁分析了帝国主义的本质和规律性，找到了革命胜利的可能性的结果。列宁由极大量事实材料中总结出了像"帝国主义"、"资本主义政治经济发展不平衡规律"、"一国首先胜利的可能"等科学概念、规律、范畴，我们借助于这些范畴就能把握住资本主义社会这个网。在这里我们可以看出如果不运用哲学关于规律性、可能性及其他一系列范畴，就不可能得出这一结论。范畴的运用在自然科学上也可以找到许多例证。

毛泽东同志是善于运用辩证的认识论，运用辩证逻辑来分析客观现实的模范。例如，在我国第一次国内革命战争失败后，中国共产党内有一部分同志由于不相信革命高潮有迅速到来的可能而发生悲观的念头，毛泽东同志在《星星之

---

① 恩格斯．自然辩证法．北京：人民出版社，1971：172
② 列宁．黑格尔《哲学史讲义》一书摘要．北京：人民出版社，1955：38

火，可以燎原》一文中，分析了当时时局的实质，指出了革命高潮到来的必然性与可能性。毛泽东同志指出："'星星之火，可以燎原'。这就是说，现在虽只有一点小小的力量，但是它的发展会是很快的。它在中国的环境里不仅是具备了发展的可能性，简直是具备了发展的必然性，这在五卅运动及其以后的大革命运动已经得到了充分的证明。我们看事情必须要看它的实质，而把它的现象只看作入门的向导，一入门就要抓住它的实质，这才是可靠的科学的分析方法。"① （着重号为引者所加）。这就是认识的真正任务在于从现象深入到本质，发现客观的必然性和可能性。但是为了做到这点就必须有哲学范畴，必须有唯物辩证法。毛泽东同志对唯物辩证法的许多范畴都有很好的运用与发挥，这是我们必须很好地研究的。

既然哲学范畴是使我们科学地认识自然与社会的工具，因而它同时也就是改造现实世界的工具。例如，我们必须对农业、手工业和资本主义工商业社会主义改造的历史必然性、可能性、转变可能为现实的条件、改造的内容与形式等方面进行辩证分析，才能帮助我们制定出在过渡时期社会主义改造各方面的一系列政策。没有哲学范畴的正确运用就不能正确地认识现实情况，也就不能制定正确的政策。

正因为以上各方面的原因，马克思列宁主义才把对范畴的研究提到应有的高度。列宁曾指示我们：辩证法、逻辑和认识论三者是统一的。也就是说唯物辩证法不仅是关于现实发展最一般的客观规律的科学，而且是关于逻辑思维的一般规律，关于认识发展规律的科学。因此，不能把唯物辩证法的研究局限于客观辩证法，还必须强调应当研究逻辑思维的辩证法、认识的辩证法。

二、必然性与偶然性

1. 什么是必然性？什么是偶然性？

与形而上学和唯心主义相反，辩证唯物主义认为自然界和社会都是一个统一的整体，其中各个对象和现象之间都互相联系着。这种联系不是杂乱无章的，而是受客观的必然性所支配的；但在自然界和社会中也客观地存在着偶然性。唯物辩证法要求我们正确地认识必然性与偶然性。

什么是必然性？什么是偶然性？我们常碰到的说法是：必然性就是不可避免的东西或确定不移的联系，偶然性是可有可无的东西。这种说明是不充分的。

为了在说明上方便起见，我们先举几个例子。大家知道，在标准大气压下，

---

① 毛泽东. 毛泽东选集（第二卷）. 北京：人民出版社，1955：103

把水加热到100℃就会沸腾。产生这种现象的根本的、决定性的原因是，所有的水分子在100℃时所具有的能量、分子之间的排斥力已能克服分子之间的吸引力和大气压力，水分子脱离液体而激烈地气化。但是，如果我们现在进行一次试验，在标准大气压下把水加热，水的沸腾是必然的，但总会因为这些或另一些暂时的、次要的原因，使水的沸点发生或多或少的偶然的偏差，或是99℃多或稍大于100℃，引起这个偏差的原因可能是由于液体的纯度等的影响。其中每一个原因又可以有多种不同的程度。再如，四季的交替是必然发生的。夏季必为秋季所代替，冬季必然随秋季而来。四季交替的这种秩序是以地球绕太阳旋转的规律为基础的。但是，标志着冬季已经开始的温度相应的下降和雪的降临，在这一年是在这一天发生，而在另一年却在另一天发生。秋去冬来，这是必然的，但在什么时候，究竟在哪一天下第一场雪，这是偶然的。社会现象也是如此，例如，资本主义为社会主义代替是必然的，而某一个资本主义国家在某年内实现了社会主义则是偶然的。

由以上的例子中可以看出必然性与偶然性的一些特点。必然性与偶然性都是有原因的，都是它产生的客观根据；但引起它们的原因是不同的。必然的东西（水沸腾、冬季下雪）是由主要的、有决定作用的原因所引起的；而偶然性则是由次要的、附带的原因所引起；必然性是确定不移的、稳固的联系，而偶然性则是暂时的、不稳固的联系。

因此，必然性是自然界和社会发展中由一定的根本的、起决定作用的原因所引起的现象间稳固的、确定不移的客观的联系，它决定发展的基本过程；而偶然性则是在必然性的基础上，由次要的、附带的原因引起的现象间暂时的、不稳固的客观的联系，它不决定发展的基本过程。像一切科学概念的定义一样，这个定义也不能完全说明必然性与偶然性的各方面。完整的了解只有在研究了必然与偶然的辩证联系等方面之后才有可能。

由以上的例子还可以看出，必然性与偶然性不是互相没有联系的两个东西，而是同一过程的两个方面。一个过程（如水在某温度时沸腾、雪花在某温度下凝结。）既是必然的又是偶然的。偶然性是事物发展过程的组成部分，只是由于它不发生于过程的本质也不决定发展的基本过程才称之为偶然性。必然性与偶然性是对立的范畴，但这种对立又是统一的，这种对立只有相对的意义。

必然性与偶然性都是有原因的，都是客观的范畴。人们关于必然与偶然的观念是在长期的实践与科学发展过程中形成的。人只是经过几千年的观察和劳动才懂得种植植物，懂得"种瓜得瓜，种豆得豆"的必然性。只是由于无产阶级阶级斗争的长期经验与马克思主义科学发现，才使人类经过长期痛苦找到资本主义必然灭亡与共产主义必然胜利的结论。实践不仅是人认识必然性与偶然性的基础，而且还是人们关于必然性与偶然性的观念是否正确的标准。恩格斯指出："单纯经验性的观察绝不能充分地证明必然性……必然性的证明是在与人类活动中，在实践中、在劳动中。"①

2. 必然性与偶然性的辩证关系

关于必然性与偶然性两者间的辩证关系，曾首先由黑格尔加以唯心地阐述。黑格尔指出："偶然的东西正因为它是偶然的，所以有某种根据，同时也正因为它是偶然的，所以也就没有根据；偶然的东西是必然的，必然性本身规定自身为偶然性，而另一方面，偶然性又宁可说是绝对的必然性。"② 如果把这段话写成通常的语言，大致的意思是指：偶然性是有原因的；但它在过程的本质中没有确定的根据；偶然性是必然性的表现形式，偶然性也具有必然性；必然性通过偶然性为自己开阔道路，必然性也具有偶然性；偶然性是必然性的组成部分。但黑格尔并不是把必然性与偶然性看做是反映自然和社会的客观的范畴。在他看来，必然性与偶然性只是某种超自然的神秘的"绝对观念"的前自然的存在形式而已。

马克思主义的经典作家，尤其是恩格斯，抛弃了黑格尔的唯心主义的神秘外衣，探取了他关于必然性与偶然性的辩证法的"合理内核"，把它加以改造，创造性地发展了关于必然性与偶然性的辩证法。

首先，恩格斯指出，支配自然和社会发展的不是偶然性，而是必然性。必然性支配偶然性。在自然界与社会的现象的表面上看来，似乎支配这些各不相同的现象的只是无数的偶然性。其实，这些偶然性是由内部的必然性支配的。恩格斯指出："凡表面上是偶然性在起作用的地方，这种偶然性本身始终是服从于内部的、隐秘的法则的。"③ 液体加热至沸点就沸腾是必然的，温度的偶然偏差，不能超过必然性所容许的范围；在通常压力下不可能有50℃或150℃沸腾的水，温度的偏差只可能在100℃附近。在社会中，例如商品价格的波动是偶然的，但价格的波动归根到底还是受价值规律的必然性支配，它不能与必然性绝对地对立，不能超出必然性限制的范围。当然，必然性的支配作用，在自然界与在社会中是不同的，在资本主义社会中与在社会主义社会中也是不同的。但必然性支配世界的发展，并规定和限制着偶然性的作用，这乃是普遍的规律。无论在自然界和社会中，无论在宏观的物理世界或微观质点（如电子、光子）中，也无论在资本主义社会或社会主义社会中，都没有也不可能有摆脱规律的必然性而独立自在的"意志自由"。

---

① 恩格斯. 自然辩证法. 北京：人民出版社，1971：191
② 恩格斯. 自然辩证法. 北京：人民出版社，1971：182
③ 恩格斯. 费尔巴哈与德国古典哲学之终结. 北京：人民出版社，1949：55

　　但是，另一方面，偶然性也对必然的客观进程有不可忽视的影响作用。马克思曾指出："如果'偶然性'不起任何作用的话，那么历史就有着很神秘的性质。这些偶然现象，当然以组成部分地资格参加于一般的发展进程，它们跟别的许多偶然现象互相均衡化了。可是加速和迟缓非常有赖于这些偶然现象的。"① 可见，偶然性的作用就在于它能加速或延缓某一客观的必然过程。这一点在所谓"诱因"或"导火线"这个问题上表现得最明确。资产阶级的历史学家认为第一次世界大战是由奥匈帝国王储被刺引起的，这完全是胡说，帝国主义战争是资本主义各种矛盾的必然现象，暗杀事件却是可有可无的。但也不可否认奥匈帝国王储被刺乃是引起第一次世界大战的直接原因，由于这一事件促成了世界大战在那时立即爆发。但必须指出，一切此类的偶然性只有与必然性相联系才能说明它的作用及作用的大小。如果没有帝国主义矛盾的极度紧张，暗杀就不会成为战争的导火线。从这里也可以看出，支配世界的是必然性而不是偶然性。

　　其次，恩格斯指出，支配客观世界的必然性不是以直接的形式出现的。必然性通过偶然性为自己开拓道路，而偶然性则是必然性的表现形式和补充。在自然界和社会中，不通过偶然性而表现的纯粹的必然性是没有的。恩格斯指出："必然性……在无穷的表面上的偶然性中间为自己开拓着道路"。② 同样，不表现必然性的纯粹偶然性也是没有的，"认为偶然的东西，则是一种形式，在这种形式背后隐藏有必然性"③。例如，在资本主义条件下，失业工人的大量存在是必然的，但许多失业工人失业的原因、失业的时间、失业的具体情况则各有不同之处。个别工人的失业具有不同的偶然性，而这些偶然性都包含着必然的内容——在生产资料私有制条件下，工人的失业与贫困是不可避免的。失业现象的必然性就通过这许多的偶然性表现出来。必然性与偶然性，也像内容与形式、本质与现象等范畴一样处于不可分离的辩证统一之中。

　　但是，在哲学书籍中往往会碰到认为存在着直接的纯粹的必然性与偶然性的说法。这种说法在理论上也是没有根据的。如果有不通过任何偶然的纯粹必然性，那就是说，事物的发展只受某些根本的、本质的原因决定，而不受周围极其复杂多样的、次要的、附带的原因影响，这在实际上是不可能的。前面的每个例子中都可以看出这点。再如，炮弹的发射，它的射程可以炮弹的初速、射角及重力等因素精准地算出。这个射程乃是必然的，但是实际上我们却不可能避免射程的偶然偏差，因为没有风，没有空气压力和温度的影响，也没有温度的变化等各

---

① 马克思恩格斯通讯选辑（俄文版）.1955：264
② 马克思恩格斯通讯选辑（俄文版）.1955：48
③ 马克思恩格斯通讯选辑（俄文版）.1955：50

种条件的发射，客观上并不可能。纯粹的必然性只是在人的概念中可以设想的东西。同样，不表现任何必然性的偶然性也是没有的。偶然性在必然性的基础上产生，并总是以一定的必然的原因为依据。绝对的偶然性不仅在实践上不存在（以上每个例子都证明它不存在），而且即使在人的概念中也不可能设想。认为世界上有纯粹必然性和偶然性的观点，在实质上乃是形而上学思想方法的结果。

最后，恩格斯指出，像其他对立的范畴一样，必然性与偶然性乃是可以互相转化的。必然与偶然的对立是相对的，两者在一定条件下可以互相过渡。恩格斯指出："达尔文学说是黑格尔关于必然性和偶然性的内在联系的概念之实践的证明。"① 生物的单个种属内部的各个个体间的无数的偶然的差异，在长期发展过程中，就有可能增大到突破本属的特性，形成新的物种、新的规律性和必然性。在社会中也有这样的例子，例如在原始公社制度内，一开始自然经济是必然的，而交换是偶然的，以后由于生产和社会分工的发展，交换成为必然的现象。一开始物物交换是必然的，而以后用货币进行交换又代替物物交换成为必然的，而物物交换则是偶然的了。必然性与偶然性的互相过渡应当在它们的原因上去寻找。

必然性与偶然性发展的辩证法的基本原理，大致说来就是如此。

3. 对宿命论和非决定论的批判

辩证唯物主义认为，正确地解决必然性与偶然性的问题，具有重大的世界观的意义。这点突出地表现在下面对于各种资产阶级的形而上学和唯心主义的错误的批判上。必然性与偶然性的问题不是哲学的基本问题，但它与哲学基本问题有不可分割的联系。凡只承认必然性或只承认偶然性的人，归根到底不能摆脱宿命论和承认上帝的存在而陷入唯心主义的泥坑。

有的资产阶级的哲学认为一切都是必然的，世界上没有偶然性。18 世纪的唯物论者曾这样说过。这种观点也传到了自然科学中，甚至认为这条狗的尾巴是五寸长，不长一丝一毫，不短一丝一毫，也是坚定不移的必然性，似乎太阳系一形成时就这样决定了。这种宿命论的观点也是资产阶级竭力使群众安于剥削制度的宣传武器。例如，19 世纪德国的反动唯心主义哲学家费希特说："哲学研究所给予人的最大的慰藉就在于：当它理解到一切都处在总的联系中，并且不把任何东西孤立起来的时候，它就会承认一切都是必然的因而也是美好的，它就会按照现存的样子和一切现存的东西调和起来，因为一切现存的东西为了最高的目的都应当是这样存在的。"（着重号是引者所加）。

恩格斯在批判这种宿命主义时指出，承认一切都是必然性，我们就不可能由神学的观点中解脱出来；对这种撮合，我们可以把一切事物叫做必然性，也可以

① 恩格斯．自然辩证法．北京：人民出版社，1971：261

看做是永恒的神意。这种宿命论和认为世界只是偶然没有必然性的另一种观点没有多大区别。如果狗尾巴是五寸长而不是五寸一分这个事实是和太阳系运动的规律列于同一等级都是必然性，那么这正是把必然性降低为偶然性。恩格斯指出："实际上不是偶然性被提高到必然性，而倒是必然性被降低到偶然性。"① 这种宿命论的观点，尤其在今天的条件下，是资产阶级在精神上奴役群众的工具，它使科学陷入偶然性的追求，宣扬神意识的必然性，企图剥夺被剥削群众认识世界的可能，坐待那"绝对的必然性"的支配。

另一种反动的观点认为世界上的一切都是偶然的，没有什么必然性，例如俄国的民粹派就是这样的看法。帝国主义资产阶级的代表也企图证明世界上占统治地位的只是偶然性。例如所谓"生存论"者认为："现象间的任何有规律性的联系都是不存在的，可以谈的只是历史事实的偶然性和荒谬性。"

这种偶然性崇拜的非决定论的观点的荒谬性是显而易见的。我们已经指出：支配现实世界的不是偶然性而是必然性、规律性，而任何偶然性都是必然性的表现形式；在客观世界中必然性与偶然性是相互联系的。如果说，一切都是偶然的，那么我们说只有消极地去等待幸运的日子到来，使被剥削群众安于现存制度，似乎危机、失业、战争在资本主义条件下都是一种纯偶然的东西。这一切正是现代资产阶级为麻痹革命群众所需要宣扬的。同样，如果一切都是偶然的，一个人偶然地吐一口痰或说一句话就可以毁灭一村一族甚至一个国家，那么帝国主义者为了取得最大限度的利益，就更可以做出任何冒险行动。非决定论的观点乃是为冒险主义服务的。

形而上学者认为，自然界中存在着两种并列的互不相关的现象，一些只是必然的，另一些都是偶然的；而且把我们已经知道的东西宣称是必然的，而我们尚不知道的东西则是没有兴趣的、偶然的。如果我们对以上两种错误的批判已弄清的话，不难了解这种"混合式"的观点也不能使我们前进一步。这种观点把我们所不知道的东西宣称是偶然的、没有兴趣的，因此科学就可以不去研究，而把科学只局限于已经知道的所谓必然的领域，这样就阻碍了科学的进展。因为科学的任务正是在于研究我们尚不知道的东西，发现未知领域中的必然性、规律性。

应当指出，唯心主义哲学家并不是在一切方面都是形而上学地来理解必然性与偶然性。但他们认为必然性只是思维的产物，是"绝对观念"的体现（黑格尔），或是人的感觉的产物。例如主观唯心论者马赫就说："除了逻辑的必然性之外，任何其他的必然性，例如物理的必然性，是不存在的。"一切唯心主义者都否认世界的物质性及其发展的客观必然性、规律性。

---

① 恩格斯．自然辩证法．北京：人民出版社，1971：182

由此可见，一切形而上学和唯心主义哲学都没有正确地解决必然性与偶然性的问题，都不可避免地走上了为宗教、僧侣主义和为帝国主义资产阶级服务的道路。而只有无产阶级的哲学——辩证唯物主义才是第一次辩证地而又唯物地正确回答了这个重要问题。

4. 唯物辩证法关于必然性与偶然性的原理对认识世界和改造世界的意义

马克思主义辩证法认为：科学乃是偶然的敌人。既然支配世界的不是混乱的偶然性，而是必然性、规律；那么，科学认识就应当建立在必然性的基础上。科学之所以成为科学就在于它不是以偶然性作为自己的基础。恩格斯在《自然辩证法》一书中曾指出："凡是必然的联系失去效用的地方，科学便完结了。"① 恩格斯曾举例说，一个豆荚本身就有无数的偶然的特性，如豆粒的颗数、色彩的浓淡、豆荚的厚度和硬度、豆粒的大小及显微镜下才能看到的无数个别特点。这些特点中所包含的因果关系的追究比全世界所有的植物学家所能解决的还要多得多。"科学如果老在豆荚的因果联系中穷根究底地追究这一个别豆荚的情形，那就不再是什么科学，而只是纯粹的游戏而已。"②

马克思主义辩证方法要求我们严格地区别必然性与偶然性，指出科学的认识应当以对必然性、规律性的认识为依据。科学只有当它揭示出自然界与社会中的必然性时，才使实践不仅能了解客观过程目前如何发展和向哪里发展，而且能了解客观过程将来如何发展及其发展方向。只有以必然性为基础的科学，才会使实践具有信心，使它有确定方针的能力。

马克思列宁主义第一次把社会学由偶然性的混乱王国中解放出来，使社会学变成了科学。马克思主义是关于自然和社会的发展规律、关于被压迫和被剥削群众的革命、关于社会主义在一切国家中的胜利、关于共产主义社会的建设的科学。马克思主义根据对资本主义社会的分析而得出结论说："既然占有的私人性不适合生产的社会性，既然现代集体主义的劳动必然引向集体所有制，所以不言而喻，继资本主义而来的必然是社会主义制度，正像继黑夜而来的必然是白天一样。"③（着重号为引者所加）。这样，就给了无产阶级以摆脱资本主义奴役的精神武器。正是根据对这些必然性的科学认识，使社会主义由空想变成科学，使无产阶级认识到自己的历史使命。资产阶级的灭亡与无产阶级的胜利都是不可避免的。共产主义的世界观与人生观正是以对这种必然性的科学理解为基础的。

但"科学是偶然性的敌人"绝不是说偶然在客观世界中并不存在，更不是

① 恩格斯. 自然辩证法. 北京：人民出版社，1971：181
② 恩格斯. 自然辩证法. 北京：人民出版社，1971：182
③ 斯大林. 斯大林全集（中文版）. 第一卷. 北京：人民出版社，1953：301

说人的认识可以不管偶然性而去寻求必然性。既然没有纯粹的必然性，必然性要通过偶然性表现自己，偶然性是必然性的形式，那么认识的任务正是要通过现象中复杂的偶然性，找到客观过程的必然性、规律性。恩格斯指出："历史成了人类本身发展的过程，现在思想家的任务即在于从其一切迷乱中遵从这一过程的依次发展的阶段，并在一切表面的偶然性中证明出过程的内在的规律性。"① 如果抛弃一切带有偶然性的现象而追求必然性，那么要认识和发现任何新的东西都不可能实现。

在人的实践和认识活动中，总是先碰到偶然的个别的事物，这些事物内部的必然性、规律性，只有在实践过程中经过人的抽象思维才能被揭示出来。这个原理是由整个人类的认识史和科学史证明的。最早的人只是经历过各种不同的、亿万次的偶然发火，才发现钻木取火即摩擦生热的必然性并加以利用。前面已经指出，关于"种瓜得瓜"的必然性也是人在长期劳动过程中认识并利用来种植作物的。伟大的学者达尔文的进化论之所以创立，正因为他搜集了许许多多动植物的标本，在这些各种不同的带有形形色色偶然特性的材料中，找到了生物遗传性变异的必然规律。正如恩格斯指出："达尔文在其划时代的著作中是从建立在偶然性上的最广泛的事实基础出发的。"② 不仅生物学是这样，一切的自然科学（如物理学、矿物学、地质学，统计力学等）也都经历过这样的发展过程。

在对社会现象的认识上也是如此。纯粹的社会现象是不存在的。马克思的《资本论》乃是透过大量的带有偶然性的材料而发现客观必然性的典型。各个资本主义企业的具体特性极不相同，利润、利息、地租也是以千差万别的不同方式存在着，在社会上流通着万千种不同的商品，似乎每个人都抱着不同的目的与愿望。但对这些丰富的材料，马克思给予了天才的分析研究，揭露了资本主义剥削的实质及其发展的必然趋势。马克思指出了资本主义生产方式是如何必然地产生出来，而无产阶级在资本主义条件下是如何必然地要出卖自己的劳动力和必然日益贫困化；同时也揭示出资本主义的生产关系是如何必然地与其生产力发生冲突而使经济危机成为不可避免，从而论证了资本主义生产方式毁灭的必然性。

由此可见，如果没有对于偶然性的分析和研究，不透过偶然的东西认识客观必然性，也就是说不研究事实材料（事实材料总是带有偶然性），就不可能有关于必然性的理论认识。在这一点上，黑格尔曾公正地指出："科学，特别哲学的职责，诚属不错，在于从偶然性的假象里去认知潜蕴着的必然性。……任何科学的研究，如果太片面地探取排斥偶然性单求必然的趋向，将不免受到空疏的'把

---

① 恩格斯. 反杜林论. 上海：三联书店，1953：14
② 恩格斯. 自然辩证法. 北京：人民出版社，1971：182~183

戏'和'固执的学究'的正当的说评。"①

　　然而，绝不能把唯物辩证法关于认识应透过偶然连到必然性的原理与资产阶级认为认识只是研究偶然性的谬论混为一谈。这是两种绝对对立的方法论、认识论。例如，实用主义者认为人在思想过程中首先要从具体的事实与境地下手。什么是"境地"呢？"境地"就是偶然性。实用主义者胡适曾对"境地"做过如下的解释。他说："人生的环境，常有更换，常有不测的变幻。到了新奇的局面，遇着不曾经习惯的物事，从前那种习惯的生活方法都不中用了。譬如看中国白话小说的人，看到正高兴的时候，忽然碰着一段极难懂的话，自然发生一种疑难。在实用主义者看来思想的任务就是研究这些疑难。"② 实用主义作为认识出发点的只是主观的东西，只是人感觉到"新奇"、"不习惯"的变幻，而我们的认识的出发点乃是实践中提出的客观的矛盾。实用主义作为认识出发点的只是忽然碰到的"不侧"或"新奇"，只是任意的偶然性，而认识的任务又只是为了弄懂这些偶然性本身，而我们的认识的出发点则是作为某一必然性表现形式的偶然性，是一定必然过程内部的带有偶然性的环节，而认识的任务是在于发现支配客观世界的必然性。实用主义可以去研究《红楼梦》中姑娘们的座次排列的偶然性，而我们却要研究《红楼梦》如何通过许多特殊的带有偶然性的情节表现了它的倾向性。

　　在认识过程中，由偶然性到必然性的推移过程，实质上就是由现象到本质、由感性认识到理性认识的过程。在实践中，人的认识最初只是接触到许多偶然的现象，而只有在抽象思维的过程中，人才能形成关于事物的必然规律的本质的认识。所以，要正确了解偶然性与必然性的范畴在认识中的作用，就必须深入具体地研究关于抽象在人和事中的作用问题，这是一个值得专门论述的问题。

　　必然性与偶然性的原理对改造世界的实践活动具有重大意义。

　　实践活动中的自由乃是对必然性的认识和利用。恩格斯指出："自由是在于支配自己及支配外部自然，是根据于认识自然必然性之上的支配。"③ 可见，自由首先是对客观必然性的认识；其次，自由乃是根据对必然性的认识在实践活动中有意义地运用它们，以达到一定的目的。

　　辩证唯物主义哲学认为，自然界和社会中的必然性乃是客观的，即存在于人之外并且不以人意志为转移的。这种必然性在未被人认识的时候是盲目的，这就造成对人的奴役。但人在实践中可以发现这些必然性，在认识了这些必然性之

---

① 黑格尔．小逻辑．上海：三联书店，1954：251
② 胡适．胡适文存（卷二）．上海：亚东图书馆，1921：454
③ 恩格斯．反杜林论．上海：三联书店，1953：137

后，人就可以利用它们来为社会谋福利，可以为必然性开阔道路或限制它的作用范围。

当人还不认识雷电现象或洪水泛滥的时候，在这方面人乃是自然的奴隶。雷电击毙人畜、毁坏房屋，洪水淹没庄稼，曾经认为是无法防止的。但是，当人类对自然知识的学习，了解到这些现象的必然性，并学会了安设避雷针和修筑堤坝的时候，就可以避免从前看来是无法防止的灾害，甚至可以使原来是破坏的力量转而为社会造福，如利用水来灌溉田地，取得动力。这时人从自然界就获得了自由。

无产阶级当它还没有认识资本主义的本质，不了解资本主义灭亡社会主义胜利的必然性时也是不自由的。这时无产阶级还是一个没有觉悟到自己历史使命的"自在阶级"，它与资产阶级的斗争，还只限于破坏机器、要求增加工资或改善劳动条件等。无产阶级的这种斗争最多也只能改善其受奴役的条件而不是消灭产生这些条件的基础。无产阶级这时仍是必然性的奴隶。但历史的发展必然会使无产阶级认识到它的历史使命而成为"自为阶级"，在科学的共产主义思想指导下组成自己的政党，为彻底消灭资本主义制度而进行胜利的斗争。无产阶级将实现社会主义革命，使"人类由必然的王国进入自由的王国的飞跃"①。

马克思主义不承认有摆脱客观必然性的"思维经济""意志自由"，不承认人可以"创造"、"消灭"自然界和社会的客观必然性。但同样也反对人在必然性面前无能为力的自流论。共产党和党的领袖的巨大历史作用不在于他们使历史的命运依赖于他们的"自由意志"（这在政治上会引向冒险主义），而在于他们依据历史的必然性，动员和组织群众来实现历史的必然性。（在社会中必然性是通过人的活动来实现的）。列宁指出："有定论思想确定人类行为的必然性，推翻所谓意志自由的荒唐神活，但它丝毫也不能推翻人类理性、人类良心和对人类行为的估计。恰巧相反，只有在有定论观点下，才可能作出严格正确的估计，而不会把一切都推到自由意志头上。同样，历史必然性思想，也丝毫不损害个人在历史上的作用：全部历史正是由那些毫无疑义是活动家的个人行动所构成的。"②

在实践活动中，正确地的估计偶然性的作用也是有意义的。既然偶然性在总的发展过程中是作为必然性环节或契机，能加速或延缓事变的发展，那么在我们的活动中就可以利用或防止某种偶然性来促成某种必然性的实现或限制某种必然性的作用范围。偶然性由于它是由次要的、暂时的、附带的原因所引起的现象，因而往往带有不可预见的性质。但在人对必然性的科学认识的基础上，对于发生

---

① 恩格斯．反杜林论．上海：三联书店，1953：367
② 列宁．列宁文选（卷一）．莫斯科：外国文书籍出版局，1947：16

某一类的偶然性的大致可能性，还是可以有一般的估计。这种情况就造成在实践活动中有对不利的偶然性进行防止工作的可能。同样，如果人们自觉到为实现某种必然的过程而斗争，人们也可以善于抓紧某种机遇来促成这一过程的迅速实现。

例如，依据对自然界必然规律的认识，人可以用造防护林带、建筑蓄水池、种子消毒等办法，使农业不受风灾、旱灾、虫灾等不良的偶然性的影响。中国共产党预见到过渡时期暗杀斗争尖锐化的必然性，预见到资产阶级将在革命胜利后用"糖衣炮弹"袭击工人阶级队伍的必然性，很早就提醒干部要注意资产阶级的腐蚀。我们知道，"糖衣炮弹"命中何人、如何命中以及命中的程度是带有偶然性的；但人们如果认识到资产阶级的本质及其进攻的必然性，就会提高政治警惕，就会抵挡住"糖衣炮弹"的袭击而不发生意外，而一部分干部由于对这种进攻熟视无睹就往往做了资产阶级的俘虏，甚至自己还不知道。

在抗日战争的初期，由于全国抗日运动向前发展，抗日民族统一战线的形成乃是必然的。在1936年12月12日发生了张学良、杨虎城在西安扣留蒋介石的事件（"西安事变"）。这一事件对抗日运动的发展是一个偶然性的事件。汪精卫之流企图利用这一事件来夺取蒋介石的统治地位，日本帝国主义则利用这一事件来扩大中国的内战；而以马克思列宁主义思想为指导并代表广大中国人民利益的中国共产党则利用这一事件来促进抗日运动的发展与抗日民族统一战线的形成。共产党英明地使西安事变和平解决，促使抗日民族统一战线初步形成。这个例子乃是党的策略中善于利用偶然性促成必然过程实现的最好范例之一。在党的历史中有不少这样的范例。

但应当注意，马克思主义对偶然性的利用是和机会主义、碰运气、等待偶然的态度毫无共同之处的。对偶然性的利用是以对必然性的正确认识为基础的，是善于把各种不同的事变汇合起来引导到一条总的方向上去。如果党没有看到抗日民族统一战线形成的必要性与必然性，因而也没有觉察到自己的领导责任，那么西安事变不仅不会成为促进抗日运动的契机，相反，还会成为使内战扩大，妨碍抗日民族统一战线的导火索。

人们对于必然性的认识和掌握愈深，则偶然性所带来的破坏也愈少，偶然性被利用的可能也愈大。在社会主义条件下尤其是如此。但这一特点并不能推翻上述各方面已指出的基本原理，不能得出偶然性已不起作用或已不存在等结论。

总之，必然性乃是由事物内在本质所引起的现象间起决定作用的、稳固的联系。它支配着发展的根本过程，在无数的偶然性中为自己开阔道路。必然性被人由偶然性的现象形式中发现出来；而对必然的认识和自我利用，就是自由。

三、可能性与现实性

1. 什么是可能性？什么是现实性？

马克思主义辩证方法要求我们实事求是地对待现实。现实就是我们周围的整个客观世界即自然界和社会。同时唯物辩证法要求我们在观察现实时不能把自然界和社会看作停顿不变的状态。自然界和社会多种多样的现象处于不断运动、变化、发展之中，其中总有一些东西在产生和壮大，另一些东西在毁灭和衰亡，产生着的东西和衰亡着的东西之间存在着矛盾的斗争。

新的成长着的东西是不可战胜的，但它不是一开始或一下子就完全出现和成熟，新生的东西起初只是作为可能性存在着。同样，旧的衰亡着的东西是必然灭亡的，但它不是自动地退出舞台，它是会成为阻碍新东西出现的力量，而且在一定条件下，旧东西也有暂时打败新东西的可能性。

马克思主义辩证法由对立的统一和斗争的规律出发来考察现实本身中存在的可能性，把可能性的范畴看作首先是反映和标志新东西的产生以及新旧斗争的范畴。唯物辩证法要求我们具体地考察可能性和现实性。

无论在自然界或在社会中，可能性和现实性都是以一定的条件为基础的，只有具备了一定的具体条件，才会产生一定的客观规律，才会产生某种可能性。随着客观条件的变化，由于社会实践的作用，可能性就会变成现实。

例如，有正常蛋白体与蛋黄并经过受精作用的鸡蛋，具有变为小鸡的可能性。这是合乎规律的。但鸡蛋不是小鸡，为要使它变成小鸡，除人工作用外，必须有母鸡孵卵，使鸡蛋处于一定的温度之下，并经历一定的时间。有了这些条件，小鸡才会出现，才会变为现实。如果这些条件不具备或不适当，那么这个可能就不会变为现实，代替小鸡的将是破坏了的鸡蛋或其他，实现了的是其他的可能性。

在社会领域内例子也很多。例如，在帝国主义时代的资产阶级民主革命，由于无产阶级空前壮大及其彻底的革命性，由于无产阶级有其独立的马克思主义政党的领导，由于无产阶级比资产阶级更愿意使民主革命彻底胜利，无产阶级完全有成为民主革命领导者的可能性。但是，有了上述条件还不等于无产阶级在事实上已掌握了领导权。为使无产阶级领导民主革命的可能成为现实，就必须结成强大的工农联盟，把农民争取过来，并把资产阶级逐出历史舞台之外。或是无产阶级斗争做到这点，那么民主革命将会有利于工农大众而获得彻底胜利。但同时相反的可能性也是存在的。如果农民没有被无产阶级团结过来而跟着资产阶级走，无产阶级领导民主革命的可能性就不会成为现实，实现了的是资产阶级叛变革命的可能性。

由此可见，是在客观现实矛盾的基础上已经存在的条件的总和，这些条件预决着事物未来的发展过程，如果具备了一定的新的条件，这一过程就会实现而成为事实；而现实性则是这种已经实现了的可能性。

可能性与现实性的范畴是客观的，如上所述，它是在一定客观条件的基础上产生的。可能性的产生及可能性之变为现实受一定的客观规律制约。例如，在资本主义社会中，由于生产资料私有制的存在，由于竞争和生产无政府状态的规律的作用，实行国民经济计划化是不可能的。反之，在社会主义条件下，由于生产资料公有制的确立，竞争和生产无政府状态的规律失去效力，在新的经济条件上产生了国民经济有计划按比例发展的规律，而"国民经济有计划发展的法则，使我们的计划机制有可能去正确地计划社会生产"[①]。

人们对可能性的认识是否正确同样也是由实践和科学来证明的。在科学技术的发展史上，人们曾设想过不需要经常推动的永动机，曾企图用圆规、直尺三等分任意一角，以为这是可能的。曾经有不少人设计过各式各样的永动机，也曾有人想过种种用直尺、圆规来"三等分任一角"的方法，结果都失败了。科学证明，永动机是与能量守恒与能量转化这一客观规律相矛盾的，用简单的器具"三等分任一角"是与数学的客观规律相矛盾的。

对决定可能性的条件不能停滞不变地去看。决定某种可能性的条件在不断变化中，在一定条件下是可能的东西，在另一种条件下就成为不可能的东西。反过来也是一样。在目前条件下，在我国同时快速地发展重工业和轻工业是不可能的，在将来，当社会主义的重工业已足够强大时，在优先发展重工业同时，快速发展轻工业就会是可能的了。

在说明可能性时，不应当把它和必然性对立起来。华岗同志在《辩证唯物主义大纲》一书中说："哲学上对于某事物的存在条件已经具备，但还不能断言其必然实现的，称为可能性。"[②] 这一论断是不确切的，它造成了把可能性和必然性对立起来的印象。固然，可能的东西并不一定同时又是必然的，如在苏联实行新经济政策的最初时期，列宁曾指出工人和农民的联盟当时有破裂的可能性，并同时也说明在苏维埃制度内，并没有发生这种破裂的必然性。但实际生活中也存在着许多现实的可能性，它们同时也是必然性。在帝国主义时代，社会主义革命首先在一国或数国胜利是可能的，也是必然的，在社会主义制度下国民经济有计划按比例地发展是可能的，也是必然的。毛泽东同志在 1930 年分析中国革命时

---

① 斯大林. 苏联社会主义经济问题. 北京，人民出版社，1953：617
② 华岗. 辩证唯物主义大纲（下册），上海：上海人民出版社，1955：129

指出，革命高潮可能而且必然到来，革命运动"……在中国的环境里不仅具备了发展的可能性，简直是具备了发展的必然性"①。

可能性是相对于现实性而不是相对于必然性的范畴，但它可以与必然性处于相互联系当中。在总的趋势上具有必然性的东西，在发展过程的某一个具体阶段上首先表现为可能性。正如华岗同志指出："必然的过程的内在本质和根据的发展倾向，决定着在这个过程的适应的阶段上发生的可能性。"② 在总的趋势上不具有必然性的东西，在发展过程的某一个阶段也可以表现为可能性。由此可见，简单地把可能性与必然性对立起来是不正确的，至少是不确切的。

在说明可能性时不应当把它和唯物辩证法的各个基本规律割裂开来，尤其是不应当把它和对立的统一和斗争的规律割裂开来，这就是说必须看到在现实中存在着新和旧、前进和倒退、正面和反面的斗争。这种对立的斗争决定了现实中对立的可能性，这种对立的可能性互相排斥着，其中必然有一个可能性是主导的决定的，其中必然有一个可能性应当胜利而且必将胜利。例如，在现今资本主义的现实中就包含了两种对立的可能性：向社会主义过渡的可能性（和必然性）和在个别国家建立法西斯独裁的暂时的、倒行逆施的可能性。这两种对立的可能性中，向社会主义过渡的可能性归根到底会取得胜利。

在《辩证唯物论大纲》一书中，华岗同志虽也提出了上述的原理，但同时又提出了一个相反的命题，认为："事物的内部的矛盾性，使事物的发展具有多种可能性，但在一定条件、时间和地点，其中只有一种是实在的可能性。"③ 认为实在的可能性只有一种是与事实不符合的。华岗同志自己也引证了毛泽东同志在《论联合政府》一文中对中国革命的分析。毛泽东同志指出，中国人民面前有两个前途，两种可能性：一个是不独立、不民主、不自由、不统一、不富强的前途；第二个则是相反的前途，即废止国民党法西斯独裁统治，打败日本侵略者，把我国建设成为一个独立、自由、民主、统一和富强的国家的前途。毛泽东同志指出："不要以为我们的事业，一切都将是顺利的，美妙的。不，不是这样，事实是好坏两个可能性，好坏两个前途都存在着。"④ 他还教导我们应当竭尽全力去反对第一个可能性，争取第二个可能性，反对第一个前途，争取第二个前途。而与我们作对的国民党的反动分子则希望实现第一个可能性。毛泽东同志在这里对两个前途两种可能性的分析所指的正是在一定条件、时间的两种实在的可

① 毛泽东．毛泽东选集（第二卷）．北京：人民出版社，1955：103
② 华岗．辩证唯物主义大纲（下册）．上海：上海人民出版社，1955：129
③ 华岗．辩证唯物主义大纲．上海：上海人民出版社，1955：136
④ 毛泽东．毛泽东选集（第二卷）．北京：人民出版社，1955：1073

能性。

认为在一定条件下只存在一种实在的可能性的观点在实践上是有害的。这会解除我们实践的武装。如果只有好的可能性，这就会放弃我们对东西作斗争的信念与警惕，如果只有坏的可能性，这就会使我们失去对前途的认识与信心；两者都会使实践软弱无力。当然，如果说在一定的条件、时间和地点，在对立的可能性中只有一种实在的可能性会不断发展，成为主导的决定性的可能性，并且变为现实性，这是正确的，也应当加以说明。华岗同志在《辩证唯物主义大纲》一书中用来说明只有一种实在的可能性的例证，正是说明这个原理。

与现实的可能性有关，还往往提出关于抽象的可能性或形式的可能性问题；并且往往把形式的可能性无条件地与现实的可能性对立起来，使之和"不可能"相等同。这种说法不能认为是十分确切的。华岗同志在其《辩证唯物论大纲》一书中说："抽象的或形式的可能性，是想象上的可能性，是抽去了客观根据的可能性。……这种可能性当然没有实现的可能，因为这种可能性根本没有客观的科学根据，没有实现的前提和基础。"① 这种对形式上的可能性的分析对于形而上学所主张的形式上的可能性来说一般是可以的。例如，设想"宇宙的末日可能有一天会到来"、"地球的地心可能去采煤"等，这种形式上的可能性实际上就是不可能性，我想用不着"形式上的可能性"这个名词。

在马克思主义的文献中还可以碰到另一种意义上使用形式的可能性这个概念；用它来表明某种现实的可能性的萌芽。对于这种形式上的可能性，华岗同志的上述分析是不恰当的。例如，在政治经济学中有时就使用经济危机的形式上的可能性这一概念。在资本主义之前，由于货币作为流通手段和支付手段的职能，产生了买与卖脱节的可能，但是决定危机产生的原因和基础的资本主义生产资料私有制还是不存在的。这时，买卖脱节的可能还不是必然的，还没有充分的客观根据，因此只能叫做形式上的可能性。只有当资本主义私有制确立，生产的无限扩大与消费力有限的矛盾存在，竞争与生产无政府状态的规律起支配作用，这时，经济危机就有了现实的可能性并在生产品大量相对过剩的条件下变为现实性，爆发危机。但无论如何，由货币职能产生的危机的形式上的可能性不是纯想象的东西，不是完全没有客观根据的东西。可能性是由条件的可能性产生的。当这些条件中的一些条件已经具备，而决定这一可能性的根本条件还未具备时，这种可能性就是形式的可能性。我们用形式的可能性与现实的可能性相区别，也用它来与非可能性相区别。

在实际生活中有许多由形式的可能性变为实际的可能性的事实，这点华岗同

① 华岗. 辩证唯物主义大纲（下册）. 上海：上海人民出版社，1955：130

志也曾加以说明。例如在新中国成立前我们可以说，由于我国地大物博，劳动人民勤实，实现国家工业化是可能的；但这仅仅是一种形式上的可能性，因为还缺乏一个决定性的根本条件，即一个能够动员全国力量并决心要实现工业化事业的领导力量——人民民主的国家政权。只有当中华人民共和国建立之后，才有实现国家工业化的现实的可能性，才有实现社会主义建设的现实可能性。

2. 可能性与现实性的辩证关系——对唯意志论与自发论的批判

可能性与现实性是处于辩证统一中的范畴。两者的联系在于：可能性依据一定的条件向现实转化。可能性变为现实是在对立斗争的基础上实现的由量变到质变的飞跃过程。它在不同的领域表现为不同的形式。

在自然界，可能性向现实的转化可以是自发进行的，如生命的产生，生物的进化，气象、天文的变化等。但是，绝不能由可能性在自然界可以自发地实现的原理，得出人的实践活动对自然规律的实现没有巨大作用的结论。自发地实现所指的只是自然界本身的变化、发展，而不是指人改造自然的活动。人在实践活动中利用着自然界的可能性使之成为现实（如种植植物，水力发电等），而且没有这种实践活动，自然界的某些可能性就会永远只是可能性。这种改造自然，实现自然界的可能性的活动（生产活动、科学实验）已不是自然自身的自发变化，而属于社会的实践的领域。

在社会领域内，可能性变为现实具有和自然界不同的特点。社会是由人的活动组成的，可能性向现实的转化必须通过人的活动才能实现。在阶级社会中，可能性变为现实是在激烈的阶级斗争过程中实现的。

正是在社会领域内，可能性与现实性的问题，是与客观条件与主观因素的关系问题密切联系起来。在帝国主义时代，资本主义各国生产关系严重阻碍生产力的发展，资本主义各国政治经济发展不平衡规律使帝国主义之间的冲突不可避免，资本主义国内各种矛盾的尖锐化，资本主义与殖民地之间的矛盾的尖锐化，这一切造成社会主义革命的客观可能性。但只具备客观条件还不会使得革命取得胜利，还必须有无产阶级的革命发动，还必须有马克思主义的政党的领导作用。只有具备了这些主观因素的作用，革命的可能才变为现实。俄国十月革命的胜利就是最好的例子。

社会生活有客观的和主观的两个方面：客观方面就是不以人们的意识和意志为转移的过程；主观方面就是客观过程在人们头脑中的反映，是社会成员为达到一定目的而表现出来的有意识的行动。主观方面是以客观方面为转移的，但它不是消极的，它通过人们的实践活动反过来影响客观过程，或是加速它或是延缓它。

主观主义、唯意志论者夸大主观因素的作用，使可能性脱离其现实的基础。这种唯意志论是冒险主义的理论基础。历史证明，对客观规律的任何忽视，只会使人们、阶级、政党的行动归于失败。

主观主义、唯意志论的观点在革命阵营内部也存在着，它是工作中"左"倾机会主义的思想根源。中国共产党历史上的几次"左"倾路线的错误，就在于当时的一些同志看不清现实中的客观条件和可能性，在革命低潮时空谈全国武装起义的可能性，在必须坚持农村包围城市的方针时空谈以城市为革命中心的可能性，在必须坚持长期的民主革命时空谈民主革命立即转变为社会主义革命的可能性等。这些把可能性与现实割裂的观点，在革命的实践中对中国革命造成了巨大的损失。

共产党坚决反对主观主义、唯意志论。我们的党把自己的全部活动建立在深刻通晓社会发展的客观规律的基础上，并善于用这些规律使可能性变为现实。

在可能性与现实性的辩证联系上，必须着重反对把可能与现实等同看待的自发论和宿命论的观点。这种自发论或自流论的观点乃是"右"倾机会主义的思想根源，乃是实际工作中放弃领导的思想根源。既然可能性会自动变为现实或者可能性就是现实，那么人民群众、阶级、政党还有什么作用呢？一切都会自然地到来，只要等待就可以了。

"自流论"把可能性与现实性混为一谈，企图以此来削弱党和人民群众的创造作用。在自流论者看来，既然在我国有建成社会主义的可能性，于是就可以不必努力去发展工业，不必担心社会主义改造事业的发展，因为胜利的到来反正是有保证的。这种观点是固然有害的。斯大林在《联共十六次代表大会工作报告》中指示："可能性还不是现实。为了要把可能性变成现实，首先就必须摒弃机会主义的'自流'论。"[1]

马克思主义变可能性为现实性的原理特别强调了主观因素的巨大作用，指出了人民群众的创造性活动、共产党的领导作用，以及科学在变可能性为现实性中的决定性意义。斯大林曾指出："苏维埃制度给予我们以争得社会主义完全胜利的巨大的可能性。但可能性还不是现实。为要使可能性变成现实，还必须有许多条件，而党的路线和对于这个路线的正确执行是起着远非次要的作用的。"[2] 在《苏联社会主义经济问题》一书中，斯大林更在对客观规律的研究和应用上发展了这个原理，指出："不能把可能同现实混为一谈，这是两种不同的东西。要把这种可能变为现实，就必须研究这个经济法则，必须掌握它，必须学会以完备的知识去应用它。"[3]

---

① 斯大林．联共十六次代表大会工作报告．北京：人民出版社，1954：97
② 斯大林．联共十六次代表大会工作报告．北京：人民出版社，1954：96
③ 斯大林．联共十六次代表大会工作报告．北京：人民出版社，1954：7

毛泽东同志强调了人的主观能动性在实践活动中的巨大意义。毛泽东同志指出客观的条件是第一性的，它决定着客观的可能性；而人的思想是主观的第二性的东西，必须正确地反映客观事实。但在客观可能性已经具备时，主观的作用又成为事物发展的消极推动者。毛泽东同志指出："客观因素具备着这种变化的可能性。但实现这种可能性，就需要正确的方针和主观的努力。这时候，主观作用是决定的了。"① （着重号为引者所加。）

毛泽东同志把唯物辩证法用于分析战争，指出了人的自觉的能动性（即主观作用）在战争中的作用。毛泽东同志指出："战争的胜负，固然决定于双方军事、政治、经济、地理、战争性质、国际援助诸条件，然而不仅仅决定于这些；仅有这些还只是有了胜负的可能性，它本身没有分胜负。要分胜负，还须加上主观的努力，这就是指导战争和实行战争，这就是战争中的自觉的能动性。"② "战争指挥员活动的舞台，必须建筑在客观条件的许可之上，然而他们凭借这个舞台，却可以导演出很多有声有色、威武雄壮的戏剧来。"③

由此可见，我们一方面要反对唯意志论，应当把自己的活动建立在客观规律的基础上，同时也不应该把规律偶像化，不应该把可能性看做是自动向现实转化的东西。人们能够发现客观规律，利用它们来为社会谋福利，在变可能为现实中，人民群众、阶级、政党、领袖起着巨大的作用。在客观条件成熟时，适应已经成熟的客观条件提出的任务的主观因素就成为决定性的东西了。

在资本主义崩溃和社会主义胜利的时代，主观因素的作用具有和以往不同的新的特点。在社会主义革命的社会主义建设中，可能性向现实性的转化，不是无组织无计划进行的，而是在共产党领导下的劳动群众自觉地、有计划活动的结果。共产党乃是使新东西由可能向现实转化的组织者和领导者。共产党的政策乃是使新东西胜利的客观可能性得以实现的保证。党在自己的实践活动中粉碎了唯意志论和自发论的各种表现，因而取得了历史性的胜利。

新东西由可能变为现实是在对立斗争的基础上由量变到质变的飞跃过程。新东西的产生，必须克服反动的衰朽力量的反抗，必须消灭那种阻碍新东西产生和发展的旧东西存在和复辟的可能性。变可能性为现实是一个飞跃。具体事物的不同条件和规律决定着可能性变为现实时的不同飞跃形式。

马克思主义辩证法关于可能性与现实性辩证联系的基本原理，简略地说来就是如上所述。

---

① 毛泽东．毛泽东选集（第二卷）．北京：人民出版社，1955：449
② 毛泽东．毛泽东选集（第二卷）．北京：人民出版社，1955：440
③ 毛泽东．毛泽东选集（第二卷）．北京：人民出版社，1955：440

3. 唯物辩证法关于可能性与现实性的原理的意义

马克思主义关于可能性与现实性的原理具有重大的理论和实践的意义。它既估计到唯物主义关于物质第一性的原理，同时也充分地估计到主观因素的作用。深刻地认识唯物辩证法关于可能性与现实性的原理，就能帮助我们进一步理解关于规律的客观性、人民群众在历史中的作用、共产党的作用等马克思主义的基本原理，就能武装我们去同主观主义、自由论作斗争。在马克思主义关于可能性与现实性的原理中体现了唯物辩证法；的各个基本规律，体现了辩证唯物论与唯心论——形而上学的根本对立。

马克思主义关于可能性与现实性的原理对实践活动有巨大的意义，尤其对目前我国过渡时期的实践更有现实的作用。

首先，我们必须善于发现，认识客观的可能性。为了有效地实践，人们在活动中就必须有预见。预见乃是人的特点之一。正确的预见不是求神占卜，主观预测，而是对现实可能性的正确的认识。没有预见，没有对现实可能性的正确的认识，就会使行动失去方向，而且会失去行动的信心。只相信原则上的必然性是不够的。为了使对必然性的信念不流于空洞，必须具体地考察某一必然的过程在具体的条件上是如何成为可能的。在第一次国内革命战争失败后，有一些同志产生了悲观失望的情绪，就是因为他们在认识上只看到革命高潮到来的必然性，而看不到革命高潮到来的现实的可能性。毛深东同志在批评这些同志时写道："在对于时局的估量和伴随而来的我们的行动问题上，我们党内一部分同志还缺少正确的认识。他们虽然相信革命高潮不可避免地要到来，却不相信革命高潮有迅速到来的可能。因此他们不赞成争取江西的计划，而只赞成在福建、广东、江西之间的三个边界区域的流动游击，同时也没有在游击区域建立红色政权的深刻的观念，因此也就没有用这种红色政权的巩固和扩大去促进全国革命高潮的深刻观念。"① （着重号为引者所加）。不仅如此，如果人们完全丧失了对革命高潮到来的可能性的认识，就可能会脱离乃至背叛革命。革命失败的消极主义者就是这样的。另一方面，没有对现实的可能性的认识，幻想出种种不能实现的可能性，如在革命低潮时谈武装起义的可能性，也会落到冒险主义的空想和失败中去。

在发现和利用可能性上必须指出科学的巨大作用。已经说明，可能性是依据于一定的客观规律及客观条件而产生的，为了要正确地认识客观可能性就必须掌握这些规律。在实践基础上产生的科学就是对自然和社会中客观规律的认识。科学不仅不断地发现着客观可能性，同时也日益提供着变可能性为现实或防止某种可能性变为现实的途径。利用蒸汽、水力、电力为人类谋福利的可能性被科学在

① 毛泽东.毛泽东选集（第二卷）.北京：人民出版社，1955：101

一定阶段上发现了并加以利用，防止疾病、灾害（虫灾、水灾等）的可能性也被科学所发现。在科学没有揭示放射性元素的规律和原子内部规律之前，人们不认识利用核能的可能性，而在科学已经揭露了这些规律时，核能使用的可能性就被发现了。

应当指出，科学在发现和利用某种可能性的时候不是独立自主的。在不同的社会中，科学的作用、科学对可能性的利用是制约于一定的社会制度和政治制度的。这点在核能的利用上十分明确地表现出来。

马克思主义科学的产生使人第一次可以发现社会生活中的可能性。共产党的政策之所以是生气勃勃、强大有力的，原因之一就在于它是建立在科学预见的基础之上，建立在对社会发展中现实可能性的认识之上。

由此可见，为了正确地发现客观可能性，就必须以完备的知识把自己武装起来，必须学习科学知识。在这点上黑格尔曾公正地指出："一个人愈是缺乏教育，一个人对于客观事物的确定关系愈是缺乏认识，则他观察事物时便愈会驰骋于各式各样的空疏可能性里。"① 例如，不懂阶级斗争规律的人甚至会想出资产阶级和平长入社会主义的可能性。

应当指出，在我国建成社会主义的可能性之变为现实也是一个飞跃。由于国家政权掌握在共产党所领导的工农阶级手中，这个飞跃就不需要通过爆发来实现，而可以通过旧质逐渐灭亡，新质逐减积累来实现。

马克思列宁主义关于可能性与现实性的原理，帮助我们去完成社会主义建设的任务，把社会主义事业向前发展的无限可能性变成现实。

深刻地研究唯物辩证法的范畴对于进一步研究马克思主义哲学，对于进一步提高哲学修养，使干部掌握唯物辩证法的方法以及在认识和实践活动中巧妙地运用唯物辩证法，都有重大的意义。

---

① 黑格尔．小逻辑．上海：三联书店，1954：306

从列宁与"物理学"唯心论的斗争中看自然科学工作者掌握辩证唯物论的必要性[*]

列宁曾指示我们：自然科学家应当做一个唯物主义者。一方面，自然科学家应当在自己研究的专门领域中贯彻辩证唯物主义的观点与方法，能够抵挡资产阶级观念的攻击，不因为哲学上的动摇走入唯心主义。另一方面，自然科学工作者还要成为向人民群众进行科学唯物主义教育的积极宣传者。列宁这个指示是我们广大自然科学工作者的努力方向。

自然科学家成为辩证唯物主义者的重要条件之一就是学习马克思主义，尤其是学习马克思、恩格斯、列宁、斯大林怎样对科学中的唯心主义发展斗争，怎样运用辩证唯物主义来总结科学中的成就。本文的目的就是要介绍列宁是如何粉碎物理学中的唯心主义流派的，说明列宁与"物理学唯心论"的斗争对自然科学工作者有哪些启示。

18~19 世纪，自然科学已相当成熟，这时的自然科学站在自发的唯物论的立场上并带有机械论的性质。作为当时自然科学（包括物理学在内）基础的是以下三个基本原理：以牛顿力学为基础的关于物质构造说，认为一切物体都是由最小的不可分割的不变的原子构成；质量守恒原理，认为一定数量的物质的质量是不变的；能量守恒原理。当时的自然科学还不知道电子、电磁质量及原子能。

19 世纪末 20 世纪初，自然科学特别是物理学有了巨大的发现，标志着物理学的革命。1895 年德国物理学家伦琴发现了 X 射线，进一步证明了原子中有电子存在。1896 年法国物理学家柏克勒发现了放射性元素，证明了原子的可破坏性，证明了原子内部有巨大的能量。1897 年英国物理学家汤姆森确定了电子的电荷质量，证明一切原子中都有电子存在。这时还证明了电子的质量不是固定不变的，它随电子运动的速度的变化而变化。

这些伟大的发现使机械论的旧观点破产了。以前，自然科学家认为原子及其质量是不变的，现在发现了原子的可破坏性，发现了电子及其质量的可变性。他们以前只研究机械能、热能和电能，现在发现了原子内部有能量存在。这些伟大

---

* 原载于《光明日报》1955 年 10 月 5 日

的发现证明了客观物质世界及其变化的多样性，证明了辩证唯物主义世界观的正确。

但是，这些发现在当时自然科学家中却引起了许多严重的混乱。资产阶级哲学家（如马赫主义者）极力利用自然科学的新材料来证明资产阶级唯心主义的正确。一些自然科学家（普恩凯莱等）则陷入主观唯心论的泥坑，在物理学中产生了一个唯心论的学派。一些物理学家虽仍然站在自发的唯物论的立场上，但他们在"物理学唯心论"进攻的面前软弱无力，并往往成了唯心主义的俘虏和朋友。

资产阶级科学家在什么地方以及如何陷入唯心论呢？"物理学唯心论"怎样供给资产阶级、信仰主义以新的论证呢？

首先，"物理学唯心论"宣称"物质消灭了"，电代替了物质，因而唯物论不过是虚构而已。其次，"物理学唯心论"宣称"只存在着没有物质的运动"，例如奥斯特瓦尔得宣扬能量论，断言在自然界中没有物质而只有能量，一切现象都可以归结为能量，人的意识也是能量的过程并把这种特性刻在外在现象之上。最后，"物理学唯心论"宣称：物理学的新发现已使一切科学原理陷于破产。"物理学唯心论"把电子的发现看做是物质论的破产，把原子中能量的发现看作能量由"虚无"中产生因而使能量守恒原理破产，把质量的可变性看作质量由"虚无"中产生因而也使质量守恒原理破产。"物理学唯心论"并由此得出结论：这些原理的崩溃证明了科学原理不是自然界的复写、映像，而只是人意识的产物，是人为了方便而创造的符号。

列宁对"物理学唯心论"作了深刻的批判，指出现代物理学危机的本质乃是唯心论与不可知论代替了唯物论。

列宁揭露了所谓"物质消灭了"这一论断的荒谬性，自然科学家得出这个结论的原因之一是由于他们混淆了自然科学关于物质构造的学说和哲学唯物论的物质概念，竟把人对物质构造的界限的消灭看做是"物质的消灭"，把自然科学关于物质构造理论的发展是一切唯物论的破产。列宁指出，关于物质构造的问题与哲学上认识论的物质概念是两个密切联系但又不能混淆的问题。辩证唯物主义认为物质作用于我们的感官而引起感觉的东西，是在感觉中给予我们但不依赖我们的感觉而存在的客观实在。一切科学包括自然科学在内都应当以这个原理作为自己研究的指针，哲学物质概念是不会"陈腐"的。至于物质构造问题则是一个物理学的问题，它的理论经常变化，这种变化日益证明着哲学物质概念的正确，并用新的材料丰富它的内容。把这两个问题割裂开来或混为一谈都是很大的错误。

同时，自然科学得出"物质消灭了"的结论还因为他们混淆了形而上学唯物论的物质观，把所谓"不变的最小要素"（原子）的可破坏性看做是物质被破坏和消灭了，把形而上学唯物论的破产看做是一切唯物论的破产。列宁指出，形而上学唯物论除了承认物质是客观实在之外，总是同时又把物质看做是"某种不变的要素"，例如把物质归结为不可分割的、不变的原子。而辩证唯物论则认为：物质，除了是不依赖于人的意识并为人的意识所反映的客观实在之外，在认识论上并不意味着别的什么。不变的和不可消灭的只是：物质是客观实在，是意识的来源。一切物（包括电子在内）的"本质"都是可变的，而这种可变性正是辩证唯物论的证明。

列宁批判了"物理学唯心论"关于没有物质的运动的设想，批判了奥斯瓦尔德的"能量论"。"能量论"把一切现象归结为能量，设想脱离物质的能量即无物质的运动存在，这正是秘密地输入唯心主义的思想，因为唯心论者可以认为世界在运动着，只是没有物质，运动乃是思想的运动。辩证唯物论由物质与运动统一的原理出发，认为能量乃是表示物质本身运动的概念，能量是物质运动的量度而不是唯一的实体，它不可能脱离物质而存在。

列宁批判了"物理学唯心论"把科学原理归结为主观的符号的观点。列宁指出：自然科学的新发现所破坏的不是一切科学原理，而只是破坏了旧原理的完全的绝对性质。例如，经典力学（牛顿力学）不再是过去所说的包罗万象的科学体系，而只是缓慢的（与光速相比速度甚小）物质运动的反映，而物理电子学的规律则是巨大速度的（接近光速）物质运动的反映。原子论也没有被全部推翻，科学仍然认为物质是由原子构成的，只是原子已经不能再看做是不变的最小质点了。我们的知识是不断向前发展的，但它的每一步发展中都包含和反映着客观的、绝对的真理。自然科学家之所以陷于唯心论，是因为他们在否定一些最重要和最基本规律的绝对性时，同时否定了自然界中的一切客观的规律性。

列宁揭露了自然科学中产生危机的原因，分析了"物理学唯心论"的社会阶级根源和认识论根源，指出了自然科学摆脱危机的道路。

自然科学中的伟大发现产生在资本主义向帝国主义过渡的时代，帝国主义的反动在资本主义社会生活的各个方面表现出来，整个资产阶级的文化陷于深刻的危机之中，而"物理学唯心论"则是这个危机的一个组成部分。垂死的资产阶级极力运用科学的新材料为唯心主义、信仰主义作论证，并狂暴地反对辩证唯物主义，于是就有所谓"生理学"唯心论、"数学"唯心论、"化学"不可知论等等反动流派产生，"物理学唯心论"不过是这许多流派之一而已。

"物理学唯心论"的产生还有其认识论的根源，列宁指出：第一是由于物理学数学化了，数学的运用乃是科学的巨大进步，但是由于自然科学家受唯心主义思想支配，他们把数学方程式看作纯粹只是抽象思维的产物而不认为是客观实在的反映，因而宣称："物质消灭了"，只剩下一些方程式。第二是相对论的原理，即我们的知识不是不变的而是发展的、相对的。列宁指出，自然科学家如果不懂得唯物辩证法就必然会由相对论走到唯心论。在"物理学唯心论"看来，一切真理都只是变化的相对真理，没有绝对性和客观性，任何不依存于人的客观真理都是不能有的，真理只是人造的标记、符号。他们不懂得辩证唯物论的最基本的原理：绝对真理是由相对真理的总和在其发展中形成的；相对真理是不依赖于人类而存在的客体的相对真确的反映；这些反映是日益真确；在每一科学真理中，不管它的相对性，都是有着绝对真理的要素。

自然科学走出危机的道路何在呢？列宁指出，自然科学如果要战胜一切危机就必须以辩证唯物主义武装起来。这不单纯是一个教育的任务，为了使辩证唯物主义能够指导整个自然科学的发展，必须首先推翻资本主义的政治统治。在资本主义制度下，多数自然科学家必然是受社会中占统治地位的各色唯心主义思想支配和影响的，有一些进步的科学家（如约里奥·居里、贝尔纳等）能够由自发的唯物论转到辩证唯物论，但他们受到许多阻碍和迫害。

伟大的十月革命在俄国消灭了人剥削人的社会制度及产生唯心论的阶级基础，这就使苏联的全部自然科学有可能在辩证唯物主义的基础上向前发展。苏联共产党为反对科学中的唯心主义进行了长期的不懈的斗争，教导自然科学家们把辩证唯物主义作为他们工作的理论基础。

列宁对"物理学唯心论"的批判的功绩不仅在于他把全部"物理学唯心论""打发到垃圾堆"里去，用辩证唯物论的观点总结了自然科学的新成就。更重要的是列宁给自然科学指出了发展方向和前途，交给我们以摆脱和战胜一切"自然科学"唯心论的强有力的武器。列宁特别强调自然科学家掌握辩证唯物主义这一科学世界观的必要，他在《论战斗唯物论的意义》一文中给自然科学家们留下的最宝贵、最有指导意义的指示是："我们……应当知道，任何自然科学，任何唯物主义，若拿不出强有力的哲学上的论证，就抵挡不住资产阶级观念的攻击，也阻挡不了资产阶级世界观的复辟。为要支持住这个斗争，为要把这个斗争进行到底而获得完全胜利，那么自然科学家就必须做一个现代的唯物主义者，做一个马克思所代表的唯物主义的自觉信徒，即必须做一个辩证唯物主义者。"①

列宁这个指示对今天我国广大自然科学工作者有特别重大的意义，不掌握辩证唯物主义，就不能战胜各种冒充科学的唯心主义流派，就不能正确地总结科学研究的成果。还应当指出，"自然科学"的唯心论（包括"物理学唯心论"）今天还没有推出世界历史舞台，它还正以各种形式掩饰起来向我们进攻；同时在我

---

① 列宁. 论马克思恩格斯及马克思主义. 莫斯科：外国文书籍出版局，1948：462

们头脑中唯心主义思想也还没有完全克服；唯心主义思想在社会上还没有受到应有的彻底批判还保存着它的影响，这些情况就使得掌握辩证唯物主义成为我们当前十分迫切的任务。

学习列宁反对"物理学唯心论"的斗争经验，武装我们去反对现代的各色"物理学唯心论"。现代"物理学唯心论"歪曲新的科学材料重复着早已被恩格斯和列宁批判了的唯心主义的陈词滥调。例如在现代现代"物理学"唯心论中就有以下三个流派：①哥本哈根学派（保尔、海森伯、约尔旦等），这个学派以主观唯心主义的精神来解释量子力学及其定律，特别是以微观现象的无定论和和不可认识性，以唯心主义的"互补原理"来解释测不准原理；②剑桥学派（泰斯、艾丁顿、狄拉克、米林等），这个学派宣传世界的有限性和创世说，宣扬电子有"意识自由"；③现代唯物论学派（爱因斯坦等），它宣传奥斯瓦尔得的唯能论，用唯心主义的观点解释能量与质量相互联系的原理，断言物质可以变为能量，而能量是世界上唯一的和包罗万象的实体。

列宁对"物理学唯心论"的批判帮助我们揭露一切现代"自然科学唯心论"的本质。

学习列宁批判唯心主义时所发挥的辩证唯物主义原理，使自己成为一个自觉的辩证唯物主义者，乃是我们广大自然科学工作者一个极为艰巨、光荣的任务。

恩格斯与物理学 *

恩格斯一生都非常关心自然科学的发展，并在《自然辩证法》、《反杜林论》等著作中阐述了当时自然科学的一切最主要的问题。在这些著作中物理学的问题占着重要的地位，恩格斯根据当时物理学的成就写出了关于热和电的论文及许多札记和片断。

恩格斯之所以花费巨大的精力及很多的时间来研究物理学及其他自然科学是为了：第一，由哲学上概括自然科学的成就，以证明辩证唯物主义世界观的正确。马克思主义的创始人在奠定工人阶级的世界观时利用了自然科学的一切先进成果。第二，把辩证唯物论贯彻于研究自然科学。在 19 世纪，许多自然科学家都用形而上学的方法来研究自然界，结果就使自然科学陷于唯心论和混乱。恩格斯指出，只有用辩证唯物主义来研究自然科学才可以避免走入迷途，而恩格斯本人正是这种研究的模范。第三，用辩证唯物论同歪曲自然科学材料的资产阶级反动思想作坚决的斗争。巴黎公社革命失败之后，资产阶级展开了对工人阶级的疯狂进攻，他们在进攻中歪曲地利用当时的科学成就，创造出各色的反辩证唯物主义流派，如"生理学唯心论"、"数学唯心论"、社会达尔文主义等。恩格斯则用新的科学成就批判了这些流派的"论据"，从而捍卫了辩证唯物主义也捍卫了自然科学。

当然，恩格斯在当时所运用的科学材料有一些是过时了，但恩格斯的方法和观点则具有伟大的永久的意义，值得我们好好学习。本文不是来全面地分析恩格斯在物理学问题上的一切主要贡献，而只是在几个问题上作简要的介绍性的说明，提供研究"自然辩证法"时参考。

一、恩格斯论能量守恒及转化定律

在能量守恒及转化定律发现之前，自然科学家们把各种不同的物质运动形态称为各种不同的"力"，即所谓机械力、热力、光力、电力、磁力、化学力，而

---

* 原载于《光明日报》1956 年 4 月 4 日

且这些"力"被认为是彼此孤立不能互相转化的东西。

19世纪中叶，最初由罗蒙诺索夫而后由朱尔、迈尔、格罗沃发现了能量守恒及转化定律。最初许多自然科学家把这个定律称作力不灭定律，即一切所谓物理力、热、电、光、磁甚至还有化学力，在一定的条件下都可以互相转化，而不发生任何力的消失。

恩格斯根据辩证唯物主义的观点全面深刻地阐明了这个伟大的科学发现。

首先，恩格斯指出，不应当把这个定律称为力不灭定律，而应当称为能量守恒（即不灭）及转化定律。"力"这一概念是有很大局限性的，它适用于机械学领域，反映着运动的转移，但超过力学的范围，"力"这一概念就会失去其科学上的意义。例如，我们说热使物体发生膨胀的力，这并没有说明热的本质。同样，我们说电力，也并未参加对电的了解。把尚未研究清楚的运动形态称为力实际上并没有说明这些现象，"力"在这里就成为一个空洞的词句，人们因为不能说明生命现象甚至认为这是一种神秘的生命力。而且，"力"这一概念即使在力学中也是有局限性的，力往往是指引起物体运动的来源，而实际上运动是物质本身的属性，力的概念不能完全概括运动这一概念，它只有在一定界限内才能应用。恩格斯指出，最能反映物质运动的概念是能量，能量是物质运动的尺度。能量这一概念虽也有局限性，但它比力的不灭性更适合于概括自然界各种运动形式的互相转化及运动不灭。

恩格斯对"力"这一概念的分析的意义在于他批判了对力的形而上学了解。自然科学家把只在力学范围内有意义的概念绝对化，应用于说明一切尚待研究的现象，就必然会导向唯心论（如所谓"生命力"、"第一推动力"）。因此，不能到处运用力这个概念而应当研究自然现象的真正本质。恩格斯这一分析也表明了运用辩证唯物主义研究自然科学就能站得高些、看得远些、看得深些，看到事物的本质。

其次，恩格斯阐明了能量守恒及转化定律的巨大意义。恩格斯指出，这一规律乃是19世纪自然科学最伟大的发现之一，能量守恒及转化定律是自然界最一般最普遍的规律，运用这一规律就能帮助我们易于解决自然科学许多方面的问题。例如，恩格斯批判在解决电流产生问题上的接触论，指出它的基本错误就是不了解能量守恒及相互转化。

恩格斯还指出，能量守恒及转化定律是辩证唯物主义世界观的自然科学基础，因为这一规律表明：在自然界中存在着不同质的能的形态即物质运动的不同形态；物质和运动的统一，运动和物质的不可消灭也不可创造；在各种物质运动形式之间存在着互相转化及互相联系；在各种物质运动形式转变时就是质变的过程；物质运动形式之间的联系和转化说明了宇宙在其物质性及规律性上的统一。恩格斯关于这一定律的哲学意义的深刻说明，是大大高出当时的自然科学家的见解的。

最后，恩格斯指出应由两个方面来理解能量守恒及转化定律，即量的方面与质的方面。当时的自然科学家只看到这一定律的量的方面。当时的自然科学家只看到这一定律的量的方面，即着重研究能量之间的当量关系，如多少热能转化为多少机械能。而恩格斯则指出，能量不仅在量的方面不灭而且在质的方面也是不灭的，所谓质的方面不灭就是指能量具有不断做功的能，简言之，就是物质的运动具有不断相互转化的能力。正是由质的方面来说明能量守恒及转化定律，使恩格斯在当时条件下就能给宇宙热能消亡说以致命的打击，并得出了有伟大意义的关于宇宙物质永恒的巨大循环的结论。

二、恩格斯论物理学与唯物辩证法

唯物辩证法是关于自然、社会和人类思维最一般规律的科学，在物理学运动形式中这些一般规律又有其具体的表现。

恩格斯指出了在物理现象中存在着其特有的对立性，如力的作用与反作用、电的正极与负极、磁的南极与北极等。恩格斯阐明了排斥与吸引的对立统一，自然界中一切的运动都在于吸引与排斥的相互作用，任何吸引都不能脱离排斥，任何排斥都不能脱离吸引，按照能量守恒定律，世界上的吸引和排斥的总和相等。在物理运动中也贯彻着量变到质变的规律，恩格斯指出，物理学中的常数，大部分不外乎是一些关节点的名称，在这些关节点上，运动的量的增加或减少会引起某种质变。

根据能量守恒及转化定律，恩格斯指出了在各种物理运动形式之间，以及物理运动和其他运动形式之间存在着相互联系，并且指出了研究这些联系的重要意义。其中，恩格斯特别强调要研究物理运动和化学运动的相互联系及相互转化，指出应当在物理和化学的接触点上期待的最大成果。恩格斯批判了关于电的作用和化学作用的紧密联系。恩格斯的这一指示有极其宝贵的意义，现代科学完全按着这个指示发展着，在物理学和化学之间发展着一门极其重要的科学——物理化学，而且化学与生物学以及其他科学之间也都日益获得巨大的成果。

恩格斯不仅指明了物理运动的客观辩证法，而且十分强调物理学家学习和掌握辩证唯物主义哲学的必要性。没有辩证的思想方法就会使科学家陷于经验主义和唯心主义，就会丧失理论概括的能力，甚至不能把两件最简单的事物联系起来考察；而且在现代社会上只有两种对立的世界观，一种是唯物主义的辩证法的世界观，没有也不可能有第三种思想体系，自然科学家不是接受这一种就必然接受另一种。恩格斯指出："不管自然科学家们高兴采取怎样的态度，他们总还是在哲学的支配之下。问题只在于他们究竟愿意某种坏的时髦的哲学家来支配他们，还是愿意由一种建立在通晓思维历史及其成绩的基础上的理论思维形式来支配他们。"① 恩格斯警告物理学家必须当心形而上学，指出物理学家应当掌握唯物辩证法。

恩格斯关于能量守恒及转化定律的论述，对宇宙热力学消亡说的批判以及关于宇宙物质巨大循环的天才科学预见，表明辩证唯物主义是研究自然科学的强大有力的工具，启发我们进一步学习和掌握马克思主义的世界观。

---

① 恩格斯. 自然辩证法. 北京：人民出版社，1971：173

论研究辩证逻辑的任务[*]

研究辩证逻辑是当前科学工作中的最重要任务之一。现在的问题不是要我们再一般地讨论辩证逻辑与形式逻辑的区别及关系，目前的任务是：立刻有计划地着手辩证逻辑的各个具体问题的实际研究。也只有认真地研究了辩证逻辑，才有可能进一步说明它和形式逻辑的区别。

为了在实际上着手研究辩证逻辑，必须首先弄清楚几个基本问题，即什么是辩证逻辑？它包括哪些基本内容？如何来研究它？只有先大致地了解这些问题，我们的研究工作才会有计划、有目的、有系统。本文试图对上述问题提供参考意见，这些意见不是长期研究的成果而只是这一研究的前导，必然会有较多的错误和遗漏。

一、辩证逻辑的对象

一切唯物主义哲学的前提是：物质世界是第一性的，人的意识是第二性的，是物质世界的产物和反映。

马克思主义以前的旧唯物论在本质上是形而上学的和直观的，所以它们只由意识的内容起源于物质世界这方面研究了上述的前提，只是肯定了认识的结果必须和客观对象一致。旧唯物论在实际上忽视了人的意识如何在发展过程中反映物质世界的变化，思维通过什么形式表现客观世界的运动，认识用什么方法以及遵循那些思维规律保证获得正确的理论。旧唯物论的认识论的这些局限性的根本原因在于认识论和实践、和辩证法的分离。在旧唯物论那里也就没有什么辩证逻辑。

黑格尔的唯心主义哲学由形式方面考察了思维和存在的统一问题，并把辩证法运用于认识论和逻辑。在黑格尔看来，认识论、辩证法、逻辑三者是统一的。黑格尔的哲学中有许多有价值的东西，但他的整个体系是神秘主义的，在黑格尔看来，存在和思维的统一的基础乃是某种超自然的创造主——"绝对理

---

[*] 原载于《新建设》1956 年第 5 期

念"。

马克思主义哲学克服了以往这一切哲学的局限性，创立了辩证唯物主义。辩证唯物主义哲学的根本特点之一就是：在唯物主义基础上的认识论、辩证法和逻辑的统一。

认识论是关于人类认识现实、领悟真理的能力的哲学学说，是关于认识的源泉以及关于认识过程借以实现的形式的哲学学说。与唯心主义及不可知论相反，辩证唯物主义的认识论为世界完全可以被人认识，认识乃是对存在于人们之外并且不依赖于意识而存在的客观世界的反映，实践是认识的出发点和基础，是真理的标准。也与形而上学的唯物论相反，辩证唯物论的认识论用历史眼光去观察自己的对象，研究并概括认识的起源和发展以及由不认识到认识的过渡。辩证唯物论的认识论用辩证方法来考察认识的内容及思维的形式和规律。

唯物辩证法是关于自然界、社会和人类思维发展最一般规律的科学。辩证方法不仅运用于研究自然和社会的客观过程，也运用于研究人类思维、运用于认识过程；而且不仅运用于研究知识的内容、认识的结果，也运用于研究思维的过程、思维的方法和思维的形式。正是在上述的意义上，马克思主义的辩证法包括认识论和逻辑。

辩证逻辑是把唯物辩证法运用于研究思维形式及思维规律，是思维的高等数学。认识是对客观世界的反映，认识的内容、思维活动的成果是客观世界的复写、摄影，但认识的内容必须通过一定的形式（如概念、判断，推理）才能实现，思维活动必须依据一定的方法（如分析与综合、归纳与演绎），必须服从一定的规律（如由现象过渡到本质）。研究思维形式、思维规律和思维方法的辩证法就是辩证逻辑的任务。

辩证逻辑是一个应当专门研究的领域。概念、判断、推理是思维特有的形式，分析与综合、历史的方法和逻辑的方法是思维特有的方法，在现实中现象和本质的统一体现为认识过程中特有的由现象到本质的过渡。

辩证逻辑是关于思维形式和思维规律的辩证法科学，这绝不是说辩证逻辑只研究思维而与自然界和社会的客观过程无关，也绝不是说辩证逻辑只研究思维形式而与思维的内容无关，马克思主义的辩证逻辑是和康德主义根本对立的。在康德看来，思维形式、逻辑范畴是与物自体无关，与思维的内容无关的先验的外在的形式。马克思主义的辩证逻辑则认为思维形式和思维规律乃是物质世界的反映，思维形式反映客观事物的具体内容。正是在这个意义上列宁指出："逻辑不是关于思维外在形式的学问，而是'一切物质的、自然的及精神的事物'的发展规律的学问，即关于世界的全部具体内容及其认识之发展规律的学问。换句话说，逻辑是对世界的认识历史之总计、总和、结论。"①

辩证逻辑的研究是极端必要的。为了认识世界和改造世界，仅仅知道认识应当反映现实是不够的，为了做到这点，还必须知道认识怎样反映现实，认识需要通过哪些形式和方法、遵循什么规律才能真正反映现实。列宁曾经指出：我们应当辩证地思考，应当分析知识怎样从无知中出现，不完全的、不确切的知识怎样变成较完全和较确切的知识。②

认识怎样才能反映现实呢？人如何才能获得知识呢？这需要两个条件：第一，认识的前提是正确的，为此我们就必须在实践中获得丰富的可靠的感性认识；第二，正确地把思维规律应用于这些前提，为此我们就必须有辩证逻辑的知识。只是有丰富的材料并不能保证有正确的结论。许多同志住在农村，看到听到的东西极多，但不会分析综合，不了解应当区别本质的东西，不认识客观的可能性，因而看不到合作化高潮的到来，就是例证。

辩证逻辑是一切科学的研究工具，是认识世界和革命改造世界的有力武器。

二、辩证逻辑的基本内容

辩证逻辑应当研究思维形式、思维方法及思维规律。

辩证逻辑的主要内容是研究思维形式（概念、判断、推理）的辩证法。认识是以概念的形式来表达的，任何科学的成果都是概念，但概念只有在相互联系、相互转化及对立的统一中才反映活生生的生活，辩证逻辑的任务是研究概念之间的互相依存性；一个概念向另一个概念的推移；概念相互间的对立统一性；研究在概念的关系、推移和矛盾中如何反映着客观世界的辩证法。列宁指出："诸概念的关系（＝推移＝矛盾）＝逻辑的主要内容。"③

辩证逻辑的最一般概念是范畴。研究辩证逻辑的诸范畴乃是一项迫切的任务。这些范畴是：本质和现象、形式和内容、必然性和偶然性、必然性与自由、可能性与现实性、一般和特殊，等等。辩证逻辑在研究这些范畴上的任务是：给这些范畴加一个确切的定义；说明这些范畴的辩证联系，它们的相互依存，互相转化及对立的统一；说明这些范畴在认识过程中的作用与地位，因为范畴乃是人认识客观世界的网上的结束点，每一个范畴都标志着人认识世界的一个历史阶段；说明运用这些范畴对形成科学的世界观及对实践活动的意义。辩证逻辑在阐

① 列宁. 黑格尔《逻辑学》一书摘要. 北京：人民出版社，1965：38
② 列宁. 唯物论与经验批判论. 北京：人民出版社，1953：123～129
③ 列宁. 黑格尔《逻辑学》一书摘要. 北京：人民出版社，1965：163

明逻辑范畴的理论时应当批判唯心主义，不知论、形而上学对范畴的各色错误观点。

辩证逻辑在研究范畴时应当制定出范畴的体系，范畴的体系反映着人对世界认识的深化，列宁在说明人的认识过程的特点的指出："从并存到因果性以及从联系和相互依存的一个形式到另一个更深更一般的形式。"① 这个指示应当成为制定范畴体系的线索和方向。辩证逻辑也研究判断和推理，与研究概念一样，辩证逻辑的任务是：说明判断、推理之间的相互联系和相互依存；说明这一判断、推理向另一判断、推理的互相转化；说明判断、推理之间的对立的统一。恩格斯指出："辩证逻辑和旧的纯粹的形式逻辑相反，不像后者满足于把各种思维运动形式，即把各种不同的判断和推论形式列举出来和毫无关联地排列起来。相反地，辩证逻辑却以此推彼地推出这些形式，不把它们互相平列起来，而使它们互相隶属，从低级形式中发展出高级形式。"②

辩证逻辑不能局限于研究概念、范畴、判断和推理，它还必须研究思维用什么方法才能形成这些思维形式并使一种形式过渡到另一种形式，因而，辩证逻辑还必须研究逻辑思维的方法。

辩证逻辑应当研究关于逻辑的研究方法和历史的研究方法问题。为了反映客观世界的发展过程，我们可以把研究方法分为逻辑的方法和历史的方法，前者直接研究对象的既成的关系，直接考察在重复的条件中不断再现的关系，后者直接研究对象的历史。辩证逻辑在这个问题上的任务是：说明逻辑的研究方法及历史的研究方法的本质和区别；说明二者在认识过程中的不同作用及地位；说明运用这两种不同的方法的具体条件，这种条件一方面决定于客观对象的特点，一方面也决定于研究的目的；说明这两种方法的相互作用及相互补充；说明这两种方法在不同领域内的特殊性。

关于分析与综合、归纳与演绎等思维方法也是辩证逻辑的研究对象。列宁在辩证法的16个要素之中曾把分析与综合列为辩证法的要素之一。恩格斯在《自然辩证法》中说明辩证逻辑时曾详细地考察了归纳与演绎的辩证法，阐明了抽象及概括的巨大作用。辩证逻辑在这些问题上的任务是：说明这些思维方法的本质及它们在认识过程中的作用；说明运用这些方法的不同条件，因为这些思维方法的运用不是没有限制到处有效的，对于不同的对象和不同的研究应当用不同的方法；说明这些方法之间的相互作用及相互补充，因为仅仅只用一种方法还不足以发现真理，例如没有分析就没有综合，而没有综合分析就失去意义。

---

① 列宁. 黑格尔《逻辑学》一书摘要. 北京：人民出版社，1965：191
② 恩格斯：自然辩证法. 北京：人民出版社，1971：185

辩证逻辑应当研究在思维形式和思维方法中起作用的思维规律。辩证逻辑的思维规律也就是以对立统一和斗争为核心的辩证法的基本规律，由于这些规律作用在思维的领域中，它们只是通过思维形式和思维方法的对立的统一表现出来。辩证逻辑的规律表现在各个范畴的对立统一之中（如必然性与偶然性、形式与内容），也表现在各种思维方法的相互联系之中（如归纳与演绎的统一）。

辩证逻辑所研究的内容当然不局限于以上所提到的各个方面，随着研究工作的深入，研究的问题也会不断扩大。

三、研究辩证逻辑的途径

为了正确地进行辩证逻辑的研究，必须注意以下几个原则问题。

第一，应当使辩证逻辑的研究和社会主义建设的实际联系起来。这就是说，在研究辩证逻辑的各个具体问题时，应当概括社会主义建设在理论上的成就。其次，在研究辩证逻辑时，应当把科学研究和宣传工作结合起来，使辩证逻辑的知识成为广大干部、科学工作者手中认识世界和革命改造世界的武器；为此，在研究辩证逻辑的各个基本问题时，应当说明运用辩证逻辑分析现实的巨大的实际意义，并且批判用唯心主义、形而上学对待现实的错误，指出形而上学的思维方法对社会主义事业的危害性。

第二，为了使辩证逻辑的研究更好地为社会主义建设服务，还必须把辩证逻辑的研究和现代自然科学的成就联系起来。辩证逻辑应当概括当前自然科学的成就，给自然科学提供说明及研究的方法。由于科学发展的日益复杂深刻，自然科学没有正确的思维方法是不能前进的。

第三，应当研究马克思列宁主义经典作家对辩证逻辑这门科学的许多指示及他们对辩证逻辑许多具体问题的实际解决。在马克思主义的经典著作中特别应当指出的是：马克思的《资本论》、恩格斯的《自然辩证法》、列宁的《哲学笔记》。要了解辩证逻辑首先必须细致地深入地研究这些著作。毛泽东同志的全部著作都是用辩证逻辑对待中国现实生活的典范。

第四，应当继承哲学史上关于逻辑问题上的一切优秀成果。这里首先是要批判地吸收黑格尔的逻辑学，黑格尔的逻辑学包含着辩证逻辑的许多有益的东西。但是，"黑格尔的逻辑不能就它现在的形式就拿来应用；不可把它现成地搬来。必须清楚它的理念的神秘，从它中间挑选逻辑的（认识论的）部分：这仍是一个巨大的工作。"[1] 要认真地研究辩证逻辑是不能拒绝这个巨大的工作的。

---

[1] 列宁. 黑格尔《哲学史讲义》一书摘要. 北京：人民出版社，1955：22

第五，最重要和有决定意义的是，必须概括人类认识史的成就。思维科学也是一种历史的科学，思维的选择是和思想史一致的，思维形式和思维方法的规律乃是人类思想史的精华和总结。正因为如此，列宁才指出："黑格尔与马克思的事业的继续，应当是辩证法地加工于人类思想、科学和技术的历史。"[①] 为了研究辩证逻辑还必须概括儿童智力发展史，动物"智力"发展史、语言史等。不概括自然科学史、技术史、哲学史的成就，就不能发现人的思维运动的规律和方法，就没有真正的辩证逻辑的研究。

辩证逻辑是一个十分重要但目前还研究得不够的领域，研究工作者只有根据以上的原则，加上克服困难和勇于创造的精神，经过巨大的工作，才能把我国在这一领域内的科学水平提高一步。

---

① 列宁. 黑格尔《逻辑学》一书摘要. 北京：人民出版社，1965：104

唯物辩证法的范畴：本质与现象[*]

人们在生产劳动、阶级斗争及科学活动中认识着周围的世界。认识是对客观物质世界的反映过程，是由事物的现象进到本质、由比较不深刻的本质进到更加深刻的本质的过程。

现象和本质的特点如何呢？现象如何表现着本质，本质又为什么这样地表现为现象呢？人能否认识事物的现象并透过现象认识事物的本质呢？这种认识的途径和方法是什么呢？——这些都是认识论应当回答的重要问题。

马克思主义的唯物辩证法是认识世界的唯一科学的方法，它粉碎了唯心主义、不可知论和形而上学对本质与现象的错误了解，正确地回答了上述的一切问题，并论证了认识事物的本质对实践活动的巨大意义。

关于本质与现象的原理在唯物辩证法中占有着重要的地位。列宁在其《哲学笔记》中把这一原理看做是唯物辩证法 16 个基本要素之一。列宁并指出："辩证法特别是关于物自体、本质、基质、实体与现象、'为他在'的对立的研究。"[①]

一、什么是本质？什么是现象？本质与现象的辩证统一

我们与自然和社会接触时，最初见到的是各种不同的、具有无限复杂性和多样性的现象。这种种现象供给我们认识事物的资料。但是，单纯地考察现象，不能理解这些现象的基本根源。为要真正地认识事物。唯物辩证法要求我们透过事物的现象认识现象的内在的客观基础，即认识事物的本质。

本质是客观世界现象内部的、共同的、相对稳固的、根本性的特征的统一，这些特征决定事物的本性及其发展方向。本质通过现象表现出来，现象则是本质的外部表现。

本质与现象的一般特点是什么呢？

---

* 原载于《哲学研究》1956 年第 5 期

① 列宁．黑格尔《哲学史讲义》一书摘要．北京：人民出版社，1955：8

本质是现象内部的、共同的东西，现象与本质的关系也是个别与一般之间的关系。列宁指出："'一般者'即本质。"① 生命现象是多种多样的，包括几十万几百万种不同的花草树木虫鱼鸟兽，每一种生物又有其多方面的生命特征，但这一切无限复杂的生物的生命现象的内在共同点就是：它们都是蛋白体存在的形式，这种存在形式的重要因素是在于它与周围的外部自然界的不断地新陈代谢，这个内在的共同点就是生命的本质；商品的价格是经常变动的，但这种变化的内在依据是商品的价值，价值是一切商品共有的东西，是价格的本质。

本质比起现象来是相对稳固的东西。列宁指出："非本质的东西，假象的东西，浮面的东西，更加常常消失，不像'本质'那样'牢固地'维持着，那样'稳坐着'。"② 生命现象的许多特征在生物的发展过程中不断地变化，但生命的本质则相对不变；由于社会对商品供求关系的复杂影响，商品的价格涨落不定，但价格的内在基础（价值）则相对稳定。

但是，本质的稳定性只是相对的，辩证唯物主义不承认世界上有"不变的本质"，本质也是变化的，只是这种变化不像现象的变化那样明显，因为不是任何细小的原因都会引起事物的本质变化当某一生物还未死亡时，生命的本质相对不变，但蛋白体会解体，新陈代谢会中止，那时，生命就不再存在；商品的价值，当社会的劳动生产率不变时，是相对稳定的，但劳动生产率不会停滞不前，因而价值也会变动，只是这种变动不像商品价格那样易于摇摆不定，不可能在一天之内就发生数次涨落。唯物辩证法认为："不独现象是短暂的、运动的、流逝的、只是被条件的界限所划分的，而且事物的本质也是如此。"③

本质表示事物的根本特点。例如，生命现象的共同特点，除了最本质的是新陈代谢之外，还有感受性、受动性、生长的能力等；商品除了最本质的是劳动的产品之外，还有各种其他属性，如颜色、重量等，但这些并不是商品的本质。资产阶级各色唯心主义尽力给自己加上许多"新"的外衣，创造出五花八门的各种大小流派，但它们的根本特点是断言意识是第一性的，而物质世界是第二性的，正是这个根本特点决定了这些流派的唯心主义的反动本质。

本质与现象是相互联系辩证统一的范畴。任何本质都是现象的本质，本质并不是存在于现象之外或现象之后（就时间上说），它存在于现象之中并与现象同时存在，通过现象表现出来。同样，任何现象也都是本质的现象，都是体现着本质的现象。客观物质世界既是现象又是本质。离开了各种不同的动植物的生命形

---

① 列宁. 黑格尔《哲学史讲义》一书摘要. 北京：人民出版社，1955：26
② 列宁. 黑格尔《逻辑学》一书摘要. 北京：人民出版社，1965，83～84
③ 列宁. 黑格尔《逻辑学》一书摘要. 北京：人民出版社，1965：8

态，也就没有生命的本质；离开了商品的价格，也就无所谓价值。列宁指出："在这里我们也看到相互推移、相互转化：本质体现为现象，现象包含着本质。"①

但是，不能机械地理解现象与本质的统一。现象与本质之间有着重大的差别，而且往往经常的不相一致。

现象经常只能部分地表现事物的本质。个别的现象还不等于事物的本质。本质是许多现象的基础。例如，我们在资本主义制度下可以看到许多现象：终年从事沉重劳动的采煤工人的家庭因贫困而没有煤烧，孩童妇女做工而壮年男子则失业，大批产品被白白地销毁，工人的罢工，等等。但其中的每一个别现象本身都不能充分说明资本主义制度的本质。为了说明这一本质必须对大量现象作综合的研究。

不仅如此，现象与本质的区别还表现为现象经常歪曲地反映事物的本质。我们把这种现象称为假象。例如，人的长期经验会认为白天和黑夜变换的原因是由于太阳绕地球的旋转，其实，地球的自转才是白天和黑夜变换的真正原因。前一种观念的产生是由于只看到事物的假象，后者直到 16 世纪才由伟大的学者伽利略所发现。"合法马克思主义者"、机会主义者有时也引证马克思主义的著作，但其本质则是反对马克思列宁主义，反对工人阶级和人民。但假象也不是与本质无关的东西，在假象中依然表现事物的本质。本质通过许多中间环节（原因）表现为假象。人们通过对假象的分析研究，揭露出这些中间环节，仍会达到事物的本质。一头插入水中的铅笔看起来好像被折断了，这是假象，产生这一假象的中间环节（原因）是由于折光，当人们认识了光在不同的介质中有不同速度因而产生折光时，这一假象的本质就被揭露了；马克思主义的敌人之所以要利用马克思主义的词句，这是由于马克思主义在革命运动中的胜利，迫使他们也只得披上"马克思主义者"的外衣，企图以此来宣扬反动理论，掩饰其反革命的本质。唯物辩证法认为：自然界和社会中有无数假象产生，假象的出现也是合乎规律的。"假象的东西，是在本质的规定之一中、在它的方面之一中、在它的契机之一中的本质。本质看起来是这一种东西。假象是自体中的本质的出现。"②

本质与现象的基本特点及其辩证联系，就是如此。

本质与规律的关系如何呢？

唯物辩证法认为：本质与规律是密切联系但又有一定差别的范畴。规律是客观世界现象间本质的、必然的联系或关系。规律是关系，这种关系有两个特点：

---

① 列宁. 黑格尔《哲学史讲义》一书摘要. 北京：人民出版社，1955：8
② 列宁. 黑格尔《逻辑学》一书摘要. 北京：人民出版社，1965：87

第一，它是必然的关系，这是与偶然性相区别的；第二，它是本质的关系，它抛弃了非本质的东西。本质与规律的区别就在于"规律是关系"，是"本质的关系或本质间的关系。"① 规律往往用来表示本质间的相互关系。例如，物体的本质属性是吸引和排斥，吸引和排斥是一物体本身所固有的本质，不是由于有他物存在时才产生，如把两个物体放在一起，这时，两物体会表现为相互吸引，也就是说，这一个物体的本质属性与另一个物体的本质属性发生了关系，表明这种相互吸引关系的规律就是万有引力定律；又如，各种不同使用价值的商品的本质是劳动，劳动是一个商品体本身所固有的本质，它构成价值的基础，商品本身所包含的劳动不是由于它和其他商品发生交换关系时才产生，在商品交换时，不同商品的劳动之间发生关系，表明这种相互关系的规律就是价值规律，价值规律表现商品本质之间的关系，同时也表现商品生产者之间的生产关系。

由规律与本质的区别中同时可以看出两者极端密切的联系。关于本质和规律的概念都是认识的高级阶段的反映。事物的本质是事物所固有的内在的根本特点，本质表现在规律之中，规律则是本质的联系。认识事物的规律也就帮助我们认清事物的本质。例如，认识资本主义的基本经济规律就使我们能够说明资本主义生产方式的剥削实质及其一切现象。列宁指出："规律与本质乃是同一性质的（同一次序的），或者说得确切些，同一程度的概念，这些概念表现着人对于现象、世界等等的认识之深化。"②

二、认识是由现象到本质的逐步深刻化的过程

客观世界是本质和现象的统一，但是，事物的本质与现象之间存在着经常的不相适合——这些特点就决定了人认识客观世界的过程的复杂性，决定了科学的任务。马克思指出："如果现象形态和事物的实质是直接合而为一的，一切科学就都成为多余的了。"③

科学认识的任务是什么呢？

第一，科学应当揭露各种复杂现象背后的本质，而不应当只是现象的登记者和收容所。只收集现象，现象仍是不可理解的；只有认识了产生这些现象的本质，人们才能真正地认识现象。例如，不了解什么是价值也就不能了解价格，因为价值是价格的本质而不是相反。任何真正的科学理论都是关于事物本质的知

---

① 列宁．黑格尔《逻辑学》一书摘要．北京：人民出版社，1965：11～12
② 列宁．黑格尔《逻辑学》一书摘要．北京：人民出版社，1965：109～110
③ 马克思．资本论（第三卷）．北京：人民出版社，1954：1069

识，光的波动说和微粒说解释光现象的本质，原子构造的量子论解释原子的电子场中所发生的各种现象的本质，剩余价值学说说明资本主义生产方式的本质，美学解释艺术的本质。

第二，科学应当揭露本质和现象之间的中间环节。仅仅说明这些现象背后的本质是什么还不是科学的全部任务，科学的任务还在于必须说明为什么，说明这一本质为什么是这样而不是那样表现为现象。一头插入水中的铅笔看起来好像被折断了，这是假象，科学和实践都揭露了这一假象，并证明铅笔在实际上是直的。但仅仅这样还远远不是科学的全部任务，科学要想成为科学，就还应当说明：什么因素（中间环节）造成这种假象。光学通过对折射的研究解释了上述的假象。对社会现象的真正的科学认识也应当是这样。马克思在《资本论》中的伟大贡献不仅是因为他深刻地揭露出资本主义经济制度的复杂现象的剥削本质是什么，而且因为他同时还指出这种剥削本质为什么（经过什么中间环节）会这样表现为各种使人迷惑的外表的现象形态。表面看来，资本主义社会中的商业利润似乎是流通领域内产生的价格附加，利息似乎是由法律关系带来的收入，地租似乎是由土地所有权产生的报酬。但马克思根据科学的分析指出，这种看法只是抓住了事物的假象，实际上，资本主义的商业利益、利息和地租的本质都是剩余价值，都是对资产阶级剩余劳动的剥削；其次，剩余价值之所以转化为这三种现象形态，这三种形态之所以表现为似乎能掩盖其本质的假象，是因为资本主义生产方式所引起的生产过程和流通过程的分离，资本所有权和资本使用权的分离，土地所有权和土地使用权的分离，等等。

由现象到本质的认识过程不能理解为一次完成的。本质与现象的区分是相对的，事物的本质是无限的，因而认识的深化过程也是无限的。列宁指出："人的思想是无终止地从现象深化到本质，从可以说是第一列的本质深化到第二列的本质，一直下去，永无穷尽。"[①] 例如，恩格斯概括了先前科学的成就，揭露了生命现象的共同本质，但这并不意味着科学就可以终止其对生命本质的更进一步的研究。生物科学继续研究着动植物各种类别的生命的特殊本质，研究各种不同的新陈代谢的特殊形式。科学证明：在动物和植物之间，在不同的动物或不同的植物之间，新陈代谢的形式是有重大差别的。在社会科学中也是一样，马克思研究和揭露了一般资本主义的本质，但是在马克思主义科学的发展中又继续揭露了垄断资本主义的本质，美国垄断资本主义的本质，第二次世界大战后美国垄断资本主义的本质，如此等等。

毛泽东同志指出："人们总是首先认识了许多不同事物的特殊的本质，然后

① 列宁. 黑格尔《逻辑学》一书摘要. 北京：人民出版社，1955：8

才有可能更进一步地进行概括工作，认识诸种事物的共同的本质。当着人们已经认识了这种共同的本质以后，就以这种共同的认识为指导，继续地向着尚未研究过的或者尚未深入地研究过的各种具体的事物进行研究，找出其特殊的本质，这样才可以补充、丰富和发展这种共同的本质的认识，而使这种共同的本质的认识不致变成枯燥和僵死的东西。"①

科学发展史就是人类的知识由现象过渡到本质、由比较不深刻的本质过渡到比较深刻的本质的历史。近代科学已经知道了光、电、热等等现象的本质，对这些现象的认识史表明：为要获得由现象过渡到本质的认识，必须经过一个复杂的、长期的过程。

最初，人们根据直观的观察认为光线是直线传播的，根据光的直线传播的现象，认为光的本性乃是一种由光源飞出去的微粒，这种微粒在均匀的物质内作等速直线运动。牛顿根据光的微粒说解释了光的反射、折射现象。从牛顿时代起直到19世纪初，光的微粒说占着统治地位。

到19世纪，科学已经发现了许多新的现象，这些现象是光的微粒说所不能解释的，如光的干涉现象（光波的叠加产生的光的互相减弱或增强），光的衍射现象（光通过窄孔时的绕射现象），等等。这些新发现的现象引起了关于光的本质的学说的改变，光的波动说在光学中取得了胜利，光的本质被认为是某种假设的连续的弹性介质（以太）的机械振动。这时，光的波动说说明了光的直接传播、反射、折射、干涉、衍射和偏振等现象。光的波动说最初把光看做是弹性物质（以太）的机械的振动，但这种假设的弹性物质具有难以解释的矛盾的特性。

19世纪60年代麦克斯韦根据新发现的现象又把光的波动说加以修正，提出了关于光的本性的电磁波学说。麦克斯韦发现了：电磁波的传播速度与直接测出的光速相等，电磁波和光波同样发生反射、折射、干涉、衍射和偏振现象，光的折射率等于介电常数与磁导率两者乘积的平方根。这样，就证明了电磁现象与光现象的等同性。光的本质仍被看作是一种波动，但已不是机械力的振动，而是由电磁场强度的变化而引起的波动了。

至19世纪末20世纪初，科学又发现了光的波动说所不能解释的现象。1888年斯托列托夫发现了光电效应，1900年普朗克提出了量子论假说，证明了光的辐射能不是连续的，光是有间断的，是一份一份的光量子流，而根据光的波动说，光的辐射能只是连续的。1900年及1910年列别捷夫发现了光压的存在，证明了光不是如波动说所认为的只是纯粹的能量，光也具有质量，也是物质的一种形态。这样，就证明了光的本质不仅有波动性而且也有微粒性，这种光的粒子称

① 毛泽东.毛泽东选集（第二卷）.北京：人民出版社，1955：776

为光量子（光子）。现代科学认为光的本质是矛盾的统一，光既是连续的又是不连续的，既是波动又是微粒。

关于光的本质的科学思想的发展证明了由现象到本质过渡的过程的复杂性。波动说否定了微粒说，量子说又否定了波动说，但都不是把它简单地抛弃而是加以修正并上升到更高的阶段。光的学说必须是光的波动说和量子说的辩证的综合。科学发展中的每一个否定都是认识由现象过渡到本质的一个飞跃、一个新的阶段。

在对社会现象的认识上，中国人民对帝国主义的认识史生动地表明了认识由现象到本质的深刻化的过程。在 1919 年"五四"运动之前，中国人民认识了一些帝国主义侵略中国所产生的现象，但还不了解帝国主义联合中国买办阶级和封建阶级压榨中国人民大众的本质，还不知道区别外国政府和人民。当时的中国人民看到外国人占领我国的领土，看到洋货充斥国内，"夷人词气傲慢"，"夷人各水手亦每欺侮平民，或乘醉抢取货物，或凌辱过路妇女"。中国人民特别仇视教会霸占田产、包揽词讼、侵犯主权、逞凶惨杀、勒索赔款等暴行。当时人们所看到的是："……今日之中国，其见欺于外人也甚矣。……其公使傲睨于京师以凌我政府，其领事强梁于口岸以抗我官长，其大小商贾盘踞于租界以剥我工商，其诸色教士散布于腹地以惑我子民。"① 由于当时中国人民还不认识帝国主义的本质，还不知道区别外国政府和人民，因而表现在斗争方式上就是笼统的排外主义，排斥一切洋人、洋教，甚至一切洋书、洋货、洋式生产工具，以为只要洋人和洋货排斥了，中国就可以得救。义和团运动这一伟大的民族革命斗争也就带有这种排外主义的色彩。

直到伟大的十月革命之后，中国国内工人阶级成长为独立的政治力量，中国人民在革命斗争中学习了马克思列宁主义理论，从"五四"运动起就不断深入地认识到帝国主义的本质，认识到帝国主义勾结中国买办阶级和地主阶级压迫和剥削中国人民的实质，于是才得出一个结论：中国人民革命必须首先推翻帝国主义和封建主义在中国的统治。毛泽东同志由《中国社会各阶极分析》一文发表所形成及以后继续发展了的关于新民主主义革命的理论，就是对这种本质的认识的科学总结。

尽管科学的历史一天天深入地证明了人能够而且正在认识着自然和社会现象的本质，但从古至今，许多哲学流派却始终坚持说世界不可认识。特别是唯心主义中的康德主义。康德把世界分为现象的世界及本质（物自体）的世界，认为人的认识可以反映世界的现象但不能认识现象背后的本质。康德把本质与现象绝

---

① 胡绳．帝国主义与中国政治．北京：人民出版社，1952：70

对地形而上学地对立起来。在康德那里，本质没有任何具体的性质，只是处于彼岸的、空洞的抽象。

康德的这种观念对以后的哲学和科学有很大的影响，严重地阻碍了科学的发展。例如，化学中的"类型论"否认可能根据化合物的化学性质来判断分子的结构，认为分子的结构乃是某种不可认识的"物自体"。理论和实践都无可辩驳地推翻了这种观点。布特列洛夫的化学结构理论证明：人完全可能通过化学反应的各种现象来认识分子结构的本质，并且可以根据这种认识来制造化合物。化学实践证明了这个理论，制造出许多前所未知的化合物（如第三丁醇等），这就是说，我俩已经认识了这些化合物的分子结构的本质，在这里并没有什么不可认识的"物自体"。

在哲学史上，客观唯心主义者黑格尔第一次全面地研究了包括现象和本质在内的诸逻辑范畴。他论述了现象与本质的辩证统一，提出了本质的相对性及认识事物本质的必要性和可能性等有价值的命题，并且严厉地批判了康德的形而上学和不可知论。黑格尔认为："我们承认哲学的职责或目的在于认识事物的本质，这意思应当只是说，事物不应当遗留在它的直接性里，而须指出它是间接地以别的事物为根据。事物之直接的存在，依此说来，就好像一个空壳或一个帷幕，在这里面或后面，尚蕴藏着本质。"[①] 黑格尔在批判康德并坚持本质的可认识性时写道："……康德只走到半路就停住了，因他只把捉住现象之主观的意义，他于现象之外去执著一个抽象的本质，——知识所不能达到的物自身。殊不知直接的对象世界之所以只能是现象，乃其固有性质有以使然，当我们认识了现象时，我俩因而同时即认识了本质，因为本质并不存留在现象之后或现象之外。"[②]

但黑格尔是一个唯心主义者，在他看来，现象和本质只是"绝对理念"自我认识的一定阶段，而客观物质世界却只是这个"绝对理念"的表现或"他在"，这样就歪曲了现象与本质的客观性质，他的现象与本质的辩证法同样也包含在他的神秘体系之中。

只有马克思主义哲学总结了科学发展和阶级斗争的经验，对本质与现象的原理作了唯一科学的阐明。唯物辩证法不仅阐明了本质与现象间的辩证联系，不仅向认识提出了由现象过渡到本质的正确任务，而且提供了透过事物外表发现事物本质的唯一科学的方法。

---

① 黑格尔. 小逻辑. 上海：三联书店，1954：251
② 黑格尔. 小逻辑. 上海：三联书店，1954：284~285

三、认识事物本质的途径与方法

认识是由现象到本质的日益深化的过程，但这个过程又是怎样实现的呢？为要正确地认识事物本质需要什么条件呢？恩格斯的一个重要的指示可以帮助我们解决这个问题，恩格斯指出："如果我们的前提是正确的，并且我们在这些前提上正确地运用了思维规律，那么结果也应该是符合于现实世界的……"① 这个指示说明了认识本质的两个基本条件，并包含着对认识事物本质的途径与方法的最一般的回答。

要正确地认识事物本质的第一个条件是"我们的前提是正确的"。所谓"正确的前提"，就是在实践基础上获得的丰富的可靠的感性材料。

实践是认识事物本质的根本的途径和方法。实践的需要决定人们首先去发现哪些现象的本质。例如，正是游牧和农业生产的季节的需要，决定了人首先去探讨天文现象的本质；也正是我国向社会主义过渡的实践需要决定我们必须大力地研究我国过渡时期经济及政治各种现象的本质。其次，实践又是获得认识所必需的"正确的前提"的决定条件。人们只有在生活实践中，才可能与事物发生联系，人们只有变革客观世界，才可能看到事物所表现出来的各种现象材料。不进行各种化学的和物理的实验，我们就不能看到矿石的硬度、条痕、化学构成、结晶状态等各种现象，就不能了解矿石的本性；同样，如果不是在长期的革命斗争中，我国无产阶级与民族资产阶级之间发生了极其复杂的关系，我们就不可能具体地了解我国民族资产阶级的阶级本质。

在实践的基础上，认识事物本质的第一个步骤是考察事物的现象，这就是感性认识（感觉、知觉、观念）。科学史表明：任何郑重的科学研究都必须经过这个感性认识阶段，以便观察大量的生动的现象，收集和熟悉各种具体的事例以作为综合研究的根据和前提。感性材料要成为认识事物本质的正确的前提应当具备两个条件：第一，感性材料要由既定的事实出发，要客观、可靠，因为只有事实才是科学家的空气；第二，感性材料要尽可能地包括对象的各个方面，要全面、丰富，因为只有由现象的一切方面的总和之中才会构成真理，因为最具有一般性的抽象，只有在最丰富的具体材料当中才会产生。毛泽东同志曾概括了这两个条件，指出："只有感觉的材料十分丰富（不是零碎不全）和合于实际（不是错觉），才能根据这样的材料造出正确的概念和理论来。"②

---

① 恩格斯．反杜林论．（俄文版）．第 317 页，人民出版社的中文本没有把这部分翻译出来
② 《毛泽东选集》（第二卷）．北京：人民出版社，1955：289

任何真正的科学研究它都经过了这种收集材料的阶段。例如，科学家在创立放射性元素分裂的理论之前，首先是获得了许多关于放射性辐射的现象：辐射在通过黑纸和不太厚的金属时能使照相底片感光，在这些射线的影响下会使空气电离，射线会引起荧光物质发光，射线会对活细胞有一定影响，等等。只是由于分析和研究了这些现象，科学才有可能深入了解放射性的本质。

马克思的《资本论》是根据大量事实材料而概括出来的科学著作的范例。列宁为了写《帝国主义论》，在第一次世界大战开始后最初几天，就着手收集和研究关于帝国主义时代各个国家的经济、技术、历史、地理、政治、外交、工人运动、殖民地问题以及其他社会生活各方面的世界文献。列宁根据他所读过的书籍和原本做出许多摘录、纲要、短评，将其收集于 20 本笔记本中。列宁的每个原理和综合，每个结论和估计，都是以研究巨量具体材料为坚固基础而作出的。列宁在《帝国主义论》一书中说明他的研究方法时指出："须知，能证明战争的真实社会本质，或正确点说，真实的阶级本质的，自然不是战争的外交历史，而是对于一切交战国里统治阶级所处客观地位的分析。为要说明这种客观地位，我们就不应引用单个例子与单个材料，而是一定要引用所有关于一切交战国和全世界经济生活基础的材料的总和。"①

正确地认识事物本质的第二个条件是在正确的前提上"正确地运用了思维规律"，即进行正确的科学抽象。只有正确的前提还不等于有符合现实的科学结论，因为感性材料还只是事物外部联系的反映，它还没有深入到理解事物的本质。认识的第二步是由现象过渡到本质，即由感性认识过渡到理性认识（概念、判断、推理）；这种过渡乃是一个由量变到根本质变的飞跃，中间经过了人的认识的能动作用，即抽象过程。列宁指出："认识是人对自然的反映。但是，这不是单纯的、不是直接的、不是总体的反映，而是一系列的抽象、定式化、概念和规律等等地形成过程。"②

马克思主义哲学非常重视思维规律的正确运用问题，非常重视科学抽象在认识事物本质中的作用问题。唯物辩证法认为：没有抽象思维就没有真正的科学，科学乃是一般历史发展的抽象总结的产物。

科学抽象对研究自然现象的本质具有非常重大的意义。与社会科学不同，人们在研究自然现象时可以利用显微镜或其他仪器，也可以进行化学反应或其他实验，但仪器和实验本身主要还是给我们提供一定的事实材料（甚至最好的电子计算机也只能代替人类一部分简单的脑力劳动），没有人脑对事实材料的分析，任

---

① 《列宁文选》（第一卷）. 莫斯科：外国文书籍出版局，1947：921
② 列宁. 黑格尔《哲学史讲义》一书摘要. 北京：人民出版社，1955：146

何实验和仪器（包括电子计算机在内）也不能提供出关于事物本质的科学理论。在自然界中没有完全绝对重复的现象，甚至没有两片完全相同的树叶。抽象思维的意义在于它能发现各种复杂现象当中的共同的东西、本质的东西。自然界中还存在着许多感官所不能直接把握的东西，例如，人只靠感觉不能发现一公升水中的分子数或光速的大小，而抽象思维的意义在于它能够把握而且应当把握这些东西。先进的自然科学家总是强调思维抽象在科学研究中的重要意义。巴甫洛夫曾指出："没有事实，你们的理论就是枉费苦心。——但是在研究、实验、观察的时候，要力求不停留在事实的表面上。你们不要变成事实的保管人。要设法洞察事实发生的奥妙。要坚毅不拔地去寻求支配事实的规律。"[1]

科学抽象对研究社会现象的本质具有特殊的意义。因为，"在经济形态的分析上，既不能用显微镜，也不能用化学反应剂。那必须用抽象力来代替两者。"[2] 像价值、剩余价值这样一些重要的范畴是不具有感性的特征的，人们只有凭借抽象思维才能把握。

什么是科学抽象呢？人们如何进行抽象思维呢？

科学抽象，广义地应理解为由感性认识上升到理性认识的中间阶段，就是对感性材料实行去粗取精、去伪存真、由此及彼、由表及里的思维加工过程。

在感性材料中，事物的主要方面和次要方面，本质的东西和非本质的东西还是混杂在一起的。科学抽象的任务就是在各种混杂的特征中划分、抽取出重要的、根本性的东西，撇开非本质的特征，揭露事物的本质。在感性材料当中，光具有许多不同的特点，有太阳光、电灯光、烛光，有白色的光、红光、蓝光，有强弱不同的光，等等。但抽象思维首先注意的，却是在这些复杂的特征中划分出它们重要的、共同的东西——一切光线是直线传播的。光学首先把这个特点抽取出来加以研究，创立了光的微粒说，这是认识光的本质的第一阶段。社会上的人可以因年龄、性别、肤色、能力、贫富等各种特征而互相区别，但要认识人的本质，就必须把人与生产资料的关系这个根本特点抽取出来加以分析。人的本质乃是社会关系的总和。

科学抽象是和概括相联系的。抽象是把事物的各种特点加以区分、辨别，并把事物的某些本质的特点抽取出来。概括是对并多现象进行研究，把它们的共同的特点结合起来。抽象与概括在认识过程中有着巨大的作用。恩格斯指出："事实上，一切真实的、详尽无边的认识完全在于我们在思维中能把个别的东西从个别提高到特殊，然后再从特殊提高到一般；完全在于能从有限中找到无限，从暂

① 巴甫洛夫．巴甫洛夫选集．北京：科学出版社，1955：32
② 马克思．资本论，第一卷．北京：人民出版社，1953：2

时中找到永久，并且使之确定起来。"①

抽象和概括的成果是概念。概念是反映客观事物的本质属性的思维形式。如"微粒性"、"波动性"反映光的本质，"阶级"反映社会中各种人的本质。

抽象与概括是认识现象的本质的重要的手段。抽象与概括是和归纳与演绎、分析与综合相联系的，归纳与演绎、分析与综合在认识事物的本质时有着重大的作用。

抽象与概括的实现必须有大量的事实材料作根据，由大量的个别性的材料做出一般性的结论是和归纳法有关的。归纳是由许多个别的东西上升到一般的推理方法，它通过对现象的分类、比较、统计等方式帮助人认识事物的本质。麦克斯韦能够提出光的电磁波学说并不是偶然的，这首先是因为他归纳了库仑、高斯、安培和法拉第等人所发现的科学材料，归纳了许多已知的电、磁及光的常数关系。

通过归纳法如何暴露事物的本质呢？这就必须在归纳的过程中揭示出现象的因果性，因果性的认识在发现事物的本质时有着巨大的意义，在某种意义上，对事物根本原因的认识也是对事物本质的认识，因为不了解某一事物的原因也就不能了解事物的本质。例如，不了解光的直线传播、折射、干涉、绕射等现象产生的原因就不能了解光的本质，不了解阶级产生的原因就不能了解阶级的本质，不了解第二次世界大战产生的原因就不能了解这次战争的本质。列宁指出："原因地真实认识是从现象地外面性进到实体的认识之深化。"②

我们还可以从科学史上举一个例子说明在归纳过程中如何通过因果性的认识发现事物的本质。在19世纪前半叶，人们还不了解传染病的病因，因而不能说明致病过程的本质。1850年科学家在患炭疽病死亡的绵羊的血液中发现了类似杆菌的"微体"，以后经过多次的观察与实验，也获得同样的现象。于是开始认为这种"微体"（病菌）与炭疽病有必然的联系，其后又进一步认为这种"微体"乃是炭疽病的原因，这是由归纳而得出的科学假说。经过进一步的各种实验（例如把"微体"注射在鹅身上），证实了这个假说。科学还研究了许多别的传染病的病因，并得出结论：微生物或病毒乃是一切传染病发生的病原体，而传染病乃是病原体在有机体身上繁殖而引起的有机体的"中毒"。这个由归纳得出的关于致病过程的本质的判断，乃是医学科学的重大成就。

在认识事物本质的过程中不应当忽视演绎的作用。演绎是由一般到特殊的推理方法，它帮助我们预见某种现象的本性，指导认识去研究那些尚未深入研究过

---

① 恩格斯. 自然辩证法 北京：人民出版社，1971：195

② 列宁. 黑格尔《哲学史讲义》一书摘要. 北京：人民出版社，1955：119

的事物的特殊本质。麦克斯韦提出光的电磁波学说，不仅由于他把前人的成就加以归纳，并且还由于他运用了数学的演绎，由理论上推导出运动中的电场和磁场应当采取波动的传播形式。根据这种数学的演绎，还在理论上推导出光也应当是一种电磁波（附带指出，由演绎而得出的结论——如光的电磁波学说——最初还是一种科学的假说，它应当由以后的实践加以证明）。

分析为的是把对象分解为各种因素，分出它的某些属性，单独地考察它们。为要认识光的本性，科学做了巨大的分析工作，把光的微粒性和波动性的各种现象分别加以详细的考察。通过分析才有可能认识这些现象的因果性及本质，才能解释这些现象。又如，科学最初不能说明下列的现象：水既然是由不连续的分子构成，为什么分子之间有很大的吸引力呢？水蒸气为什么比其他气体容易凝结，水分子之间的吸引力为什么大于氢、氧、氮分子各自的吸引力呢？水为什么能溶解大量矿物质呢？科学通过分析水分子的内部结构说明了这些问题。原来，水分子的结构是三角形的，氧在三角的一端，水分子内有正负电的两极作用，因此就产生了上述的现象。认识社会生活也是如此，为要了解一个社会的本质，应当分析这一社会的各种矛盾，应当分析每一矛盾的各个方面（如资产阶级与无产阶级），应当分析矛盾每一方面的各个特点（如经济的、政治的），没有这种分析就不可能了解社会生活中的各种现象。

综合是把对象的各个组成部分合成一个整体，把对象作为统一的整体来加以考察。要真正地了解光的本质就应当把光的微粒性和波动性的各种现象结合起来了解，要了解水分子的本质就应当把氢和氧当作互相联系的统一体来考察，要了解社会生活的本质，就应当把社会生活的各种现象（如阶级关系）综合起来加以研究。

总之，思维加工过程是一个复杂的过程。它是运用抽象与概括、归纳与演绎、分析与综合，透过事物的现象把握事物的本质，构成概念、判断、推理的过程。

怎样保证思维加工过程的正确进行呢？怎样才叫做在已得的感性材料上正确地运用了思维规律，也就是说正确地进行了抽象与概括、归纳与演绎、分析与综合呢？这里主要的是要在思维过程中，把抽象与概括、归纳与演绎、分析与综合等研究手段与唯一科学的方法论——唯物辩证法结合起来。唯物辩证法是帮助我们自觉地、正确地认识自然界和社会各种现象的有力武器。

唯物辩证法是认识世界的科学方法，但人们在认识世界时不能抽象地运用这种方法，而必须通过各种研究手段。离开了归纳与演绎、分析与综合等研究手段，来谈运用唯物辩证法，就是一句空话。但这只是问题的一个方面。

更重要、更有意义的一方面是：只有在唯物辩证法指导之下来运用各种研究手段，才可能有正确的思维加工，才可能保证认识由现象过渡到本质。也就是说，为了要正确地认识事物的本质，必须同时按照唯物主义原则和辩证法的原则来运用抽象与概括、归纳与演绎、分析与综合。

唯物主义地运用研究手段，就是要求我们对感性材料进行实事求是的思维加工。在分析和概括这些材料时不要夸大现实的某一方面，不要缩小其中的某一方面，也不要给现实添加任何本来就不存在的东西。实事求是的抽象是科学认识的工具，幻想的、歪曲的抽象思维则是宗教信仰、唯心主义所利用的工具。列宁指出："物质的抽象、自然规律的抽象、价值的抽象等等，一句话，一切科学的（正确的、郑重的、不是胡说的）抽象，都更深刻、更正确、更完全地反映着自然。"① （着重点系引者所加）。例如，有人在分析我国的初级农业生产合作社的实质时，主观主义地夸大其中私有的因素，缩小其中社会主义的因素，甚至硬给它加上本来不存在的资本主义因素。这就不是正确的、郑重的抽象思维，而是歪曲的、胡说的抽象思维。这种认识歪曲了合作社的本质，而且会在理论上及政治上犯重大的错误。

辩证地运用归纳与演绎、分析与综合等研究手段，首先要求我们从认识对象的辩证发展中去研究对象。事物的本质只有在它和其他事物的联系之中，在它本身的运动变化之中才表现出来，因此，只有用相互联系和变化发展的观点来分析研究事物，才可能认识事物的本质。例如，要研究国家这一社会现象的本质，就必须分析和综合国家产生的各种条件，就必须归纳各种类型的国家的发展史。

其次，辩证地运用归纳与演绎、分析与综合等研究手段，要求我们注意研究手段的互相联系和互相补充。归纳与演绎的统一、分析与综合的统一，是唯物辩证法不可缺少的基本要素。

归纳和演绎是互相联系的。归纳是演绎的前提，演绎也补充归纳。恩格斯指出："归纳和演绎正如分析和综合一样是必然相互联系着的。我们不应当在两者之中牺牲一个而把另一个高高地抬上天去，我们应当力求在其适当的地位来应用它们中间的任何一个，而要想做到这一点，就只有注意它们的相互联系，它们的相互补充。"② 没有归纳，就不能积累关于个别事实的知识，也就无法使这些知识系统化，也就没有演绎。没有演绎，就不能从已知的事实中得出新的结论，归纳就失去应有的意义。科学史表明：任何科学理论都是归纳和演绎的统一。对光现象的认识是如此，对化学元素周期律的认识也是如此。门捷列夫的化学元素周期律是把各种元素的特性加以归纳分类发现的，然后由周期表中用演绎得出关于

① 列宁. 黑格尔《哲学史讲义》一书摘要. 北京：人民出版社，1955：134
② 恩格斯. 自然辩证法. 北京：人民出版社，1971：189

未知元素（如磷）的特性的预言，实践证明了这种预言正确，又回过来补充由归纳得出的周期律。

归纳和分析是互相联系的。恩格斯指出："世界上的任何归纳法都永远不会帮助我们把归纳过程弄清楚。只有这个过程的分析才能做到这点。"① 把光的干涉现象作一次科学的分析，就可以了解光的本质属性，而离开了这个分析，即便把干涉现象归纳一万次也是不解决问题的。有些资产阶级的思想家企图把归纳当作科学发现的唯一的手段，认为只有归纳得到的成果才是没有错误的。这种归纳万能论是形而上学的观点。科学史证明，没有分析和演绎，归纳本身是做不出什么来的。

分析和综合也是互相联系的。分析是综合的前提，没有分析就没有综合；综合是分析的目的，没有综合，分析就没有意义。在客观世界中，部分与整体、事物的各个方面互相联系着，因此，只有分析和综合的统一才能认识事物的本质。列宁在《哲学笔记》中把分析与综合列为唯物辩证法的 16 个基本要素之一，指出这个要素是"分析与综合地结合，——各个部分地分解以及这些部分地总和、总计。"② 认识在一开始时是分析，然后才是综合。科学在发现光的本质时，先分析了它的双重性的各种现象，然后才把它们综合起来认识。有些资产阶级思想家认为，认识除了分析，没有别的工作。这也是一种形而上学的观点。只是分析，就会歪曲事物的本性。正如把一块肉分成氮氢氧等元素，但它们已不是肉了。

唯物辩证法以及在唯物辩证法指导下的抽象与概括、归纳与演绎、分析与综合，是思维用来认识客观世界的工具，如果我们正确地运用了这些方法，就会使我们的认识不停留在现象的表面，正确地把握事物的本质。但同时，唯物辩证法认为：正确的思维方法本身还不就等于检验思维结果的标准，这个标准只能是实践。如果我们在实践中获得的感性材料是正确的，如果我们正确地对这些材料进行思维加工，如果思维加工的结果被实践证明是符合现实的，那么，我们就实现了由现象过渡到本质的认识的任务。

四、唯物辩证法关于本质与现象的原理对科学研究及实践活动的巨大意义

唯物辩证法关于本质与现象的原理对提高科学研究的水平，加强思想批判的

---

① 恩格斯. 自然辩证法. 北京：人民出版社，1971：189
② 列宁. 黑格尔《哲学史讲义》一书摘要. 北京：人民出版社，1955：190

火力，正确地进行实际工作，提高政治自觉性及政治警惕性，丰富哲学知识等各方面都有头等重要的意义。

真正的科学研究应当透过自然和社会的各种现象揭露事物的本质，为此，就必须收集大量的材料并正确地加以分析研究。在我们目前的科学研究中存在着三种和这个要求相违反的错误倾向。

第一种倾向是忽视收集具体材料的教条主义。在科学研究中从事抽象的引证和演绎。例如，在研究经济发展时不花费巨大的劳动来寻找关于现实生活各种现象的统计材料，而只是重复一些旧的公式、旧的材料。在阐明哲学原理时不注意收集现代科学的成就及现实生活的材料，而只是分析经典作家的定义，从事纯理论的推理。有的人在研究我国过渡时期的基础与上层建筑问题时，首先感兴趣的不是当前我们现实生活中各种复杂的经济、政治的现象，而是马克思主义关于基础是生产关系的总和这一命题中"总和"二字如何解释。似乎只要对"总和"这个概念有了合理的解释，我国过渡时期的基础的实质问题就解决了！应当承认，这种倾向的存在，是我们目前许多科学论文缺乏创造性的原因之一。

第二种倾向是忽视理论研究的经验主义。在科学研究中只限于罗列现象而缺少应有的分析研究。这种倾向既表现于当前自然科学的研究中也表现于社会科学的研究中。例如，在选矿科学的浮选研究中，不少科学技术人员只是单纯地进行可选性试验，记录了大量的浮选药剂的实验效果，但却不深入地研究浮选的物理化学过程的实质，甚至认为这种实质乃是神秘的和不可知的。这样，就阻碍了浮选理论的发展，使科学落后于生产实践，也阻碍了实践的进一步发展。应当指出，这种情况在科学研究当中并不是个别的。过渡时期的实践在各个方面都提供出丰富的材料，但社会科学工作者还很少做出创造性的理论说明。

第三种倾向是任意思辨，歪曲事物本质。在科学研究中对事实材料不是实事求是地进行思维加工，而是给事实材料加上本来所不具有的属性。个别同志在研究经济科学时，硬说我国的半社会主义的农业合作社有资本主义性质就是这种歪曲的表现。

以上的三种倾向的共同点就是使我们不能认识客观世界现象的本质，使我们不能进行更有效的实践活动。唯物辩证法关于现象与本质的各个原理帮助我们为克服这些倾向而斗争。

其次，尖锐有力的思想批判的基本条件是由敌对思想体系的烦琐外衣中揭露其反科学的实质，不这样做就会使我们的批判失去方向和留下漏洞，就不能有力地贯彻战斗的马克思列宁主义的党性原则。在我们的思想工作中这一点并不经常是做得很好的。

例如，在批判胡适的"大胆的假设，小心的求证"这一反科学方法时，有的人把批判的中心放在"大胆"二字上，认为这"大胆"二字就把实用主义者的唯心面目暴露出来了。其实，问题的实质不在于大胆与否，而是要看假设的提出是否由客观实际出发并依据正确的思想方法。如果认为假设时大胆就是唯心主义，那么，人们就可以发问：是否小胆就是唯物主义呢？或者，胆子要多大才是唯物主义呢？显然这是不妥当的。问题在于：胡适的反科学方法的本质不在于大胆，而在于它的假设从头至尾都是以歪曲事实不顾事实为出发点的，都是以满足主观效果为出发点的。

列宁的《唯物主义与经验批判主义》一书是在思想批判中由本质上揭露资产阶级哲学思想的典型。列宁在各种唯心主义流派的大批新术语的诡计背后，在玄学的繁琐哲学的垃圾背后，总能毫不例外地揭露它们的本质——把意识看作第一性的东西，而把物质则看做是派生的、第二性的东西。列宁指出："世界是被我们的自我所创造的非我，——费希特说。世界是绝对理念——黑格尔说。世界是意志——叔本华说。世界是概念和表象——内在主义者雷姆基说。存在是意识——内在主义者苏倍说。物理的东西是心理的东西地替代——波格唐诺夫说。一定是盲目的人，才会在这种种不同的词句的外衣下，看不出同一的唯心主义的本质。"[①]

当然，尖锐有力的思想批判决不限于揭露某一哲学派别的本质"是什么"，而且还应当揭露这一本质"为什么"要采取这一种或那一种外衣，应当揭露出外衣和本质间的中间环节，也就是说，要揭露出这一哲学派别的特有的认识论根源。

再次，唯物辩证法关于本质与现象的原理对共产党的实践活动有着巨大的意义。只有正确反映现实生活的本质，才有可能制定生气勃勃和行之有效的正确政策，才会有科学的预见和前进的信心。反之，看不到生活当中本质的东西，就会迷失工作的方向，就会在实际工作中犯各种错误。

我们党在1927年的大革命失败后，当时有些同志只看到反革命力量强大和革命主观力量削弱方面的一些表面现象，如国民党建立了全国政权，控制了政治文化中心和经济命脉，武器雄厚，而红军武器少而差，又只有很小的农村根据地。由这些认识出发，这些同志产生了悲观的念头，对坚持农村根据地缺乏信心，甚至提出红旗能打多久的疑问。毛泽东同志指出这些有悲观情绪的同志在思想上的错误乃是不知道由本质上看问题。毛泽东同志分析了当时时局的本质，指出在国际上帝国主义三大矛盾是发展了，因此，帝国主义更加需要夺取中国，帝国主义与中华民族的矛盾、中国各派反动统治者间的矛盾、中国工人阶级和中国

---

① 列宁．唯物论与经验批判论．北京：人民出版社，1953：229

资产阶级的矛盾、地主和农民的矛盾也日益发展，中国正处在一种惶惶不可终日的混乱状态之下。因此，反帝反军阀反地主的革命高潮就成为不可避免，而且会很快地到来。对上述矛盾总和的分析就是对当时时局本质的认识。"星星之火，可以燎原"就是这一分析的结论。毛泽东同志这一科学预见已经为中国革命的实践所证实了。毛泽东同志教导我们说："我们看事情必须要看它的实质，而把它的现象只看作入门的向导，一进了门就要抓住它的实质，这才是可靠的科学的分析方法。"①

对现实生活中本质的东西的深刻认识，善于区别假象和本质，在提高我们的政治警惕性上也有重大的意义。

唯物辩证法关于本质与现象的一般原理当然也适用于文学艺术的领域，这一原理指导文学艺术工作者深刻地认识现实生活和进行创作。真正的艺术作品绝不是自然主义地描绘生活的事件和现象，而是选择能够表现出发展趋势及其全部矛盾的最本质的东西，对现象进行艺术概括。但现象与本质的关系在艺术中和在科学中有不同的表现，科学以反映社会本质的抽象概念表现社会关系，艺术则以丰富多彩的形象表现社会关系，以具体的感性的形式来反映现实生活。关于文学艺术领域中现象与本质的相互关系问题是一个值得专门研究的问题。

最后，研究唯物辩证法关于本质与现象的原理，对马克思主义哲学本身也有着头等的意义。这一原理的研究将会丰富我们对辩证唯物主义的认识论的了解，将会促进我们更进一步地研究辩证逻辑的许多尚未深入研究过的问题，如一般和个别的关系，抽象在认识中的作用，归纳与演绎、分析与综合在认识中的作用，等等。这许多问题是我们哲学工作者必须加以深入研究的。

---

① 毛泽东. 毛泽东选集（第二卷）. 北京：人民出版社，1955：105

关于否定的否定规律*
——与庞朴同志商榷

否定的否定是唯物辩证法的一个基本规律，也是哲学界长久没有深入研究的一个主要问题。对于这个基本规律，目前存在着有根本区别的意见分歧。庞朴同志在《哲学研究》去年第三期上发表的论文《否定的否定是辩证法的一个规律》代表着对这个规律的一种看法。这里我也把自己不成熟的看法，提出来供大家讨论，并与庞朴同志商榷。

否定的否定规律，根据庞朴同志的意见，可以大致说明如下：任何一个事物的整个发展过程，都经历三个发展阶段，第一阶段是肯定，第二阶段是第一阶段的否定，第三阶段又是第二阶段的否定，即否定的否定；而且，发展的第三阶段必然地、普遍地与它原来的第一阶段有着形式上的类同，而在内容上则比第一阶段更高级、更丰富。为了以后说明上的简便，可以用 A→B→A' 来表示庞朴同志对否定之否定的说明。（这里 A 是发展的第一阶段，B 是第一个否定即发展的第二阶段，A' 是否定的否定，即发展的第三阶段。A' 与 A 有形式上的类同故用同一字母来表示，A' 与 A 在内容上不同故在 A 上加一撇以示区别。）

为了论证这种否定的否定（即 A→B→A'）的普遍性和客观性，庞朴同志引用了许多实际的例证，并且驳斥了各种不同的意见，主要是驳斥了反对把一切发展都归结为 A→B→A' 式的意见。

但是庞朴同志的看法也是值得商榷的，在我看来，发展的三段式，第三阶段与第一阶段在形式上的类同，只是发展的形式之一，而不是一切发展的普遍形式；在许多场合下，发展的第三阶段（如果把它看做是第三阶段的话）并不一定在形式上和它相应地第一阶段类同。也就是说，不能把所有的否定的否定统统都纳入 A→B→A' 的公式。

为了说明这种看法的根据，我也先来引用一些事实材料，而把理论上的分析留在后面。

在自然界，庞朴同志引用了大家知道的关于麦粒和昆虫的例子。麦粒→麦芽

---

* 原载于《光明日报》1957 年 1 月 9 日，"哲学"版双周刊，第 73 期

生长、开花、结实→新的更多的麦粒，难道这不是按照 A→B→A' 的法则进行的吗？是的，这的确实是 A→B→A'。然而，我们在自然界也可看到另一些发展过程的事实材料，这些材料似乎不能纳入 A→B→A' 的公式。例如，脊椎动物的整个发展史是：由鱼类→两栖类→爬行类→哺乳类→人类。这里，我们看到的是脊椎动物由低级到高级、由简单到复杂的过渡，发展的每个阶段都是形而上越来越变得不相同的东西（固然他们都是脊椎动物）。

在社会生活中，庞朴同志引用了生产关系发展的例子。公有制→私有制→新的公有制，也是 A→B→A'。如果我们考察生产工具的发展，情况又怎样呢？这是由简单的石器过渡到金属工具，由手工业工具过渡到机器，由蒸汽过渡到电动机，再过渡到原子能发动机的复杂的过程。在这个生产工具的发展史中，A→B→A' 在哪里呢？在石器和蒸汽机或原子能发动机之间，形式上的类同在哪里呢？（固然，它们都是生产工具）

在人的认识发展史中，庞朴同志引用的例子是：朴素的唯物主义→唯心主义→近代唯物主义，也是 A→B→A'。然而，近代自然科学家对原子的认识又如何呢？起初，人们认为原子是构成物质的不可破坏的最小质点：之后这种认识被否定了，科学家发现了原子的可破坏性，原子不是最小的质点，它本身也是由另外的微粒子构成的；开始，人们认为构成原子的微粒子都是带电的（即原子由带负电的电子和带正电的质子构成），之后这种认识又被否定了，科学家发现了构成原子的不仅是带电的粒子，而且还有不带电的中子。试问，关于原子由中子、质子、电子构成的学说如何在形式上重复（或类同）原子是最小的不变的质点的学说呢？

也许有人会认为我所用来反驳的例子违反了庞朴同志提出的研究否定的规律所必须注意的两个要求，即①是研究什么事物发展中的否定的否定；②对这个事物的某一个整个发展过程进行考察。我是完全同意这两个要求的，而且在上面举出的例证中也遵守着这两个要求：可以看出，我们考察的是脊椎动物、生产工具和近代自然科学对原子的认识这三件事物的某一个发展过程。

由上可见，不按 A→B→A' 公式进行的发展过程，或者说，由于发展的复杂性而不能简单地纳入 A→B→A' 公式的发展过程在现实生活中是存在的。

但是，为了证明和反驳，只是引用例证（即使引用成千的例证）是不够的，除了事实的例证，还必须有理论的分析。

首先，让我们来看看庞朴同志在论证 A→B→A' 上给我们理论上的说明是什么。可以说，在庞朴同志的论文中这种说明是很少的。整个论文主要是用枚举事例的方法来证明 A→B→A' 公式的。但庞朴同志毕竟也做了一些理论上的证明，这就是庞朴同志所引证的普列汉诺夫的下列一段话："任何现象，发展到底，转化为自己的对立物；但是因为新的、与第一个现象对立的现象，在自己方面，同样也转化为自己的对立物，所以，发展的第三阶段与第一阶段有形式上的类同。"（《论一元论历史观之发展》，人民出版社，第124页）但是，庞朴同志除了对普列汉诺夫的话作了一些字面上的解释之外，并没有对这段话作出令人满意的分析，而且也没有把普列汉诺夫的这一段话和任何一个实例结合起来给予说明，这样就不仅没能说明 A→B→A' 的普遍性和客观性，甚至也没有说明 A→B→A' 的个别实例。

普列汉诺夫的这段话究竟应当如何了解呢？普列汉诺夫指出，任何现象发展到底，转化为自己的对立物，这是对的，也就是说，任何一个肯定的东西，随着事物的发展，都要被否定，而由第一阶段过渡到第二阶段，产生了新的与第一现象对立的现象；其次，普列汉诺夫指出，新的与第一个现象对立的现象，在它的发展过程中，同样也转化为自己的对立物，这也是对的，就是说，发展的第二阶段又要再被否定而过渡到第三阶段。接着普列汉诺夫就做出的结论说："所以，发展的第三阶段与第一阶段有形式上的类同。"问题就出在这个结论上，在这个结论中，"所以"这个词是值得怀疑的。普列汉诺夫整段话的前一半只是说明了由矛盾引起的事物的发展必然表现为对立物的不断转化，而并没有在理论上说明，发展的第一阶段上的对立物在形式上究竟是什么，也没有考察发展的第三阶段上的对立物在形式又究竟是什么，然而却断言这两个不同的对立物有形式上的类同，所以发展按 A→B→A' 公式进行。可见，普列汉诺夫在这里所用的"所以"一词，是一种不合理的"逻辑跳跃"，可是庞朴同志没有觉察到这一点。

庞朴同志本人也采取了这种逻辑跳跃，庞朴同志说："第一次转化的结果，转化为对立物了，第二次由对立物继续向对立物转化，于是在形式上又转回来了，回到出发点了"（重点是引者所加），这里，庞朴同志和普列汉诺夫一样，也没有从理论上说明发展第一阶段和第三阶段上的对立物在形式上是什么，就直截了当地说："于是"第三阶段在形式上回到了出发点！

总之，事物是按矛盾的统一和斗争的规律不断转化的，但却不能由这一点就作出理论上的结论："所以"或"于是"事物都是按 A→B→A' 的方式进行的。

还应当提出的是，庞朴同志也没有给我们说明，强调 A→B→A' 的公式，即强调第三阶段与第一阶段在形式上的类同对我们认识活动和实践活动有什么好处。在我看来，第三阶段与第一阶段在形式上的类同情况当然是存在的，但是强调这一点并没有什么严重的现实意义。例如，共产主义社会与原始公社制度在形式上当然有类似的地方，不过强调这点又有什么意义呢？我们当然不应当由实践意义的大小来否定 A→B→A' 的客观存在，不过庞朴同志既然在整个论文中十分强调了发展的第三阶段与第一阶段在形式上的类同，就没有理由忽略这个原理的实践意义。

否定的否定的规律既然不能都纳入 A→B→A' 的公式，那么否定的否定规律应当作如何解释呢？为什么发展过程有的是按照 A→B→A' 的方式进行，有的又不按 A→B→A' 的方式进行呢？这是我们今后当研究和再研究的问题，这里只能简单就说一下我个人的初步的看法。

整体说来，唯物辩证法是关于事物发展的学说，对立而统一和斗争的规律表明了发展的源泉和动力，量变到根本的质变的规律表明了发展的每个阶段是如何实现的，否定的否定规律则表明事物的整个发展过程。

否定的否定规律的内容，就是客观事物在总的发展过程中所具有的普遍的特点，这些普遍的特点是我们在研究否定的否定的规律时首先应当加以注意的。

因此，如果不是只从引证经典著作的个别原理和例证出发，而是由概括客观事物在总的发展过程中所表现的普遍的特点出发，否定的否定的规律应当具有以下几方面的内容：

（1）否定的否定规律说明了事物发展的前进性，发展是由低级到高级、由简单到复杂的无限的无限上升的运动，在发展过程中新东西具有不可战胜性。

（2）否定的否定规律说明了事物发展的继承性，否定不是简单地消灭旧东西，而是克服并保留，在发展过程中新东西与旧东西是互相联系的。

（3）否定的否定规律说明了事物发展的螺旋式，发展并不是直线的，而是曲折的，不是循环式的，而是螺旋上升的，在总的发展过程中往往会出现暂时的倒退。

否定的否定规律既然反映了客观世界发展过程中上述的规律性，因而对我们的实践活动具有巨大的现实意义。否定的否定规律指出我们应当坚信新生事物的不可战胜性，要求我们对新鲜事物具有敏锐的觉察力，要求我们向前看，而不要向后看，做革命家而不要做保守主义者；否定的否定规律指出我们对待旧的东西（例如，过去的科学文化遗产）应当抱分析的态度，既不是虚无主义地一概否定，也不是无批判地全盘继承；否定的否定规律也指出我们应当认清发展过程的复杂性和曲折性，不要把发展的道路看做是笔直的平坦的大街，要求我们善于"为了一跃而后退"，懂得"将欲取之，必先予之"的道理。

至于否定的否定规律实现的方式，则可以是 A→B→A'，也可以不是 A→B→A'，无论是否按 A→B→A' 方式进行，发展总是一个由低级到高级、由简单到复杂的过程。阐明否定的否定规律时，应当强调的不是发展是否按 A→B→A' 的方式进行，而要强调发展是由低级到高级、由简单到复杂的无限的前进运动，以及发展的螺旋形式。因为 A→B→A' 既不是发展的普遍情形，而且也是一个对实践活动没有多大意义的公式。

虽然如此，在讨论否定的否定规律的这篇短文中，终究不能逃避一个问题：发展是否按 A→B→A'的方式进行，由什么决定呢？总的说来，这决定于发展不同阶段上矛盾的特殊性，下面作一些尝试性的分析。

发展可以按 A→B→A'方式进行，这决定于发展的三个阶段上有着根本矛盾的共同性，这一根本矛盾在发展不同阶段上的解决方式，也就有形式上类似的可能性。例如，古代朴素的唯物主义→唯心主义→近代的唯物主义，这是按 A→B→A'方式进行的，为什么呢？因为无论是什么样的唯物主义或唯心主义，它们所碰到的都是同一个根本问题（或根本矛盾），即主观和客观的矛盾。在发展的第一阶段上，认为客观决定主观，这是朴素的唯物主义；以后，这种认识被否定了，发展的第二阶段，主客观的关系颠倒过来，认为主观决定客观，这是唯心主义；再以后，唯心主义又被近代唯物主义否定了，主客观的关系再被颠倒回来，又回到客观决定主观，于是这个第三阶段就和第一阶段有了形式上的类同：都是客观决定主观。对于生产关系的发展也是一样，公有制→私有制→新的公有制，它们所解决的都是根本上同一的问题，即人与生产资料的关系问题，人与人之间的关系问题。

发展也可以不按 A→B→A'方式进行，这决定于发展不同阶段上存在着不同的根本矛盾，由此，在矛盾的解决方式上也就没有形式上类同的必然性。例如，原子是不变的最小质点的学说→原子由带电的电子和质子构成的学说→原子由不带电的中子和电子、质子构成的学说，这不是按 A→B→A'方式进行的。为什么呢？因为在发展的第一阶段，人们触到的问题是：原子究竟是最小不变呢，还是可破坏呢？这个问题的解决，使人们的认识进到第二阶段，在这一阶段上，人们碰到的是新的问题：组成原子的微粒究竟都是带电的呢，还是也有不带电的？这个问题的解决，又使人们的认识进到了第三阶段。可见，在发展不同阶段上有着根本不同的问题和矛盾，于是矛盾的解决也就不一定就有形式上的类同。生产工具的发展也是这样，由石器过渡到金属工具所碰到的问题（矛盾），是和蒸汽机过渡到原子能发动机所碰到的问题在根本上是不同的，因此，就不一定能把它们纳入 A→B→A'的公式。

由此可见，把否定的否定归结为 A→B→A'的公式，就是不顾事物发展的多样性，把复杂的东西简单化，勉强纳入到一个不必要的公式之中。

唯物辩证法的主要范畴[*]

学习每一门科学，都必须有系统地了解这门科学的基本概念和这些基本概念之间的相互关系。例如，要学习物理学，就必须知道什么是速度、加速度、力、功、能等等；就必须知道速度与加速度、加速度与力、力与功、功与能之间有什么关系。物理学的成果表现在这些物理学的基本概念和它们的相互关系当中，只有了解这些概念和关系，才可能懂得物理学。同样，要学习哲学，就必须知道什么是物质、意识、现象、本质、偶然性、必然性等；就必须知道物质与意识、现象与本质、偶然性与必然性等之间有什么关系。哲学科学的成果也表现在这些哲学的基本概念和它们的相互关系中，只有了解这些基本概念和关系，才可能懂得哲学。

每一门科学的基本概念，就是这门科学的范畴。

马克思主义哲学对范畴（基本概念）有两点最根本的看法：第一，范畴不是人随便想出来的，而是人的认识对客观世界的反映。例如，速度这个物理学的范畴反映各种物体运动的快慢，反映运动所经历的空间与时间的关系。"物质"这个哲学范畴反映自然界与社会一切事物所其有的属性：一切事都是不依赖于人的意识而独立存在的东西，都是可以被人认识的东西。第二，范畴不是孤立的和死板的，而是相互联系和可以变动的。例如，原因与结果就是互相联系的一对范畴，原因作用于结果，结果也可以反作用于结果，结果也可以反作用于原因；同一件事既可以是原因，又可以是结果。

哲学的范畴与其他科学的基本概念不同。各门具体科学的概念只是反映个别领域中事物的性质和关系，例如，速度、加速度、力这样一些概念只适用于机械运动。哲学的范畴则是最普遍的基本概念，它反映客观世界一切领域中事物最一般的特性和最根本的关系，像本质与现象、一般与特殊、形式与内容、原因与结果、必然性与偶然性、可能性与现实性等哲学范畴，既适用于反映自然界，也适用于反映社会生活。

研究唯物辩证法的范畴对我们有很大的意义，它帮助我们确立科学的唯物主

 ＊ 本文原由人民出版社于 1957 年 2 月出版

义世界观，帮助我们掌握认识世界的正确方法，帮助我们有效地进行实际工作。

唯物辩证法的范畴很多，在这本小册子中我们只能谈到一些主要的范畴。对于这些范畴将要说到以下几方面的问题：这些范畴的简略的定义；范畴之间的相互关系；批判对这些范畴的错误了解；这些范畴对认识世界和改造世界的意义。

一、本质和现象

我们在研究问题的时候，总是希望把问题看得深刻透彻，不愿意只是肤浅地说明问题。那么，究竟什么叫看问题深刻？什么叫看问题肤浅呢？怎样才能把问题看得透彻呢？研究本质和现象这对范畴帮助我们解决这些问题。

人们看问题可能看得比较肤浅，也可能看得比较深刻，这首先是因为世界上任何的事物本身就包括互相联结的两个方面：一个是外表的、比较浅显的方面，一个是内部的、比较深刻的、根本性的方面。例如，每一个人都有他外表的一面，这就是他日常的言语行为、待人接物等表现；这一方面的表现是极其多样复杂的，一个人对待不同的问题以及和不同的人发生关系会表现出各式各样的言语行为。每一个人又都有其内在的根本的一面，这就是他的阶级立场（指阶级社会中的人）、政治品质等；这一方面比较深刻，它决定一个人的丰富多样的日常表现，有什么样的阶级立场、政治品质，就有什么样的言语行为和待人接物的态度。

在哲学上，把客观事物的那些外表的、比较浅显的方面叫做现象。客观事物内部的、比较深刻的、根本性的方面叫做本质。现象比较丰富，本质比较深刻。

本质和现象是互相联系的。现象是本质的表现，在客观事物当中，没有不表现本质的现象，正像一个人不可能只有日常表现，没有阶级立场一样，人的言语行为、待人接物表现着他的阶级立场和政治品质。另一方面，本质也只有通过现象才能表现出来，没有无现象的本质，正像一个人不可能只有阶级立场，没有日常表现一样；人的阶级立场，只有通过他日常的各种言语、行为才能表现出来。现象和本质是统一的，它们都是同一个事物的不能分开的两个方面。

现象是本质的外部表现，那么现象如何表现本质呢？

首先，本质必须通过许许多多现象的总和才能完整地表现出来，个别的现象只能部分地表现事物的本质；正如不能只根据某一个人的个别言行来判断其阶级立场和政治品质一样，也不能只根据事物中的个别现象来判断事物的本质。例如，在资本主义制度下我们可以看到各种现象：一部分人游手好闲却过着豪华奢侈的生活，另一部分人终日劳动却陷于贫困饥饿；儿童妇女在工厂务工，壮年男子却反而失业流浪，法律宣布保护言论人身自由，而警察任意封闭报馆逮捕人民……这当中每一个现象都表现着资本主义制度的本质，但又不能完全地而只能部分地表现这一本质。

不仅如此，现象还往往歪曲地表现事物的本质，自然界与社会中许多事物的现象和它的本质之间往往很不一致，有些现象对本质说来是不具体的、虚假的东西，这种现象称为假象。然而，假象仍然是事物本质的表现，本质表现为假象也是有原因的。一支插入水中的铅笔看起来好像是被折断了，这是假象，这个假象的产生是因为光的折射。在社会生活中也有假象。

既然现象只是事物当中比较表面的方面，它只能部分地表现事物的本质，而且往往歪曲地反映事物的本质，那么，要真正地认识世界，就不仅应当研究事物的现象，而且应当深入到事物的本质。科学的根本任务是：第一，说明各种各样的现象背后的本质是什么。科学不能仅仅限于登记现象，而应当说明和解释这些现象，但只有认识了决定这些现象的本质，对现象本身才可能加以解释和说明。第二，说明本质为什么这样表现为现象，说明假象产生的原因。科学不能限于回答"是什么"，同时还必须回答"为什么"。只限于说明一头插入水中的铅笔在实际上是直的，折断是假象，这是不够的；科学要成为真正的科学，还必须说明为什么会产生这一假象。

整个人类知识发展的历史，就是人对各种事物的认识由现象到本质不断深入的历史。客观事物的本质方面与现象方面是同时存在的，但人的主观认识却不可能一下子同时既认识事物的现象又认清事物的本质，而只能先认识比较显而易见的现象，经过复杂的长期的实践和思考，逐渐发现事物的本质。而且，在一开始的时候，对某一个事物的本质的认识还是不深刻的，而且往往包含着错误，随着实践和科学的发展，人的认识逐步地由比较不深刻的本质进到比较深刻的本质。

在远古的时候，原始人就看到了由于雷电袭击而引起森林发火的现象，后来人类又用钻木取火等办法学会了利用火。但是，原始人对于火这种燃烧现象不能解释，不知道燃烧现象的本质，认为火也是一种神，并举行祭火的宗教仪式。后来，由于实践和科学的发展，火被利用来进行生产（如冶炼金属）和化学实验，人们又发现了许多东西可以燃烧，有的东西易于燃烧，另一些东西不易燃烧，这样就扩大了关于燃烧现象的材料。到18世纪，人们认为燃烧现象的本质是一种叫做"燃素"的物质在起作用，"燃素"是没有重量的微粒子，它分布在其他的东西当中，那些易燃的东西包含有较多的"燃素"，那些不易燃的东西包含有较少的"燃素"，这就开始了对燃烧现象本质的认识。燃素说解释了一些燃烧现象，并为化学积累了许多材料，但燃素说还是不科学的。以后，由于化学的发展，氧气的发现，燃素说就被推翻了；科学认为燃烧现象乃是一种激烈的化学作用，通常是激烈的氧化作用。这时对燃烧现象的本质的认识就又深入了一步。

人们对社会的认识也是如此。在十月革命和"五四"运动之前，中国人民对帝国主义侵略中国的本质还没有认识，这时中国人民还只看到外国人欺压中国的许多现象；只有到十月革命和"五四"运动之后，中国人民对帝国主义联合中国买办阶级和封建阶级压榨中国人民大众的本质，才有了正确的认识，今天，中国人民对帝国主义本质的认识就更加深刻了。

认识是由现象到本质的过程，认识必须透过现象达到本质，否则看问题就会肤浅、不深刻。但只是这样还不能解决全部问题，我们还要回答：怎样才能把问题看得透彻呢？怎样才能认识事物的本质呢？为了做到这点，必需有两个条件。

第一，要在实践的基础上收集大量的可靠的感性材料。要认识事物的本质，先要观察大量生功的现象，因此就必须有丰富的感性材料。我们在刚刚接触一个人的时候，对他的品质如何，还说不出什么来，只有经过一个相当长的时期，"听其言而观其行"，我们才可能判断他究竟是一个什么样的人。对于自然和社会中各种事物的认识也是一样，列宁为了揭露帝国主义的本质，曾经收集了当时各国的经济、技术、历史、地理、政治、外交、工人运动、殖民地问题等各方面的大量材料，做了 20 本笔记，只有运用这些材料，列宁才得出了关于帝国主义和社会主义革命的新的科学的结论，丰富了马克思主义的科学宝库。

感性材料要在实践中才能获得，不参加实践就不能接触事物，就不能看到事物的各种现象，当然也就无法取得关于事物本质的知识。

第二，要对感性材料进行正确的思考分析。感性材料是关于事物各种现象的知识，在感性材料当中事物的本质方面和非本质方面均是混淆不清的。为要把问题看得透彻，就应当对这些材料进行分析研究，而不能只是把它们甲乙丙丁地简单地排列起来。对感性材料的分析研究也就是一个开动脑筋、去粗取精、去伪存真、由此及彼、由表及里的思维加工过程。只有这样，才可能把事物当中共同的、根本的东西抽取出来，才可能看到事物的本质。如果我们一般地观察社会上的各种人，他们在肤色、年龄、性别、能力、贫富等各方面都有各种特点，粗看起来似乎是很混乱的。科学的分析就应当把人对生产资料的关系这一点抽取出来，在思考时抛开其他许多次要的特点，把对生产资料的关系作为判断各种人的阶级本质的标准，根据这个本质的、有决定意义的特征把社会的人分为各个阶级。如果没有这样的思考，没有思维抽象，就不可能有科学的认识。理性认识（概念、判断、推理）是思考的成果，它反映事物的本质。例如，历史唯物主义中的"生产关系"、"阶级"、"国家"、"民族"等科学概念都反映着社会现象的本质。

唯物辩证法关于本质与现象的基本原理对我们有什么意义呢？

首先，它帮助我们确信世界是可以认识的，帮助我们对唯心主义的不可知论作斗争。不可知论否认世界可以被人认识，他们的论证方法之一就是把现象和本质绝对对立起来，硬说人只能认识事物的现象，现象又与事物的本质无关，因而人永远不能认识事物的本质。在他们看来，一切科学都不能知道世界的本来面目是什么，世界上的一切事物都只是"知人知面不知心"的神秘的东西。照他们这种看法，科学就没有多大价值了，我们也就不必相信我们的认识，就不必相信科学了。其实，这种世界不可知的说法是完全没有根据的。人的认识在开始时可能只看到事物的现象，暂时没有揭露事物的本质，但现象是本质的表现，人在认识了大量现象之后，经过思考分析，就一定可以认识事物的本质。科学和实践证明，我们已经认识了资本主义社会的本质，已经认识了声、光、热、电各种现象的本质，并正在一天天深入地认识着原子内部各种现象的本质，但现代资产阶级的思想代表们还拼命宣扬我们不能认识世界的本质，这不过是表明了资产阶级企图使人民不相信科学，因而也不相信资本主义必然灭亡，社会主义必然胜利。"民可使由之，不可使知之"——这就是不可知论的阶级目的。

其次，认识事物的本质对我们的实际工作有巨大的意义。只有认清实际生活当中本质的东西，我们才可能正确地制定和执行政策，才可能在工作中有预见和信心。例如，在农业合作化问题上，曾经有些同志只看到某些上农、中农对合作化的动摇，少数干部在工作方法和工作作风上的缺点，农民贫穷，资金筹集困难，农民没有文化，找不到会计……因而认为合作化事业的发展超过了群众的觉悟水平和干部的经验水平，在实际工作中则执行了保守主义的甚至是"坚决收缩"的"右"倾机会主义方针。今天，事实已经完全证明这种思想是错误的。这些同志为什么会犯这种错误呢？这是因为"这些同志看问题的方法不对。他们不去看问题的本质方面、主流方面，而是强调那些非本质方面、非主流方面的东西。"（毛泽东：《关于农业合作化问题》）什么是本质和主流呢？这就是，①广大农民尤其是贫农和下中农积极要求在党的领导下走社会主义道路；②党有力量而且有可能领导农民走社会主义道路。这两点是有决定意义的东西，党中央关于农业合作化的决议正是反映了这个本质的东西，因而在实践中取得了卓越的成果。

在实际工作中认识事物本质的关键是调查研究和阶级分析。调查就是要收集和熟悉各种具体的事实材料，研究就是对这些材料进行分析与综合。调查与研究是透过现象认识事物本质的不可缺少的途径。没有调查，或只有调查没有研究，就是我们不能把问题看得深刻和透彻的主观原因。要研究社会现象的本质，必须运用阶级分析的方法，只有这样，才能了解社会当中最本质的东西，因为人们在生产中的地位和他们的经济情况，决定他们对革命、对阶级斗争的态度。不善于运用阶级分析方法就会在纷繁复杂的社会现象中迷失方向。例如，有的同志不善于区别上农和下中农，就看不到合作化运动的主流。

二、一般和特殊

据说有这样一个故事：有个病人要吃水果，给他苹果，他不要，而要水果。给他葡萄、香蕉等也都不要，仍要水果。但是别人只能给他拿出苹果、葡萄、香蕉等，在苹果、葡萄、香蕉等之外，水果本身是拿不出来的。结果这个病人什么水果也没吃到。我们说，这个病人不懂得一般和特殊的关系。

苹果、葡萄等都是各有不同的水果，它们各有其特别的味道、颜色、形状，因此我们很容易把苹果和葡萄区别开来。但苹果、葡萄、香蕉除了互相区别的特点之外，还有它们共同的地方，它们都是含有水分和果酸的植物果实。这个共同点使我们把它们都叫做水果。在这里，苹果、葡萄对水果来说就是特殊，它们是一种特殊的水果。而水果对苹果、葡萄来说是一般，它是各种特殊水果的共同点。

特殊是区别这一事物和那一事物的独有的特点的总和，一般则是特殊的事物当中的共同的东西。

唯物辩证法告诉我们，一般存在于特殊当中，是特殊的一个方面；特殊包含着一般。在客观世界中没有离开特殊而独立存在的一般，正像没有离开苹果、葡萄、香蕉等而独立存在的水果一样。任何一个事物都是特殊，都有它区别于其他事物的特点，同时，每一个特殊的事物又必然和其他的事物有着共同的地方。苹果是一种特殊的水果，它有着既不同于葡萄也不同于香蕉的味道、颜色和形状，但它同时又和葡萄、香蕉一样都具有水果的共同特点。葡萄也是一种特殊的水果，它也有着不同于苹果和香蕉的特有的味道、颜色和形状，它同样也具有水果的共同点。这种情况，对任何一种水果说来都是一样的。苹果、葡萄、香蕉、桃子都是特殊，但它们又都包含着水果这个共同点，特殊包含着一般。

可见，任何一个事物都是一般和特殊的统一，既包含着一般也包含着特殊。每一个事物不可能只是一般，不是特殊，也不可能只是特殊，不是一般。正像苹果不可能只是苹果不是水果一样，苹果是一种特殊的水果，它既是一般又是特殊的。

唯心主义者否认一般是客观地存在于特殊之中的东西，认为有离开特殊而存在着的"一般"，或者认为一般只是人们头脑中想出来的"记号"。这种说法是很荒谬的，唯物辩证法认为一般也是客观存在的，因为一般是特殊的共同点，是特殊的一个方面，它客观地存在于特殊之中。水果对苹果、葡萄来说是一般，但它不是主观的东西，离开了客观存在的苹果、葡萄等各种特殊的水果，只靠人的头脑是不能想出水果来的。

有人说，既然一般不是独立存在的东西，它只能通过特殊而存在，那么，一般又有什么意义呢？唯物辩证法认为一般有着很大的意义，因为特殊只能说明个别事物的特点，能使我们区别事物；而一般则能说明一类事物共有的特点，把许多个别的东西联系起来。人的思维不能高升一般，它总是极力把一类事物综合起来，不这样，人的认识只能局限在一个狭隘的范围之中。如果说，我们只能知道什么是儿童、少年、成人、老人（这是特殊），而不知道什么是人（这是一般），那么我们的思维就是不可想象的。

唯物辩证法认为，一般和特殊的区别不是绝对的，随着我们研究问题的范围的变化，一般和特殊的区分也是可以变化的。水果对苹果、葡萄来说是一般，但如果在更大的范围内考虑问题，水果、谷穗、棉桃对植物果实来说又都是特殊；植物果实则是一般。苹果对水果来说是特殊，但如果在较小的范围内考虑问题，对各种不同品种不同特点的苹果来说，苹果又是一般；各种不同的苹果，甚至每一个苹果都是特殊。可见，由于事物范围的极其广大，在一定场合是一般的东西，在其他一定场合则变为特殊。反之，在一定场合是特殊的东西，而在其他一定场合则变为一般的东西。

一般和特殊这对范畴，对了解人的认识过程有很大的意义。人类的认识过程总是先由特殊到一般，再由一般到特殊，这样循环往复地进行。人的认识的秩序，总是先认识了许多不同事物的特殊的本质，然后才有可能进行概括工作，认识各种事物的共同的本质，这就是由特殊到一般的过程。正像人的认识必然是先认识了苹果、葡萄、香蕉等，然后才能得到水果这个一般概念。当人们已经认识了事物的一般特点之后，就以这种一般性的认识为指导继续地向着尚未研究过的或者尚未深入地研究过的各种事物进行研究，找出特殊的本质，这样才可以补充、丰富和发展已经得到的对一般的认识，而使这种共同的本质的认识不致变为枯槁的僵死的东西，这就是由一般到特殊的过程。

例如，在19世纪50年代之前，人们还不了解传染病是什么，1850年，科学家在患有炭疽病（一种传染病）死去的绵羊的血液中发现了杆菌，才知道这种病是由于病菌感染而引起的有机体中毒。起初，人们还只知道这是一种特殊的传染病。那么，其他的传染病的情况如何呢？是不是一切的传染病都是如此呢？以后的科学研究证明，其他的传染病也是由于各种不同的病菌所引起的有机体的各种不同的中毒。科学家根据各种特殊的传染病的实验材料做出了一个一般性的结论，认为传染病就是病菌引起的有机体的中毒。但这时仍有许多传染病是没有研究过或没有深入地研究过的，由于有了以上那个一般原理，科学家就不必再从头摸索，就容易直接地、有目的地去寻找引起另外一些特殊的传染病的特殊的病菌究竟是什么。

可见，人的认识首先是接触特殊的个别的事物，然后才由特殊上升到一般。由特殊到一般，必须积累大量特殊性的材料，只知道很少的特殊性的材料，就不可能做出正确的一般性的结论。只是看到一种传染病是由于病菌感染而引起的，还不足以说明一切传染病，只有研究了几种以至更多种传染病之后才可以做出一般性的结论。

从特殊到一般必须经过抽象概括，一般是感官所不能看到听到的东西，只有在思维中才可以把握。我们只能看到具体的几个苹果或香蕉，但谁也不能看到水果本身，水果是人的思维把苹果、葡萄等的共同点抽取出来得到的共同的东西。由认识一些特殊的传染病上升到认识一般的传染病必须经过概括，就是说，要在思维中撇开某一种传染病独有的特点，而把一切传染病共有的特点抽取出来。

由一般到特殊也是认识的重要过程。只知道某一种特殊的传染病，并不能使人了解另一种特殊的传染病。必须了解传染病的一般原理，才能帮助我们认识尚未知道的东西，我们可以运用一般原理对尚未研究过的东西作一些推论。但只是知道一般，还不等于就知道了尚未研究过的特殊事物，还不等于对某一种传染病有具体的认识，因此还必须对新的特殊的东西加以研究，以检验、丰富、补充一般原理；否则，我们的认识就会停顿，就不能解决实际生活的具体问题，一般的原理就会成为空洞、僵死的东西。

人的认识就是由特殊到一般，再由一般到特殊的无限的发展过程，只要运用正确的方法，这两个过程的不断反复，使我们的认识不断丰富和发展。

唯物辩证法关于一般和特殊的原理有很大的现实意义。

首先，这个原理帮助我们了解具体事物具体分析的重要性，帮助我们批判教条主义和公式主义。

教条主义的特征是只知道书本上的一般原理，不对具体的特殊的情况作具体分析，即以一般代替特殊。教条主义者在一般和特殊问题上的错误就是：一方面，不懂得必须研究事物的特殊性，才有可能充分认识事物的一般特点，充分认识各种事物的共同的本质；另一方面，也是主要的方面，教条主义者不懂得在我们认识了事物的共同的本质之后，还必须继续研究那些尚未深入地研究过的或者新冒出来的具体的事物。教条主义者不懂得人类认识的两个过程的互相联结——由特殊到一般，又由一般到特殊。

教条主义者由于不了解特殊和一般的关系，以一般代替特殊，在解决问题回答问题时，往往只从书本上的一般原理出发，拒绝考虑具体情况，结果是在事实面前碰壁。

"马谡失街亭"的故事是教条主义以一般代替特殊而遭到失败的生动例子。

马谡和王平奉诸葛亮之令把守街亭，马谡到街亭之后，不是具体地分析街亭的特殊情况，不顾有四面受敌及被人截断汲水之道的危险，主张屯兵于山上。马谡自以为熟读兵书，诸葛亮有事尚且和他商量，终于拒绝了王平的谏言。支持马谡屯兵山上和反驳王平的，不是具体情况具体分析，而是兵法上的两条一般原理，一是兵法云："凭高视下，势如劈竹。"一是孙子云："置之死地而后生。"结果事实并不简单地如马谡所引证的兵法，马谡的兵被困于山上，山上无水，军不得食，寨中大乱，终于失了街亭。这故事虽然是三国时代的事，但它的教训正是值得引以为戒的。

共产党在制定自己的政策的时候，不能教条地引用马克思主义，而应当善于把共产主义的一般和基本的原则，应用到本国各阶级和各政党相互关系的特殊情况上去，应用到本国走向共产主义的特殊的客观情况上去，这种特殊情况在各国是互不相同的，我们应该善于分析研究这种特殊情况。我们当然应学习苏联及其他国家革命和建设的有益的经验，但是不应当机械地搬用别人的经验，因为苏联和其他国家的经验是和他们的特殊条件相适应的，而我们今天除了和他们有许多相同的地方之外，还有许多我们特殊的条件，必须善于创造性地、独立地解决这些特殊条件提出的问题。

例如，从资本主义过渡到社会主义，一定要建立无产阶级专政的政权，一定要消灭资产阶级和剥削制度，这是共产主义的一般原则。这个一般原则在苏联的实现有它的特殊性，即建立苏维埃式的无产阶级专政，用剥夺的方式消灭资产阶级，镇压资产阶级的反抗。在中国特殊的历史条件下，这个一般原则的实现也有它的特殊性，中国的无产阶级专政和社会主义革命不能机械地抄袭苏联的经验。在我国，由于民族资产阶级在一定程度上参加了新民主主义革命，民主革命胜利后无产阶级就掌握了政权，民族资产阶级采取了接受工人阶级领导和逐步地接受社会主义改造的态度，因而在我国的无产阶级专政性质的政权当中，民族资产阶级具有一种特殊的地位，这个阶级和它的党派有代表人物参加我们的国家机关，并且同工人阶级和共产党在社会主义事业中继续保持政治上的联盟。应当指出，我国人民民主专政的这种特殊性，不仅没有损害我们的政权在实质上是无产阶级专政，而且有利于无产阶级专政的巩固和发展。同样，由于我国社会和民族资产阶级的特殊的条件，我国消灭资产阶级的方式采取了和平的说服教育的方法，通过国家资本主义逐步地消灭资本主义的剥削制度。中国共产党对待民族资产阶级所采取的政策是完全合乎马克思列宁主义的，又是完全从实际出发的；它既依据着共产主义的一般原理，又充分地估计到中国社会和中国革命的特殊情况和特殊环境。

一般和特殊的原理帮助我们分析艺术作品。在现实生活中，每一个人和每一件事都是特殊的，在这些具有特殊性的人物和事情中则反映着生活中一般的、本质的东西，作家的任务是通过艺术的典型形象在特殊和一般的联结当中反映生活，使艺术作品生动逼真和有感染力。那些犯公式主义和概念化的毛病的作品，就是只描写了那些一般性的东西，而忽略了特殊性的一面，因而就使人感到平淡和一般化。另一方面，如果只注意描写一些特殊的情节，忽略反映一般的、普遍的东西，艺术作品就会失去其教育意义，就会犯繁琐主义和自然主义的错误。

唯物辩证法关于一般和特殊的原理，一方面要求我们不要用一般来代替特殊，要求我们对具体事物作具体分析；另一方面，也反对我们把特殊和一般绝对地对立起来。特殊并不是和一般不能相容的东西，任何特殊的事物同时又都是一般，或者说都包含着一般；不应当把特殊和一般对立，就好像不能把苹果和水果对立起来一样。正因为如此，所以我们在实际生活中，也要反对那些借口特殊的情况和具体事物具体分析，拒绝接受正确的、一般的指导原则的倾向。

我们有些同志在企业管理的问题上不能贯彻群众路线的领导方法，也犯了把特殊和一般对立起来的错误。某些同志只是强调企业的特点，只是看到社会主义的工业和交通运输企业需要有高度集中统一的指挥，严格的劳动纪律和明确的责任制度，企业中所有的人员都必须认真的服从各级领导者的命令和指挥。这些同志认为企业管理既然有这些特点，就不能贯彻一般工作适用的群众路线的领导方法，忽视发扬民主和发挥群众的积极性、创造性；以为管理企业必须用"特殊的"，领导方法，只要靠命令和纪律就可以把生产搞好；部分领导干部因此滋长了命令主义和惩办主义的粗暴作风。其实，群众路线的领导方法乃是一切工作都适用的一般原则，在企业生产的工作中贯彻群众路线，当然和在其他工作（如青年团工作）中贯彻群众路线有所不同，应当考虑到企业的特点，但这只是群众路线的领导方法在企业中如何贯彻的问题，而不是要不要在企业中贯彻的问题。集中统一与发扬民主相结合，加强纪律性与发挥群众积极性相结合，应当是一切工作都必须遵守的基本原则。

由此可见，认识任何事物，既必须看到它的特殊性，也必须看到它的一般性，看到特殊和一般的相互关系。只注意一般原理忽视对具体情况的特殊性作具体分析的教条主义作风，是必须反对的；同时，也必须批判那些忽视一般原理的经验主义作风。经验主义者只知道一时一地的特殊情况下解决某一问题的办法，不知道事物发展的一般规律，不知道任何工作的一般原则，因此常常是把某一个特殊情况下的关于某一工作的经验机械地搬用到另一个特殊的情况去，同样也做不好工作。

经验主义者总是忽视理论的学习，认为理论只是一般的大道理，不解决具体问题，他们不了解一般规律的巨大意义，不了解懂得了一般规律可以指导我们正确地研究特殊的规律，可以给我们分析具体情况提供基本的原则。我们有些同志不正是由于不了解农业必须和工业相适应地发展这个一般原理，在农业合作化问题上犯了"右"倾的错误吗？

我们必须重视关于一般规律的知识的学习，应当重视学习马克思列宁主义和辩证唯物主义的基本原理，同时也必须努力掌握事物的特殊规律，应当深入实际，研究具体问题，把我们所知道的一般原理和具体问题的研究结合起来。一般和特殊这两个范畴对我们的主要意义，就在这里。

三、形式和内容

一谈到形式，有的人就认为它是一个无关大局的问题，他们认为形式只是次要的东西，甚至是可有可无的东西。这样的看法是不正确的。唯物辩证法认为，内容是重要的，形式也是事物的不可忽视的方面，我们必须研究内容和形式的相互关系。

每一个事物都有两个方面，一方面是构成这个事物的内部要素和过程的总和，我们把它叫做内容；另一方面是这些要素和过程的结合方式，它们的结构和组织，我们把它叫做形式。任何事物的内容只有在一定的形式当中才能表现出来，任何事物的形式都具有一定的内容。

在资本主义制度下，工人阶级中有觉悟分子在个别地、零星地活动时，他们的力量比较软弱，革命斗争也容易被敌人镇压。但一旦工人阶级的先进分子组织起来，建立共产主义政党，他们的力量就比以前强大得多了。为什么呢？这不仅是因力参加共产主义政党的组成分子是工人阶级的先进的有觉悟的分子，他们的活动目的是要消灭一切剥削制度建设社会主义和共产主义社会；而且还因为这些先进分子按民主集中制原则组织起来，联合在统一的共产主义政党内，有统一的党纲党章、统一的纪律。党也像一切事物一样，有它的内容方面与形式方面，党的组成分子和活动目的是它的内容方面，党的组织原则和组织结构是它的形式方面。

社会生产方式也有内容和形式两个方面。生产力是生产方式的内容，它是生产的内部要素：生产工具和劳动者的总和，劳动者运用生产工具进行物质财富的生产。生产关系是生产方式的形式，它表现生产过程中人与人之间的结合方式。

正像本质与现象的关系一样，形式与内容也是互相联系的，关于形式与内容的关系可以分下面几点来说明。

第一，形式和内容是不可分离的。有的人用一瓶酒来说明形式和内容，把酒看作内容，瓶子看作形式，这是一种不恰当的比喻。瓶子当中的酒可以倒掉留下一只空瓶，但形式没有内容却不可能存在，正像没有生产力的生方关系是不可能设想的一样。酒也可以离开瓶子而存在，但内容没有形式却不可能存在，正像没有生产关系的生产力是不能设想的一样。

但是不能把形式与内容的不可分离理解为某一内容永远只能有一种固定的形式，在现实生活中同一内容可以表现为不同的形式。例如，无产阶级反对资产阶级的斗争，可以采用罢工的形式、游行示威的形式、议会斗争的形式、武装斗争的形式等。

第二，在形式和内容之间有决定意义的东西是内容，内容决定形式；在发展过程中内容首先变化，然后形式相应地发生变化。形式是内容的结构或组织，有什么样的内容，就产生相应的形式，而且内容比起形式来是更加灵活更富于变化的东西，内容的变化决定着形式的变化，形式经常落后于内容。例如，党和国家机关的工作内容是有决定意义的，工作内容决定党和国家机关的组织形式，当工作内容有重大的变化时，组织形式也不能不随着变化。在生产力（内容）与生产关系（形式）之间，生产力是决定的方面，生产关系一定要适合生产力的性质首先是生产力发生变化，然后生产关系跟着变化。

第三，形式是由内容决定的，但它不是消极的东西，它对内容有积极的反作用。任何内容都必须在一定的形式当中才能发展，适合于内容要求的形式是推动内容发展的主要力量。按民主集中制原则组织起来的党的代表大会、委员会是党的组织形式，这些组织形式对于党进行工作、发挥党的战斗作用有巨大的积极作用，没有这些组织或减弱这些组织的作用，就不能顺利进行工作，就会给工作带来巨大的损失。生产关系是形式，而适合于生产力性质的新的生产关系则是生产力发展的主要推动者，没有这个推动者，生产力的发展就会停滞。

第四，形式与内容之间经常存在着矛盾，内容是最活跃的因素，形式落后于内容，因此原来适合于内容发展的形式随着时间的推移就会逐渐变成不适合内容发展的形式，就会成为阻碍内容继续发展的东西。但是形式不能长久地落后于内容的发展，起决定作用的内容必然要抛弃旧的形式并用新的形式来代替它。形式和内容的这种关系是客观事物发展的必然规律。对于党的具体组织形式来说，每当党的工作内容有了重大的改变的时候，原来是合适于党工作内容的组织形式就不能满足要求了，就必须把这种组织形式加以改变，采取新的组织形式。例如，在党的秘密活动时期采用的组织形式在党的活动转为公开时就不再适用了，因为工作内容和环境变化了，继续保留旧的形式就会阻碍党的工作，必须用适合新的内容的新的组织形式来代替。生产力是最活跃的因素，生产关系不能永远是新的，当生产力发展到一定阶段，生产关系就变成阻碍生产力进一步发展的桎梏，就必然要有新的生产关系来代替。

不过，不应当把新形式代替旧形式看做是简单地消灭旧形式，事实上，新的内容不仅创立和利用新形式，而且往往还利用和改造某些旧形式使它为新的内容服务。那种认为过去一切都应当一脚踢翻完全另起炉灶的想法是不正确的。

形式与内容的一般原理就是如此。在实际生活中具体事物的形式和内容要比这些一般原理复杂得多，我们的任务是运用唯物辩证法的一般原理对具体事物的形式与内容进行具体分析。对客观事物的形式与内容的具体分析对我们的实践活动有很大的意义。

在实践活动中应当估计到形式的意义和作用，不应当把形式看做是无关重要的东西。内容只有通过一定的形式才能表现出来，形式的状况如何当然不能不对内容的发展有重要的影响，因此，为了使我们所需要的内容能更好地实现，就必须善于发现，利用最适合的或比较适合的形式。在资本主义制度下，任何资产阶级政权的阶级内容都是资产阶级对无产阶级的统治，其形式可能是资产阶级民主制，也可能是法西斯主义制度。即使在这样的情况下，也不能说这些形式上的区别对工人阶级的解放斗争没有什么意义。资产阶级民主制虽然对无产阶级也是不民主的制度，但毫无疑问，它在客观上比法西斯制度较有利于工人阶级的阶级斗争。因此，在目前各资本主义国家中，工人阶级和共产党都坚决地为反法西斯化、争取民主而斗争。形式的意义在我国社会主义建设中表现得十分明显，对农业、手工业及资本主义工商业的改造时我国社会主义革命的内容，但如果不通过一定的形式，这个内容就不能实现。中国共产党在领导中国革命事业中英明正确的地方，就是它不仅正确地确定了我国革命的内容是改造一切非社会主义的生产关系，而且根据实践的经验创造性地找到了实现这个内容的最适当的形式：在农业中就是互助组、半社会主义的农业生产合作社、高级的农业生产合作社；在私人资本主义企业改造中就是统购、包销、加工、订货、公私合营、全行业合营，将来，还由全行业合营过渡到全部企业的国有化。

在充分估计形式的作用时，唯物辩证法也告诉我们不要夸大形式的作用。形式是由内容决定的，形式的作用和意义如何，归根到底是由它的内容决定的。目前有些同志认为我们有了合作社就万事大吉了，认为合作社这种社合主义的形式自己就会把事情办好，因而在实际工作中放弃对农业生产的领导，对农民的教育工作也放任自流。这是一种十分错误的态度。固然，合作社是吸引农民参加社会主义建设的最好的经济形式，但如果我们不注意在这个形式中坚持社会主义内容，那么这种形式就会垮台。合作社这个形式的内容如果不是共产党的领导，如果不是逐步消灭个体经济的私有制残余和改造农民的私有心理，如果不能提高农副业生产和增加农民收入，那么合作社就会失去其意义，就会成为形式上是合作社，而实际上可能是为富农服务的东西。不应夸大形式的作用，不但对农业生产合作社说来是如此，对于任何的组织形式说来都是如此。

形式主义的错误就是只注意形式，忽视内容。本来没有什么内容，也要在形式上硬搞出一套；或者内容不多，但形式却轰轰烈烈华而不实，总之是形式与内容不相适应。形式主义在我们今天有各种表现。例如，不论工作在实际上是否需要，只注意建立一套庞大的组织机构；不管什么工作都要进行什么大会动员、小会讨论、通过决议；不论文章思想内容如何，总是下笔万言，美丽的辞藻滔滔不绝。形式主义是一种不切实际的东西。形式上的完美当然是需要的，但是单纯的形式上的完美就往往会成为一幅讽刺画。形式主义者是注意形式的，也正是他们使形式成为有害的东西。

在实践工作中应当注意到形式的多样性；应当善于运用各种形式服务于有决定意义的内容。在社会主义建设事业中，共产党不仅要动员党员参加社会主义建设，而且要领导、吸引、动员广大群众也参加这一事业，为此，党就不仅必须通过党这个组织形式来进行工作，而且同时需要通过一切可能的组织形式来进行工作，这些形式就是：国家机关，政治协商会议、工会、青年团、各人民团体、各民主党派等。

在实际工作中，还要求我们要善于由一种形式灵活地变换为另一种形式，这种变换一方面决定于事物内发展的要求，一方面决定于事物所处的具体条件。拿农业的社会主义改造来说，在新中国成立后的最初几年，互助组这种低级的生产合作形式是最普遍的形式，但社会主义工业化事业发展了，农业生产力发展的要求增长了，农民的思想觉悟提高了社会主义改造的内容也应当有进一步发展，这时互助组这种形式就不再能满足内容的要求，党和国家及时地指出，应当把以土地入股、统一经营为特点的半社会主义的农业生产合作社作为农业改造的主要形式，同时并不排斥其他多种形式的存在，今天，社会主义改造的内容更加发展了，完全社会主义的合作社就成为主要的形式了。如果总是固守着已经过时的形式，社会主义改造事业的发展就会受到不应有的阻碍。

形式和内容的一般原理对我们认识文化、艺术的形式与内容问题有重大意义，它帮助我们了解什么是文艺的社会主义内容与民族形式，帮助我们了解艺术形式的意义，帮助我们批判文艺中的形式主义、复古主义思想。关于这些问题在本文就不能加以说明了。

四、原因和结果

原因与结果的问题是从古到今一直有争论的问题之一，进步的思想家认为任何事情的产生都有一定的现实的原因。汉代我国著名的进步思想家杨雄说过：

"不因不生，不革不成。"就是说，任何事物如果没有一定的原因，就不会产生。俗话"无风不起浪"也是这个意思，风吹是原因，起浪是结果，没有风吹这个原因，就不会有起浪这个结果。

原因与结果的关系在时间上总是原因在先结果在后。风平浪静，风吹则浪起，必须先有风，然后才引起浪。但是，决不能把一切时间上有先后次序的现象都看作有原因和结果的关系，不能把"在此之后"，和"由此之故"混淆起来。黑夜之后就有白天，但黑夜却不是产生白天的原因，黑夜和白天只有时间上的次序。引起白天和黑夜变换的真正原因是地球的自转。

原因和结果的关系表现为一种现象一定引起另一种现象，而不单纯是时间的次序。在一连串相互联系的现象中，引起和决定另一现象的事件称为原因，被引起的现象称为结果。

一个事物的产生往往不只有一个原因，而常常有多方面的原因；在这许多原因当中，必然有些是主要的原因，有些是次要的原因。美帝国主义侵略者在朝鲜战争中遭到了失败，他们失败的原因很多，例如，他们在战术上的错误也是失败的原因之一，但这只是次要的原因。帝国主义所进行的是非正义的掠夺战争，它必然会遭到人民力量的毁灭性打击，这也是他们的失败原因，而这就是主要原因。我们决不能把帝国主义失败的多方面原因简单地平列起来，看作都是同样重要的东西。这样就会歪曲事物的本来面目，就会在我们的思想中造成混乱，影响我们正确地进行工作。

原因和结果的关系不是固定不变的，不能说甲事物就只是原因，乙事物就只是结果。原因和结果的关系可以互相转化，在原因和结果之间可以有相互作用。

一种情况是：甲引起乙，乙又引起丙，丙又引起丁，等等。乙对甲来说是结果，对于丙来说却又是原因。例如，由于实现了农业合作化，结果是生产力的进一步发展；又由于生产力的发展，结果是农民的物质文化生活水平不断提高。生产力的发展是前一事情的结果又是后一情况的原因。原因和结果的关系就像一根链条，只有取出其中一部分来研究的时候，我们才可以说，这是原因，那是结果。就总的链条看，原因之前总有原因，没有"最初的原因"；结果之后还有结果，没有"最终的结果"。

另一种情况是，甲引起乙，是乙的原因；但反过来，乙也反作用于甲，引起甲再进一步变化，乙又成为甲的原因。甲乙之间有相互作用。例如，在社会主义制度下由于生产力的发展引起人民物质文化生活水平提高，人民物质文化生活水平提高了，他们的劳动积极性和劳动技能也随着增长，又会引起生产力再进一步的发展。应当指出，原因和结果在这种相互作用的情况下，必定有一方面是主要的，这个主要方面随着条件的变化也可以，发生改变。在生产发展及人民生活改善的相互作用中，生产的发展起着主要的作用。

否认因果关系的相互作用的形而上学的观点是错误的。例如，有人只承认社会的经济条件是社会思想产生的原因，否认社会思想意识可以反作用于经济条件，促进或阻碍社会发展，这是一种对马克思主义的庸俗化的了解。否认原因和结果在相互作用中的主次关系也是错误的。例如，科学的发明和生产技术的革新互为因果，但有人认为科学的发明对生产技术的改进起着经常的决定作用，这是脱离实践的主观主义观点，事实上，生产技术的需要才是科学发展的有决定意义的原因。

在原因和结果的问题上，唯心主义哲学或者根本否认有因果性存在，或是把因果性看做是先天的或由神来规定的，或者用目的论来代替对事物原因的说明。

有一种人认为原因和结果的关系是由神来规定的，这里最明显的就是所谓"因果报应"的观点。有这样观点的人认为人在社会上的贫富地位不同的原因是"前世"是否有"德"，前世"积有阴德"则现世荣华富贵、高官厚禄；如"前世作孽"则现世就有恶报，只能做别人的奴仆受人宰割。很明显，这是为了要抹杀现实社会中划分为剥削者与被剥削者的真正的社会原因，硬把这种原因推到"前世"的作为。同时，宣扬"因果报应"的人也要求人们对现存社会的反动统治者抱温顺善良的态度，似乎这样就可以争得来世的"好报"。"因果报应"的观点是以所谓"灵魂不死"的宗教信仰为前提的，它麻痹人民不去反抗现存的反动统治，而听任"天命"的摆布。

对原因和结果的正确认识有巨大意义。原始人不了解许多自然现象（如闪电等）产生的原因，因而对这些现象怀着畏惧心理，认为这是神的威力。当人们认识了雷电产生的原因之后，就不仅消除了对它的害怕，而且能够用避雷针来防止它的破坏作用。认识事物产生的原因是认识事物本质必须经过的阶段。例如，人们最初只知道摩擦生热，不知道为什么生热，也不知道热是什么；以后，科学发现了摩擦生热的原因，知道了由于摩擦引起物体中分子运动加快，产生热量，这就帮助我们认识到热的本质是分子的活动。科学的任务是认识现象产生的原因，对事物的原因认识得越深刻，科学的成就也越大，科学对实践的作用也越大。天文学认识了日食、月食产生的原因就可以对它们进行预测，生物学发现了生物进化的原因就可以培养对人们有用的新的动植物品种，医学研究了各种疾病产生的原因就可以对它们进行有效的预防和治疗。马克思主义第一次发现了社会主义必然胜利的原因，武装了无产阶级为反对资产阶级奴役作胜利的斗争。

认识事物的原因与结果对我们的实践活动有什么帮助呢？

首先，因果性的认识帮助我们有意识地消除某些现象的原因。任何不好的制度、错误的行为、思想上和工作中的缺点都有它产生的原因，不消除这些原因，就不能去掉这些制度、错误或缺点。而为了要自觉地消除它们产生的原因，必须首先认识这些原因。

当无产阶级还不了解他们的贫困和受奴役的真正原因的时候，他们还只是进行经济斗争，企图增加工资和改善劳动条件，这种斗争最多只能改善他们贫困的结果，而不能消除产生贫困的原因。只有无产阶级认识到他们的贫困和受奴役的原因是资本主义剥削制度的时候，只有当他们用社会主义革命的政治斗争来消灭这种原因的时候，无产阶级才能获得解放。

克服错误、缺点产生的原因对我们有巨大意义。共产主义的批评和自我批评的主要特点和要求，不仅是大胆地、公开地承认所犯的错误，更重要的是，要揭露错误产生的各种原因，仔细寻找克服这些原因的办法，只有这样的批评和自我批评才能真正教育自己，教育群众，才可能保证以后不再犯类似的错误。例如，要批判个人崇拜，除了必须在理论上认清个人崇拜的实质和危害性；还必须深刻地全面地揭露产生个人崇拜这一现象的各种原因，只有这样，才可能采取应有的措施，克服个人崇拜现象，防止个人崇拜的产生。

其次，对因果性的认识帮助我们有意识地创造条件为促进某种事物的产生作有效的努力。例如，我们认识了在社会主义条件下人民物质文化生活水平高度发展的原因是资本主义制度的被消灭，个体经济的被改造，社会主义工业和农业的高度发展，科学文化教育事业的蓬勃发展。那么，我们也就可以在中国自觉地创造这些条件：发展社会主义工业以提高我们的生产力水平，改造资本主义工商业以消灭资本主义所有制，实现农业合作化以改造个体农业，发展文化教育事业以提高科学文化水平。这一切就必将产生预期的结果——人民物质文化生活水平的不断提高。

五、必然性和偶然性、必然性和自由

在自然界和社会中到处都可以看到一定不移的秩序。如摩擦生热、四季变换、种豆得豆，以及资产阶级的被消灭，个体农民的被改造，等等。除了这种一定不移的秩序以外，在自然界和社会中还存在着可以这样发生也可以那样发生的现象。例如由春到夏，天气一天天炎热，夏季的平均温度必然较高，这是一定不移的自然秩序，决定这种秩序的根本原因是地球绕太阳的公转。但是在夏季的某一天，它的具体天气情况如何（温度高低、天晴天阴、风力大小等）却不完全是一定不移的，它可能是这样，也可能是那样，决定这种偏差的原因是许多次要的暂时起作用的因素（当时气流的个别特点、云层的分布等）。

在自然界和社会中，有些现象是发展过程一定要求的、确定不移的秩序，引起它的是根本性的原因，这种秩序就是必然性。在必然性的基础上，还有一些可以发生也可以不发生、可以这样发生也可以那样发生的现象，引起它们的是一些次要的、暂时性的原因，这种不稳定的现象就是偶然性。必然性和偶然性都是客观的东西，它们都是受客观原因支配的。

必然性和偶然性是事物发展同一过程的互相联系的两个方面。

在必然性与偶然性的相互关系中必然性起支配作用，决定自然和社会中各种事物发展方向的是必然性而不是偶然性；偶然性起作用的大小和范围受必然性的制约。从表面看来，自然界与社会生活中各个个别现象似乎都是偶然的，例如夏季的天气，几乎没有一天的气温绝对相同，今天比昨天热些，明天又可能比今天凉些，这些似乎是不能完全捉摸的；但归根到底，这些偶然性却被必然性决定着，受必然性的限制，夏季的平均温度在四季之中必然最高，而夏季每天的气温的偶然的偏差总只能在这个平均温度附近变动，它不可能比这个平均温度高出几倍，也不可能低很多很多。

偶然性与必然性的关系是，偶然性是必然性的表现形式。在客观世界中起决定作用的必然性不可能完全纯粹地表现出来，它总是通过许多偶然的东西为自己开辟道路。同样，在客观世界中也没有纯粹的偶然性，任何偶然性都是某种必然性的表现。夏天的每一天的天气状况是具有偶然性的，但整个夏季的平均温度必然较高，正是通过这许多个别的偶然性表现出来，离开了这许多个别的偶然性，必然性就成为空洞的概念。

偶然性既是整个客观过程的组成部分，它当然也对整个发展趋势有影响作用。如果夏季的许多个别日子的气温都较高，那么整个夏季的平均温度一定也就较高；如果相反，那么平均温度也就较低。在社会中偶然性对社历史发展的影响是它能够加速和延缓事变的发展，如果不估计到这种作用，那么历史就会变成神秘的不可了解的东西。在社会发展中，领袖人物出现的早晚，他个人的特点（如性格）和个人的遭遇是带有偶然性的现象，这种偶然性不会改变历史的进程，但它却可以在相当程度之内加速或者延缓这个进程。

在对必然性与偶然性的认识上必须批判两种错误观点，这种批判帮助我们建立正确的世界观。

第一种错误的观点认为世界上一切东西都只是必然的，没有任何偶然性。在有这样观点的人看来，某一条狗的尾巴是五寸长，它不长一丝一毫，也不短一丝一毫，都是势所必然，似乎这是太阳系一形成时就规定了的不可动摇的东西。这种观点在表面上抬高必然性，但却把本来是偶然的东西也看作必然性，在实质上就是降低必然性，并且把必然性神秘化了。

第二种错误的观点认为世界上一切事物都只是偶然的，根本没有客观必然性；认为科学的任务只是记载无可捉摸的偶然性，这是目前资产阶级哲学家极力宣扬的观点之一。有些唯心主义者把偶然性的作用夸大到荒谬的地步，例如胡适认为一个人的一切行为言语，无论大小，都在宇宙上留下不能磨灭的结果和影响，"他吐一口痰在地上，也许可以毁灭一村一族，他起一个念头，也许可以引起几十年的血战。他也许'一言可以兴邦，一言可以丧邦'"。

这两种观点都歪曲了必然性和偶然性的真正关系，其目的都是为了麻痹劳动人民。前一种观点要人们服从一种神秘的必然性；后一种观点要人们等待"幸运的"偶然性到来。两者都否定认识客观必然性的可能性和必要性，都否定人民群众的积极作用。

唯物辩证法关于必然性与偶然性的原理，对我们认识世界有很大的意义。既然，支配世界的是必然性而不是偶然性，那么，真正的科学就不应当把自己的任务局限于说明偶然性的东西，而应当建立在认识必然性的基础上。例如，种豆得豆是客观的必然性，科学应当研究豆的种法，怎样才能种出更好更多的豆，等等。但随便拿一个豆荚来看，这个豆荚还有无数的偶然的特点，如豆粒的颗数、大小、色彩的浓淡、豆荚的厚度和硬度，以及在显微镜下可能看到的数不清的细微特点；如果科学家要穷根究底地研究某一个豆荚这一切特点，那么这就不再是科学研究，而是纯粹的游戏了。事实上，这种研究也是不可能做到的，某一个豆荚所包含的全部因果关系比全世界植物学家所能解决的问题还要多得多。

只有认识了客观必然性的科学才是真正的科学，也只有这样的科学，才能使我们预见客观过程的发展方向，使我们在实践活动中有明确的方向和坚定的信心。在达尔文创立了物种进化论之后，生物学就成为这样的科学了；生物科学认为，由于有机体与生存环境的相互作用，生物的进化具有必然性，这种必然性可以被我们认识并加以利用；在实践中，只要选择或安排适当的外部条件，有机体变异和遗传过程就会按预定的必然性的方向进行。根据这种科学的方法，人们可以自觉的、比较迅速地创造出新类型的动植物品种。例如，我国农业科学家们根据对这种必然性的认识，已经培育出许多优良的农作物品种（如碧玛一号等）。马克思主义的产生使人对社会的认识由偶然性的混乱中解放出来，揭示了社会发展的必然性。马克思深刻地、全面地分析了资本主义社会，得出了科学的结论：资本主义的私有制度必然被社会主义制度代替，资产阶级的灭亡与无产阶级的胜利都是不可避免的。由于对这个客观必然性有了科学的认识，使社会主义由空想发展为科学，使无产阶级能够理解自己的历史使命。我们的共产主义世界观也是以对这个必然性的认识为基础的。

科学不能只以偶然性的东西作根据，这绝不是说人们可以任意取消客观存在的偶然性，也不是说人们在认识过程中可以撇开一切偶然性去寻求纯粹的必然性。既然纯粹的必然性是没有的，必然性要通过偶然性才能表现出来，偶然性是必然性的表现形式，那么，认识的任务就是要通过现象中复杂的偶然性找到客观过程的必然性。人在实践和认识活动中，首先碰到的总是偶然的、个别的事物，这些偶然性的东西积累起来，经过思考分析，才发现它们内部的必然性。最早的人曾看到无数次偶然的自然发火和种子落地引起植物生长的现象，经过了许多年才逐渐地认识了摩擦生热发火和植物生长的必然性，并用钻木取火和种植植物对这些必然性加以利用。对社会现象的认识也是如此。在认识过程中，由偶然性到必然性的深化，必须经过由感性认识到理性认识的过程，经过由特殊到一般的过程。要正确地透过偶然性认识必然性，必须了解辩证唯物主义的认识论。

唯物辩证法关于必然性与偶然性的原理对我们的实践活动有根大的意义。这里，首先应当了解的是必然性与自由的关系。

什么是自由呢？怎样才能有自由呢？人们往往把自由看做是无拘无束的随心所欲，不受限制的为所欲为。这是一种极端错误的看法，事实上这种"自由"是没有的，因而按照这种看法去处理问题的人总是到处碰壁，弄得很不自由。很明显，人不能够自由地拔苗助长，帝国主义者不可能在今天自由地奴役获得了解放的人民，因为这是与客观必然性相违反的。古代的人不能自由地飞翔在天空，资本主义制度下的工人不能自由地劳动和生活，这或是因为人们没有认识客观必然性，或是因为人们缺乏实现客观必然性的物质条件。

可见，不能离开客观必然性来谈自由。辩证唯物主义认为：自由就是人们对自然界和社会的力量及对人们本身的支配，这种支配是以对客观必然性的认识和利用为基础的。自然界与社会中的必然性，如四季交替、社会革命，不是人的思想任意创造出来的，而是客观的不以人的意志力转移的过程。但承认客观必然性，并不是说人只能消极地服从必然性而没有自由。必然性在未被人认识的时候自发地起着作用，并往往成为一种奴役人的力量。但人可以在实践中认识必然性，并利用它们，为必然性开辟道路或限制它的作用范围。人可以认识和利用客观必然性，这就是自由。

自由，首先是对必然性的具体的科学的认识。当人们还不认识传染病产生的必然原因与方式时，在这方面人还是自然的奴隶；天花的传播、霍乱的流行，曾被认为是无法防止的。但当人类认识了在什么具体条件就会产生和传播传染病之后，就可以比较顺利地和传染病作斗争，进行有效的预防和治疗。科学的发展一天天扩大着人类自由的范围，使人类过去所不能梦想的事成为事实或可能成为事实。人们已经可以自由地飞翔在天空，潜入到海洋。人类文化的每一个进步，都是向着自由的进步。

为了获得自由，只有知识，仅仅认识了必然性是不够的，还必须在实践中有意识地利用必然性来达到一定的目的。如果不进行疾病预防注射，不驾驶飞机和潜水艇，那么上述的自由就不会成为事实。当无产阶级还没有认识资本主义灭亡和社会主义胜利的必然性的时候，它还是一个不自由的阶级，这时无产阶级进行经济斗争反对厂主的过分剥削，这种斗争最多只能改善无产阶级受奴役的程度，而不是消灭产生奴役的原因。马克思主义在工人运动中的传播及阶级斗争的经验，教育了无产阶级认识资产阶级灭亡和社会主义革命胜利的必然性，这样，无产阶级就认识到自己的历史使命；于是，就开始了由必然性的奴隶到自由的过渡。但无产阶级仅仅认识了必然性还不能获得完全的自由，如果不在实践中实现客观必然性，不进行社会主义革命来建立无产阶级专政的政权，如果不消灭资产阶级和私有制度，那么无产阶级仍然不能完全摆脱不自由的、奴隶的地位。只有社会主义革命和共产主义才能使人类由必然性的奴役下完全解放而获得真正的完全的自由。

为了利用必然性为一定目的服务，就必须有一定的物质力量和物质资料。人类现在暂时还不可能自由地在星际飞行，原因之一就是现在还没有这样的强大的火箭。我们现在还不可能自由地"各取所需"，因为现在还没有这样丰足的物质资料。

由此可见，自由就是对客观必然性的认识，人类越是不断深入地认识客观必然性，并创造出物质的力量来利用这些必然性，人们就越有自由。

辩证唯物主义关于必然性与自由的原理有很大的意义。它教导我们不要根据"自由意志"来决定自己的行动，以避免政治上的冒险主义。教导我们必须努力掌握科学知识，因为犹豫是由于无知，自由就是根据对事件的必然性的认识而做出决定的能力。我们的知识越广泛、越深刻、越精确，我们作出的决定就越正确，取得的自由也越多。辩证唯物主义要求我们不要消极地等待自由，自由是改造世界的过程，只有付出艰巨的劳动，进行不懈的斗争，才可以取得更大的自由。

在实践活动中，正确地估计到偶然性的作用也是有意义的。偶然性是必然性的组成环节，它能加速或延缓事变的发展。人们在认识了必然性之后，就有可能利用某些偶然性和防止某些偶然性。例如，根据对自然界必然规律的认识，人可以用造防护林带、建筑蓄水池、种子消毒等办法，使农业生产不受风灾、旱灾、虫灾等有害的偶然性的影响。

六、可能性和现实性

看过小说《三国演义》或京剧《借东风》的人，都知道"七星坛诸葛亮祭风"的故事。周瑜想破曹操，一切都准备好了，并计划用火攻曹操的船只，但却缺少一个重要的条件：东风，因而急得口吐鲜血不省人事。诸葛亮看到了这点，指出周瑜的病源是"万事俱备，只欠东风"。周瑜问诸葛亮要药，诸葛亮就在七星坛借来三天三夜东风，结果是火烧赤壁一战，把曹操打得大败。

这个故事是关于可能性与现实性的一个很好的例证。当万事俱备的时候，在周瑜这方面有着战胜曹操的可能性（当然同时也有失败的可能性），但还欠东风，这就使胜利的可能性有落空的危险，因而把周瑜急得口吐鲜血。为了把"欲破曹公，宜用火攻"的可能性变为现实，还必须主观努力创造条件，在借东风这个故事中就只能通过诸葛亮进行祭风求老天帮忙。结果是万事俱备，又来东风，周瑜的军队和曹操的军队交战并取得了事实上的胜利。

由一定的现实条件所决定的某一事物未来发展的某一方向，就是这个事物变化的某种可能性；可能性还不是现实，只有再具备另外一些新的条件，可能性才会实现，成为事实，即变为现实性。鸡蛋有变为小鸡的可能性，但仅仅鸡蛋本身如果缺少一定时间一定温度的孵卵过程，这个可能性就不能实现。只有经过人工孵卵或自然孵卵，蛋才会变鸡，可能性才成为现实性。

可能性是否存在，它是否变为现实性，起决定作用的首先是客观条件和客观规律。周瑜有战胜曹操的可能，是因为周瑜做了打仗的物质准备和策略准备，是因为曹操的军队有弱点，这些都是客观条件。如果没有这些条件，就是连刮十天十夜东风也不解决问题。鸡蛋有变成小鸡的可能性，必须有正常的蛋白体和蛋黄，而且必须经过受精作用，这些也是客观条件。

由于一切事物中存在着对立的斗争，以及事物和周围条件有复杂的联系，因此某一事物在发展过程中，往往会出现不止一个可能性。例如，鸡蛋不仅具有变成小鸡的可能性，而且同时还具有做成食品的可能性。在目前的国际局势发展中，也存在着两种可能性，一种可能性是世界各国持久地和平共处，通过协商解决争端；一种可能性是爆发第三次世界大战（战争虽然不是必不可免的，但却是可能发生的）。苏联、各人民民主国家，以及许多和平中立的国家坚持和争取第一个可能性，美英帝国主义战争集团则坚持和企图实现第二个可能性。这两种可能性代表着两种社会势力的斗争；由于社会主义国家的强大，和平中立地区日益扩大，以及帝国主义多方面的内部矛盾，第三次世界大战的可能性目前已有减少，持久和平的可能性正在日益增长。当然，和平与战争的斗争，不是直线的，而是曲折的、反复的，我们必须随时提高警惕，制止新的战争。

因此，我们不应当把事物发展的可能性简单化，我们碰到的事情常常总有好坏两个可能，不能把前进道路上的一切都设想为美妙的、毫无阻碍的。也应当指出，在可能性不止一个的时候，通常总有一个是主要的、起决定作用的可能性，不能把所有的可能性同等看待。

事物发展的可能性不是固定不变的东西。随着具体条件的变化，在一种情况下不可能或可能性很小的东西，在另一种情况下会成为可能的或可能性很大的东西；反过来也是一样，原来是可能的或可能性较大的东西，也会随着情况的变化而变成不可能的或可能性很小的东西。飞机每小时飞行两三千公里在过去曾经是不可能的，而今天，由于有了喷气式发动机，这已经是可能的事了。目前，我们马上对农业实行大规模的机械化还是不可能的，在不久的将来，当我国的社会主义工业化已充分发展，拖拉机制造工厂及农业机器制造厂已大批建立之后，大规模的农业机械化就会是可行的事了。

可能性与现实性是互相联系的。可能性依据一定的条件向现实性转化，这种转化在不同的领域有不同的形式。

在自然界，可能性向现实性的转化可以自发地进行。例如，生命的产生，生物的进化，天文、气象的变化等。这些转化没有人的作用就自己实现了。但是，这绝不是说人对自然的变化是无能力力的，人可以积极地改造自然，防止自然界有害的可能性，或利用某种可能性，促使它变为现实。人利用着自然的可能性种植植物，利用水力和地下热以发出电力，开发矿藏以制造工具。没有人类改造自然的活动，自然本身的某些可能性就永远不会变为现实。这种利用自然界的可能性为社会谋利的情况已经不单纯是自然界本身的变化，而是属于社会生活（即生产活动、科学实验）的领域了。

在社会领域中，可能性变为现实性同样是由客观规律决定的。但这种转变具有和自然的自发过程不同的特点。社会是由人的活动组成的，社会中的可能性转化为现实性必须通过人的活动才能实现；在阶级社会中社会变革的可能性变为现实必须通过激烈的阶级斗争才能实现。在资本主义社会中，当生产力不断发展、生产资料高度集中、生产关系阻碍生产力发展的时候，就产生了用社会主义制度代替资本主义制度的可能性。但如果无产阶级没有充分的觉悟性和组织性，如果没有工农联盟，如果没有马克思主义政党的领导，如果不进行社会主义革命斗争，那么社会主义就不可能实现。由此可见，主观因素在变社会生活中的可能性为现实性上起着巨大的作用。

在可能性与现实性的问题上也必须反对两种错误的观点。

第一种错观点是主观主义、唯意志论。唯意志论忽视客观条件，把可能性本身或可能性向现实性的转变看做是由人的意志决定的或创造出来的东西。唯意志论使可能性脱离了现实基础，这种观点是为冒险主义的政策作论证的。美帝国主义战争集团在朝鲜发动了侵略战争，它不顾社会发展的客观规律和客观的条件（政治、经济、军事力量），认为在朝鲜及中国使反动制度复辟，使历史发展进程倒退是可能的，结果遭到了失败。主观主义、唯意志论的观点在革命阵营内部也存在着，它是急于求成、脱离实际、脱离群众的"左"倾机会主义思想根源。中国共产党史上的三次"左"倾路线，在革命低潮时空谈立即武装起义的可能性，在必须坚持长期的民主革命时空谈立即实现社会主义革命转变的可能性，这种把可能性同现实条件割裂的错误观点，给中国革命造成了巨大的损失。最近，我们有些同志在批判了"右"的保守主义错误之后，又在工作中产生了急躁情绪，往往不顾实际上是否可能，主观上企图在三五年内做完15年才能做完的事情；往往在工作中盲目追求数量，忽视质量，往往把好事变成了坏事。

第二种错误观点是自流论（自由论）的观点。自流论者不去看或看不见现实当中不断产生着的可能性，他们缺乏对新鲜事物的敏感，对新东西的产生抱着前怕龙后怕虎的态度；自流论者把可能性与现实性混为一谈，认为不需要经过艰巨的主观努力，社会主义胜利的可能性自己就会变为现实。这种观点是"右"倾机会主义的思想根源。这种观点有很大的危害性，如果社会主义的胜利不费什么力气自己就会到来，那么，人民群众的积极性和创造性也就没有多大价值了，共产党的领导工作也就没有多大的意义了。如果真的照自流论者的想法去做，那些本来是成功的可能性就会落空，革命事业的发展就会受到很大的阻碍。

自流论在理论上的根本错误就是它不了解主观因素在社会发展中的巨大作用。马克思主义十分强调主观因素的巨大作用。客观条件是第一性的，它决定着客观可能性；主观因素是第二性的，它反映客观条件的需要。但在客观可能性已经具备时，主观因素又成为推动事物发展的积极力量。毛泽东同志指出："客观因素具备着这种变化的可能性。但实现这种可能性，就需要正确的方针和主观的努力。这时候，主观因素是决定的了。"[①]

主观因素，包括人民群众的觉悟程度和组织程度，政党的领导作用，科学的发现及运用等。它们对社会生活中可能性向现实性的转变有重要的意义。

第一，主观因素在发现客观可能性中起着重大的作用。为了有目的地和满怀信心地进行生产活动、阶级斗争和科学试验，人们在活动中必须要有预见。正确的预见不是由求神问卜或主观臆测中产生的；预见是对现实可能性的正确认识。可能性在一定的客观条件和客观规律的基础上产生，要发现客观可能性首先必须深刻地认识客观规律，这个任务只有科学才能全面地完成。在科学还没有发现放射性元素的规律和原子内部的活动规律的时候，人们不认识利用原子能的可能性，而当科学揭露了这些规律时，利用原子能的实际可能性就被发现了。马克思主义科学的产生帮助了无产阶级及其政党去预见社会生活中的可能性。共产党的

① 毛泽东. 毛泽东选集（第二卷）. 北京：人民出版社，1951：449

政策之所以正确和有生命力，其原因之一就是党用马克思主义的科学分析认识了社会生活中不断产生、变化着的各种可能性，并把自己的政策建立在客观可能性的基础上。马克思列宁主义科学地分析了帝国主义国家的政治经济特点，分析了社会主义国家与资本主义国家相互关系上的各方面的特点，认为在社会主义体系和资本主义体系之间有着和平共处的可能性，这个论点大大地帮助了我们制定正确的外交政策，以和平共处为基础的五项原则的提出，正是以上述的可能性为依据的。和平共处五项原则的发现，表明了主观因素有着怎样不可忽视的作用。

第二，主观因素的作用还表现在它能找到变可能性为现实的方法。只是有可能性存在，还不等于就有了利用这种可能性的方法，为了找到这个方法，也还必须请教科学。原子核内部存在着大量可能被利用的能量，但为了真正能利用这些能量，就必须找到具体可行的方法，必须有办法把原子核中的能量集中地释放出来，同时又必须有办法控制猛烈的原子核放射，使它变为平稳的过程。由于科学已经找到了这些办法，就使我们可以在事实上建立原子能发电站，制造原子能飞机等。马克思主义科学不仅发现了在革命胜利了的国家中建成社会主义社会的可能性，而且找到了把这个可能性变为现实的办法，即实行社会主义工业化和社会主义改造等。共产党的政策就是根据这种认识制定出来的。

第三，主观因素的决定性作用是组织力量来实现某种可能性或防止某种可能性的实现。人民群众的行动是历史发展中最强大的力量，也是实现社会生活中可能性到现实性转变的决定力量。而革命政党的领导又是人民群众顺利地进行斗争的不可缺少的条件。我们现在有把中国建设成一个伟大的社会主义国家所必需的一切可能性，因为我们已经有了以下的各个最重要的条件：以工人阶级为领导的强大的人民民主专政政权，这个政权掌握了国民经济命脉和强大的国有经济，巩固的工农联盟和广泛的统一战线，丰富的资源和六亿人口，全国人民对建设社会主义的无限高涨的积极性，而且还有善于创造性地运用马克思列宁主义的、坚强团结的中国共产党，在国际上有以苏联为首的强大的社会主义阵营的支持和援助。但有了这些条件还不等于说我们已经建成了伟大的社会主义国家，为了做到这点，就必须利用一切有利的条件实行社会主义工业化及完成对农业、手工业及资本主义工商业的社会主义改造，就必须动员工人阶级、农民、知识分子为实现这个可能性而积极努力，就必须加强共产党在一切方面的领导作用。共产党力量的任何削弱，工农联盟的任何削弱，工作中的任何错误，都会给我们的事业带来损失。在当前的国际条件下，由于和平力量的强大，具有防止第三次世界大战爆发的实际的可能性，但为了在事实上争得持久和平，就必须进一步扩大和平的力量，就要求全世界人民进一步把保卫和平的事业担当起来。为此，我们就必须支持一切国家、集团和个人的和平愿望，首先把保卫和平事业的责任担当起来，揭露和打击战争挑拨者的阴谋。这样，和平事业就会在事实上是不可动摇的。

自流论的思想在我们的许多干部当中也是存在着的，它表现为各方面的保守主义。保守主义的错误是看不到事物的本质和主流，看不到客观过程新产生出来的可能性。主观认识落后于客观可能——这就是保守主义的思想特征。有保守主义思想的人，不相信中国有更多的可能争取更快地建成社会主义社会，他们看不到这种实际可能性，因为他们不了解：①我们党在 1949 年之前有长期的根据地工作的经验，1949 年以后又有了多年的全国政权工作的经验；②我们在建设社会主义社会的工作中，有已经建成了社会主义社会的苏联做榜样，可以取得许许多多极其宝贵的经验和教训作为借鉴，有苏联和人民民主国家的建设在先，可以取得援助，迎头赶上；③我国地大人多，人民勤劳勇敢，地理位置又处在温带，便利于建设。有保守主义思想的人不相信中国的农民可以迅速地走上农业合作化的道路，他们看不到这种实际的可能性，因为他们没有充分估计到中国农民特有的革命性和中国共产党的有卓越作用的群众路线的意义，没有充分估计到农民已经看到和懂得日益增多的农业生产合作社比个体经济所显示的优越性。有保守主义思想的人也不相信中国的民族资产阶级分子可能和平地放弃私有制度，把自己改造成自食其力的劳动者，他们看不到这种实际可能性，因为他们不了解中国政治经济发展的特点，不了解中国民族资产阶级的特点，不了解国际环境的新的变化。总之，保守主义在政治生活中犯了"近视眼"，而在实际工作中必然对革命事业的发展起阻碍作用。

中国共产党随时注意防止和纠正了上述两种错误的倾向，既反对过高估计客观可能性的"左"的冒险主义倾向，也反对对于客观可能性估计不足的"右"的保守主义的倾向，因而保证了对我国革命和建设事业实行积极的而又稳妥可靠的领导。社会主义革命高潮的到来和社会主义建设的胜利，一方面是由于客观的可能性，另一方面是依赖于党的这种领导作用，依赖于党的艰苦的和细致的工作；没有党的这种领导作用，就不可能有革命的高潮，即使出现了高潮，也会因为得不到正确的领导而遭受挫折。由于全国人民在中国共产党的领导下多年来奋斗的结果，我国社会主义改造和社会主义建设事业的完全胜利，已经不仅是一种实际的可能性，它已经是我们每天的生活中随时可以感触到的、一天天成长的、活生生的现实。

小　结

上面我们已经逐一地叙述了唯物辩证法的几对主要范畴，指出了掌握每一对范畴对我们认识世界和改造世界的意义。然而，我们在实际的认识活动当中，并不只是简单地运用某一对范畴，而必须同时运用一系列的范畴。自然和社会的各种现象，就好像一个复杂的网，范畴就好像是这个网上的各个纽结，只有掌握了各对范畴，也就是掌握了网上的各个纽结，我们才可能把握住整个网，才可能完整地认识某一复杂的自然现象和社会现象。例如，要全面地了解我国的社会主义革命这个复杂的社会现象，我们在认识上必须抓住以下各个要点：我国社会主义革命的原因和本质，社会主义革命的必然性，社会主义革命的可能性及其如何转化为现实，社会主义革命的内容和形式，我国社会主义革命的一般特点和特殊性，等等。只有这些要点的总和才能构成关于我国社会主义革命的完整的概念。而这里每一个要点都运用了唯物辩证法的范畴，范畴是认识的工具，我们运用一系列的范畴帮助我们全面地认识现实。

唯物辩证法的范畴是反映现实生活中各种事物的最一般的和最本质的联系和关系的基本概念，它帮助我们认识客观世界。

唯物辩证法的范畴：形式与内容[*]

长久以来，对形式与内容这一对重要的哲学范畴缺乏深入的研究。这不仅表现在论述形式与内容的文章数量很少，而且在已经发表的文章中，对形式与内容这对哲学范畴的阐述通常都存在下列的问题：对形式与内容不下定义或者缺乏确切的定义，形式与内容和现象与本质各个哲学范畴之间混淆不清，形式与内容及其相互关系的例证只限于枚举生产关系一定要适合生产力性质的规律，对自然界中形式与内容的问题避而不谈或三言两语，最后，对形式与内容的矛盾目前也还有些争论。本文仅就上面提到的几个问题发表一些提供讨论的初步意见。有不妥当的地方，请大家批评、指正。

一

自然界和社会的任何事物，都包含着一定的成分或要素，包含着一定的运动、变化过程；另一方面，每一事物的这些成分、要素和过程又处于互相联系、互相结合当中，它们按一定方式组成某种结构或组织。前一方面，就是事物的内容，后一方面就是事物的形式。

形式与内容这对哲学范畴乃是自然界、社会和人类思维最普遍的和最根本的关系的理论概括。

在自然界，任何分子或原子都包括内容和形式两个方面。任何分子，都由一定数量的原子构成，这些原子或是属于同一的化学元素，或是（在大多数场合）属于不同的化学元素因而具有不同的性质；同时，这些原子又处于一定的运动过程之中，具有一定的能量。这些要素就是分子的内容。另外，任何分子中的原子，又依其不同的性质和能量，以一定的结合方式（如离子结合、极性结合、共价结合）组成为分子的结构，这种结构就是分子的形式。同样，任何的原子也是由一定数量的基本粒子（如电子、质子、中子等）构成，这些基本粒子的性质不同并处于不同的运动过程中，并且按一定方式组合成原子结构。原子也是内容

* 原载于《哲学研究》1957 年第 2 期（1957 年 4 月）

与形式的统一。

不仅微小的原子和分子是如此，由原子和分子所组成的自然界的各种事物也是如此。晶体就是形式与内容的统一的最明显的例证。任何晶体都是由一定数量的、性质不同并处于不同运动过程中的结构单位（原子或分子）构成的，这些原子或分子同样也组成一定的形式——结晶体。不仅是固体，液体的分子也视其性质和能量不同组成一定的结合（如缔合）。

形式和内容的关系也在有机界中存在着。例如，任何生物的器官的物质成分及其机能是内容，而生物器官的结构形态就是形式。恩格斯指出："整个有机界就继续不断地随时都在证明形式和内容的同一或不可分离。形态学的现象和生理学的现象、形态和机能是互相制约的。形态的分化（细胞）决定物质之分化为肌肉、皮肤、骨骼、表皮等，而物质的分化又决定形态的分化。"①

在社会生活中，形式与内容的普遍性已经有了较多的叙述。通常都能指出：任何社会的生产方式都是内容与形式的统一，生产力是内容，生产关系是形式。但是只作这样的论断是不够的，还必须加以分析和说明。生产力是内容，因为它是生产者和生产数据当中起决定作用的东西——生产工具两者的总和，即生产的两个基本要素的总和；生产力表现着人类改造自然实现物质财富生产的过程。生产关系是形式，因为它表现着生产的基本要素结合的方式，即生产者和主要生产数据——生产工具之间的结合方式，这个结合方式同时表现着生产数据由谁所有，表现着人与人之间的相互关系。生产力与生产关系之间的这种内容与形式的关系，马克思在《资本论》中曾有如下的说明："无论何种社会生产形态，劳动者和生产资料永远都是它的因素。但是，如果劳动者和生产数据脱离，那么，二者还只不过是社会生产的可能的因素罢了。为了真正能生产，它们就要结合在一起。那种用以实现这种联合的特殊性质和方式，划分了各个社会制度的经济时期。"②

形式与内容的关系不仅存在于社会生活的经济领域，而且也存在于社会生活的其他各个领域。任何国家都是内容与形式的统一，国体是内容，它说明构成国家的是那些社会阶级及社会各阶级在国家中的地位，说明国家活动的斗争任务（对谁实行专政）。政体则是国家的形式，"……所谓'政体'问题，那是指的政权构成的形式问题，指的一定的社会阶级取何种形式去组织那反对敌人保护自己的政权机关。没有适当形式的政权机关，就不能代表国家。"③ 不仅国家是内容

---

① 恩格斯. 自然辩证法 北京：人民出版社，1971：206
② 马克思. 资本论. 北京：人民出版社，1954：20
③ 毛泽东. 毛泽东选集（第二卷）. 北京：人民出版社，1955：648

和形式的统一，任何的政党、群众团体、宗教组织以至家庭，都是如此。它们的组成分子和活动的任务就是内容方面，它们的结构或组织就是形式方面。

在思维的领域同样也证明着形式与内容的普遍性。任何思维的内容都反映着不依赖人的意识而存在着的客观事物的各种属性和运动过程，而思维的形式则是逻辑概念、范畴、推理和判断的组合。科学、道德、宗教、艺术等社会意识也都有形式与内容的两个方面。如艺术的内容就是艺术家根据一定世界观、社会理想和美学理想反映出来的现实的各个方面，而艺术的形式则是由特定的物质描写手段构成的艺术作品的内部组织或结构。

在哲学的诸范畴中，形式与内容和现象与本质往往混淆不清。这种混淆的第一个原因就在于"形式"这个概念具有多种含义（同一个概念反映不同的现实，这是常见的事）。"形式"有时用来表示事物的"外表的形态"，与事物的实质相区别。例如，我们常说某某事形式上如何如何，而实质上又如何如何；在这种场合，"形式"和"现象"是大致上相同的概念。同时，"形式"还常常用来表示事物的结构，和事物的内容相关联；在这种场合"形式"和"现象"又不是大致上相同的概念。人们如果只看到"形式"的第一个含义，或者把这两种含义不加区别，就容易一般地把形式与内容同现象与本质混为一谈。

形式与内容和现象与本质的混淆不清，其第二个原因就是人们对形式（作为与内容相联系的形式）与内容和现象与本质所反映的对象缺乏确切的了解。人们为了区别这两对范畴，可以举例说，生产力是内容，生产关系是形式；但决不能说，生产力是本质，生产关系是现象。由此可见，内容与形式和本质与现象是不相同的。这样的说明局部地看当然是正确的，而且它还包括解决整个问题的启示；但它究竟只是枚举个别事例，而没有给予任何理论的解析，也就是，没有从这两对范畴所反映的不同对象上说明这两对范畴的区别和联系。因此，问题仍然没有解决。

就某一个事物来看，本质与现象所反映的是事物内部的、根本性的东西和它的外部表现之间的关系。内容与形式所反映的则是构成事物的成分、要素、过程和它们之间的结构或组织之间的关系。这两对范畴所反映的乃是一个事物的不同方面。再则任何事物的本质又都是由内容与形式两方面组成的，因此，对事物的认识要由现象进入到本质，必须对事物的内容与形式的两个方面都加以研究。例如，每一种晶体都表现出许多现象：几何形态、向量性、机械强度、导电、导热、折光、颜色、溶解速度等。这些现象决定于晶体的本质，即决定于：①构成晶体的原子或分子的数目、性质和能量；②晶体中原子或分子的结构状况。这个决定上述各种现象的本质方面正是晶体本身形式与内容的统一。这种情况，对于原子或分子也是一样。根据布特列洛夫的化学结构理论，任何物质所表现出来的现象的各种特点，不仅决定于组成该物质的分子中原子的性质和数目，同时还决定于分子中原子的结构。在这里，事物的现象仍然是由事物的形式和内容的统一来决定的。事物的本质包括形式与内容的统一。

如果以上的说明是正确的，那么在唯物辩证法范畴的体系当中，现象与本质这对范畴在前，形式与内容这对范畴在后，就有成立的理由。因为这样的顺序是与认识过程一致的，逻辑范畴的体系和认识论是符合的。

二

形式与内容是任何事物的统一不可分离的两个方面。内容是事物的成分、要素和过程。问题在于：这些成分、要素和过程并不是互相孤立的、偶然堆积的东西，它们必然地密切联系、相互作用着，以一定的方式结合起来组成一个统一的整体。内容与形式辩证统一的根源就在这里。

把形式与内容割裂开来，这是形而上学的思想。在实际上，并不存在无形式的内容，任何内容都必然具有一定的形式。正像任何社会的生产力都必须采取一定的社会形式——生产关系。否认这点，认为有脱离形式的"内容"存在，就是否认内容的各组成部分之间的相互联系和相互作用。同样，也不存在无内容的形式，任何形式都包含着这一或那一内容。即使通常所说的没有内容的书籍也不是没有内容的，而只是内容不好的书；否认这点，认为有脱离内容的"纯形式"存在，就是否认形式的客观基础，就是把相互联结和相互作用变成空虚的抽象。

形式与内容的相互联结就构成了形式与内容的辩证法。这一辩证的统一，可以归结为以下几点。

1. 内容决定形式

形式既是构成事物的成分、要素和过程（内容）的互相组合的结构，事物的成分、要素和过程的性质和特征就不能不在这个互相组合当中起着决定的作用。也就是说，事物的成分、要素和过程的性质和状况如何，这些成分、要素、过程之间的结合方式就如何。内容是形式的基础，形式由内容决定。例如，根据分子结构理论，任何物质的分子中各个原子的结合形式的不同，首先是取决于组成该分子的各种不同的原子的特性和数目，即该分子的内容。氯化钠（NaCl）分子的结构形式和甲烷（CH_4）分子的结构形式不同，前者是离子结合，后者是共价结合。这种结合形式的不同，其原因首先就在于氯化钠是由一个钠原子和另一个氯原子构成，而甲烷则是由一个碳原子和四个氢原子构成；钠和氯、碳和氢都是性质不同的元素。结晶化学定律表明，晶体构造的形式是由组成它的结构单位的性质（极化程度、大小等）及数目决定的。又如，矿床学的规律说明，矿床的结构和构造的不同，决定于组成矿床的不同的成分及生成的状况。

不仅事物的成分或要素决定事物的形式，而且事物的产生过程、事物的成分或要素的运动变化过程也能决定事物的形式。因而往往会产生这样的情况：由大致相同的成分或要素构成的事物，由于它处于不同的过程，产生了非常不同的结构或组织，因而形成了在性质上迥然相异的事物。化学上常见的同分异构物就属于这种情况。例如，甲醚和乙醇的组成要素都是 C_2H_6O，但甲醚是由甲醇脱水而来，而乙醇则由糖类发酵或由合成法制得；由于碳氢氧各元素的原子经历了不同的过程，因而组成了不同的结构状况，形成了事物的不同的性质。甲醚沸点低，不溶于水。乙醇沸点高，易溶于水。

在结晶物体中也有许多类似的情况，以金刚石和石墨最为典型。金刚石和石墨的成分都是碳元素，但两者的结构状况却非常不同，因而也具有差异很大的性质。金刚石硬度最大、比重较大、不导电。石墨硬度极小、比重较小，属良导电体。

为什么同样的组成元素，而结构形式却不大相同呢？这是由于碳元素所处的运动变化过程不同引起的。金刚石是在早期岩浆矿床中形成的，在结晶过程中首先结晶，这时各个碳原子都能同样地自由运动和自由结合，放出较多的能量使自身处于低能位的状况，因而按上述结构形式排列。而石墨却是生于煤的变质矿床，或由岩浆里冒出来的二氧化碳变成，碳原子不能再由运动和自由结合（受原有的结构形式和其他条件影响），因而排列成不紧密的结构形式。可见，正是碳原子所处的运动变化过程不同，它们的能量不同，决定两者的不同的结构。

在这里，同样也可以看到，事物的内容决定它的形式。

内容决定形式，也是社会生活的一般规律。生产力的性质和水平决定生产关系的类型，生产关系一定要适合于生产力。国家的国体决定它的政体，政体一定要和国体相适应。政党的组成分子和活动内容决定它的组织原则和组织结构，等等。

一个事物的形式是由这个事物的内容决定的，在这个意义上，事物的内容是形式的根据。然而任何事物都不是孤立地存在着，事物的形式与内容就不能不受周围条件的影响，因此，不仅事物的内容决定事物的形式，这一事物所处的外部条件也对事物的形式发生或大或小的影响作用。外界条件（如温度、压力）能影响元素的化合或结晶的形式。地理环境能影响社会发展也影响到社会生产关系。政党活动的环境能影响政党的组织形式和组织程度。不过，外部条件对事物的形式的影响作用，并不破坏内容决定形式的基本原理，因为这种外部条件的影响归根到底必须通过事物本身的内容才能发生作用。外界条件影响化合物的化学结构或晶体的结构，必须通过化合物分子中的原子或晶体中的结构单位的性质变化或能量变化才能实现。地理环境影响生产关系必须通过生产力的发展才能实现。政党的环境影响它的组织形式，必须通过政党的组成分子才能实现。单纯地用外部条件的变化，是无法解释事物的形式的。

2. 内容的发展先于形式

任何事物的内容总是处于不断的运动、变化和发展过程之中，同时，事物的内容又决定它的形式，因此，内容的变化就不能不引起事物形式的变化。起初，事物内容的变化并不能根本改变事物的结构形式，形式仍然在大致上保持原状。这时事物处于量变阶段。随着事物的内容继续地发展，事物的结构形式就会发生根本的变革，事物的整个性质也随之改变。这时事物处于根本质变阶段。由此可见，在变化过程中，内容的变化先于形式，内容首先变化，与此适应形式也发生改变并达到根本变革。形式与内容的改变，使事物经历一个由量变过渡到质变的过程。

化学可以看做是研究事物在量变转变到根本的质变的过程中事物的形式与内容变化规律的科学。结晶化学也类似如此，1801 年加尤依（Гаюи）提出的结晶化学的第一个最重要的原理就是：每种化学组成上相同的物质有着确定的结晶形式，因此，随着化学成分的改变能引起晶体构造的改变。又如，在冰当中，H_2O分子排列成非常规则的结构，组成分子晶体。如果给冰加热，则 H_2O 分子就处于比较激烈的运动过程之中具有较大的能量，但是一开始并不能从根本上改变冰的结构，而只是对这种结构发生一定程度的影响。然后，如果继续给冰加热，则H_2O 分子就处于更激烈的运动过程之中并具有更大的能量。只要这种 H_2O 分子的运动过程到达一定的限度，就会引起冰的结构的根本变革，H_2O 分子不再采取非常规则的结构状况而过渡到新的结合状态（如形成水的缔合分子）。

在社会生活中，同样也经历着由事物的内容变化而引起的形式的变化。生产力是最活动的因素，生产力首先变化，然后引起生产关系的变化和变革。政党的组成分子和活动内容发生变化，那么它的组织形式也必然随之变化，等等。

3. 形式对内容的作用

形式是由内容决定的，但某种形式一旦产生就对内容发生能动的作用。在形式与内容的相互关系中，并不只是内容作用于形式，同时形式也反作用于内容。形式与内容的关系是相互作用的关系，正是这种相互作用构成了内容与形式的辩证法。列宁把这种相互作用列入辩证法的 16 个要素之中，他指出："内容和形式以及形式和内容的斗争。抛弃形式、改造内容。"[①]

形式对内容的积极作用，首先表现在形式使事物的内容保持一定的稳定性，

---

① 列宁. 哲学笔记. 北京：人民出版社，1974：210

因而使事物能够有一个相对静止的阶段，使事物保持某种确定的质的规定性。没有形式对内容的这种稳定作用，内容就会解体，事物就不能继续存在。金刚石是非常坚硬不易分解的物体，也就是使它具有保持自己质的规定性的非常巨大稳定性，这种稳定性只能由金刚石中碳原子的结构形式加以说明；如果没有这种结构形式，碳原子就会分离，金刚石就会解体而不再是金刚石。

形式所赋予内容的稳定性不是完全一样的，不同的形式会赋予内容以不同的稳定性。原子中电子的八耦体结合形式比其他的结合形式更能保持原子的稳定性（如惰性气体）。碳原子的金刚石结构形式比石墨的结构形式具有更大的稳定性。对一个政党、机关、团体来说也是一样，一定的组织形式可以使这些政党、机关、团体保持一定的稳固性，保证它们能够有一致的活动。由这些组织形式所保证的稳固性，也视其组织形式的状况不同而有很大的差别。例如，比较完善的民主集中制的组织形式又优越于不够完善的民主集中制的组织形式。当然，只有由工人阶级先进分子组成的、为实现共产主义而斗争的马克思列宁主义的政党，才有可能采用最完善的民主集中制的组织形式。

形式既然使内容的各个组成部分保持一个相对稳定的结构，这种结构的存在，就必然对内容各个组成部分的性质和变化过程有一定的影响作用。化学结构理论表明，化合物的结构状况是由组成分子的原子的性质、数目和运动过程的特点所决定的。但是，化合物的一定的化学结构，又可以反过来影响分子中原子的属性，因而也影响它的变化过程，使其有利于参加某种变化或者相反。对于晶体说来也是如此，金刚石和石墨都是由碳原子构成的，但由于碳原子处于不同的结构形式当中，因而也具有不同的性质。在金刚石当中的碳原子和在石墨中的碳原子的能量不同，在石墨中的碳原子中有自由电子存在而金刚石中的碳原子则没有自由电子，在石墨中的碳原子比在金刚石中的碳原子易于参加变化过程。

形式对事物内容变化过程的影响作用，表现在有些形式在适合于内容的条件下成为内容发展的积极推进者。在生产关系适合生产力性质的条件下，先进的生产关系乃是生产力发展的主要推动者。在组织形式适合于组成人员的特点和工作内容的要求的情况下，这种组织形式就成为促进工作的主要杠杆。

同时，形式既然使内容的各个组成部分保持一个相对稳定的结构，这个结构的存在，也就必然把内容的变化限制于一定的范围。在这一定的范围内，事物的内容有时虽然也产生出一种克服形式的稳定性的倾向，但整个说来，内容和形式还没有处于互不相容的地位。如果内容继续发展并达到一定的限度，形式的稳定性就要阻挠内容的进一步的变化，使内容停滞不前，而内容则要突破形式的束缚（在一定条件下，这种互不兼容的情况会发展到很尖锐的程度）。这时，如果新的内容有力量克服旧形式的阻挠，旧形式就会被新的形式代替，造成内容继续发展的可能性。前面举过的由冰变水的例子可以说明这种情况，在冰当中的 H_2O 分子的运动由于冰的结构形式存在而受到束缚，为了克服这种束缚即克服旧形式的稳定性，必须消耗一定的能量，冰的结构形式就解体了。

可见，在形式不适合内容要求的场合，形式就成为内容的桎梏或阻碍者，就会引起形式的变革。在社会生活中，不适合生产力性质的生产关系就是这种阻碍者，为了克服这种阻碍，必须经过社会变革来改变原有的生产关系，用新的社会生产方式来代替。

不适合新内容要求的旧形式要由新形式来代替，但这并不排斥新内容在某种情况下利用某些旧有的形式。因为新内容具有强大的活动性，它不仅创造新形式，而且往往也通过旧有的形式表现出来。例如，石英（SiO_2）在结晶过程中，不仅结合成石英自身的结构（六方晶系），而且还会取代已有的萤石或方解石而形成萤石形石英（等轴晶系结构）或方解石形石英（三方晶系结构）。在社会生活中，尤其在革命斗争、新旧交替激烈的年代，新内容之利用旧有的形式更是屡见不鲜的事。我国抗日战争时期，有些地方的帮会组织（如红枪会）之参加抗日斗争就是一例。

而且，新形式之代替旧形式，也并不排斥形式的继承性，并不排斥新形式和旧形式之间的辩证联系。新形式往往包含着旧形式的一些因素，或者和旧形式交错地存在着，因而使形式与内容的统一呈现纷繁复杂的状况。

以上三点，就是形式与内容的辩证联系，就是形式与内容的矛盾统一。从这个矛盾统一中可以看出，形式与内容之间是经常存在着矛盾的。

有人认为，形式与内容的矛盾并不是经常存在的，而只是在事物发展的一定阶段才产生的，只有在形式束缚内容的继续发展的时候，形式与内容才有矛盾。同意这种论点的人，经常引证斯大林下面的一个原理，斯大林指出："问题在于这种冲突不是存在于一般内容和形式之间，而是存在于旧形式和新内容之间，因为新内容寻求新形式，并且趋向于新形式。"①

这里不可能详细考察形式与内容之间并不经常存在着矛盾的观点，而只是简要地说明这种观点是不正确的。

首先，任何事物都是形式与内容的统一。如上所述，形式与内容是同时存在的，而且只要它们存在，它们之间就有着相互作用。这种相互作用不是别的，正是矛盾。内容经常地作用于（决定）形式，形式也经常地反作用（稳定、加速、阻挠）于内容。否认形式和内容之间经常存在着矛盾就是否认这种相互作用。

其次，如果说事物的形式和内容之间一开始并没有矛盾，矛盾是后来才有

---

① 斯大林．斯大林全集（第一集）．北京：人民出版社，1953：292

的，那么一开始事物的形式与内容变化的原因在什么地方呢？除了引用"外因论"就无法解释这个问题。否认形式和内容之间经常存在着矛盾就是由形式与内容这个问题上否认了矛盾的普遍性，即否认了任何事物的任何发展过程中存在着自始至终的矛盾。

最后，对斯大林所说的关于冲突不存在于一般内容和形式之间的原理应当如何了解呢？应当看到斯大林所说的是"冲突"，"冲突"和"矛盾"乃是两个有区别的概念。"冲突"是最尖锐的、激烈的、采取外部对抗形式的矛盾。矛盾是普遍存在的，也存在于形式与内容之间，至于冲突则决不可以这样说，它不是普通的，即使新内容和旧形式的矛盾也不都是冲突。没有冲突并不等于没有矛盾。

三

任何事物都是形式和内容的统一，因此，要真正地认识对象，揭示事物的本质，就不仅要研究事物的内容，而且要研究事物的形式，研究事物的形式与内容的辩证关系。

事物之划分为形式与内容两个方面，使科学研究可以由两个不同的途径进行。或者是由形式与内容的统一中着重研究事物的内容，或者是由形式与内容的统一中着重研究事物的形式。当然，这种划分不是绝对的，而是相对的，但这种相对的划分对了解科学研究的任务却有它的意义。例如，有着重研究化合物内容的理论（如对于各种化学元素的性质的研究），也有着重研究化合物的形式的理论（如化学结构理论）。对于各种晶体的研究也是如此。在生物的研究上，也有着重于内容方面的科学（如生理学），也有着重于形式方面的科学（如形态学）。同样，有的科学着重研究社会生活的形式方面（如政治经济学研究生产关系），有的科学着重研究社会生活的内容方面（如技术史研究生产力、生产工具的发展）。有的科学理论着重于研究思维的内容（如认识论），也有的科学理论着重于研究思维的形式（如逻辑）。

着重研究事物的形式方面的可能性，在于形式是事物的一个方面，它对内容有着相对独立性，因而能够成为科学研究的专门对象。着重研究事物的形式方面的意义，在于这种研究可以帮助我认识事物的本质，并且帮助我们认识事物的内容方面。只有研究化合物的结构，才有使我们深入地了解化合物的性质和它的变化过程，才能了解化合物分子中原子的性质。只有研究晶体的结构矿床的构造与结构，才能帮助人们进一步了解晶体和矿床的成分和演化过程。只有研究社会的生产关系，才能了解社会生产方式的实质和生产力的发展。只有研究思维形式，才能了解思维过程本身和思维的内容。

应当指出，这里所说的是对事物的形式方面进行着重的研究，决不是对形式作孤立的研究。所谓对形式的着重研究就是在事物的内容与形式的相互联系当中研究事物的形式。化学结构理论由化合物组成的性质与分子结构的联系当中研究分子结构。结晶学由晶体的结构单位的状况和变化过程与晶体结构的联系当中研究晶体结构。政治经济学由生产力与生产关系的系当中研究社会的生产力。

以上的原理对科学研究的意义在于，它指出了研究事物的形式方面的重要性，帮助我们去批判忽视事物形式方面的研究的倾向（例如，不注意研究思维形式）；同时也指出了如何去研究事物的形式，帮助我们去批判对形式的孤立研究（例如，脱离分子或晶体的组成内容对结构作纯图式研究）。

形式与内容的原理不仅对自然科学的认识和实践有重大的意义，而且对认识社会生活和社会革命实践活动有重大的意义。为要说明这点，首先应当确定形式与内容这两个方面在实践过程中的地位。

在革命实战活动中，内容所涉及的问题是依靠何种社会力量去实现何种任务，即"由谁作，作什么"的问题，一般说来，它是由理论和纲领来规定的。而形式所涉及的问题则是通过何种方式、何种组织形式与斗争形式来实现一定的工作内容，即"如何作"的问题，一般说来，它是由策略方针来规定的。

在实践活动中，工作内容，也起着主导的、决定的作用，而工作形式则是服从的、被决定的。但是，在工作内容已经确定之后，工作形式问题就上升为实际行动中的最主要的问题，能否找到恰当的形式来实现工作内容，就成为实践活动成功或失败的决定的关键。列宁在阐明这点的时候指出："现在要把一切力量，一切注意力集中在往下一个步骤上面，这个步骤，看来似乎比较次要，并且从某种观点上说，也的确是比较次要，——但在实践上，却更贴近于实际解决任务，即是说：要找得过渡到无产阶级革命或接近于无产阶级革命的适当形式。"① 这个找到适当形式的步骤通常是困难的，是需要在实践过程中摸索和发现的。为了找到这种适当的形式，不仅要估计工作内容的特点，而且要估计到工作的特殊的、具体的条件。

列宁的伟大和正确之处，不仅在于他确认要建设社会主义必须实现无产阶级专政，而且还在于他善于根据俄国革命的经验找到了实现无产阶级专政的最好的社会政治组织形式——苏维埃。

中国共产党在领导中国革命过程中的英明和正确，也不仅在于它正确地指出了革命每一阶段上的具体内容，而且还在于它善于找到实现这一内容的恰当形式。在社会主义革命时期，党所指出的革命的具体内容体现在过渡时期的总任务

① 列宁. 列宁文选（第二卷），莫斯科：外国文书籍出版局，1949：756

当中。但有了这样的内容，如果在实践中不能找到适当的形式来实现这一内容，那么问题还是没有解决。党根据我国的特点及革命的经验找到了这个适当形式，即对资本主义工商业通过各种国家资本主义的形式变为社会主义国有经济；对农业和手工业通过互助组和生产合作社（由低级到高级）的形式变为社会主义的集体经济。由此可见，找到适当的形式在实际活动中有着怎样重要的意义。

强调形式的重要性，决不排斥内容的决定作用。形式对内容的作用如何，归根到底，决定于形式和内容统一的程度，决定于形式包含着什么样的内容；形式对内容只有相对的独立性，没有绝对的独立性。因此，过分地夸大形式的作用也是一种错误。在实践活动中，如果认为有了先进的形式就可以不注意在这种形式中坚持先进的内容，形式的作用就不能充分发挥，甚至形式本身也会瓦解。例如，当前有些做农村工作的同志认为有了农业生产合作社这种先进的生产形式，自然就会提高劳动生产率，自然就会使农民按照集体主义的精神去办事，于是就在农村合作化之后在实际上放弃领导。其结果是合作社这种生产形式的优越性不能发挥，甚至有的还因此造成减产，这种情况如果继续下去就必然会使这些合作社瓦解。其次，夸大形式的作用由于反动势力可以利用先进的组织形式而带来更大的危险。反革命势力为要欺骗群众，往往在形式上建立"革命的组织"（如"革命委员会"、"工人委员会"等）来进行阴谋活动，人们如果只看到这些组织的形式而忽视其内容，就有被反动派引入迷途的可能。

如前所述，为了实现一定的工作内容必须找得适当的形式，这是实践的重要任务。要解决这个任务，列宁主义认为必须遵循以下两个基本要求："第一，革命阶级为实现自己的任务起见，必须善于把握毫无例外的一切社会活动的形式或方面……第二，革命阶级必须时时刻刻准备着能极迅速地突然地由一种形式来代替另一种形式。"①

把握一切社会活动的形式是实践过程中绝对必要的，不仅在革命进攻的年代需要，而且在革命退却的年代更加需要；不仅在革命的年代需要，在建设的年代仍然需要。把握一切社会活动形式不仅是指新形式，而且也指旧形式。俄国无产阶级革命的经验表现了形式与内容的丰富的辩证规律。在革命进攻的年代，布尔什维克党利用了国会内的斗争形式和国会外的斗争形式，合法的斗争形式和不合法的斗争形式，以便从各个战线上发动群众、攻击敌人。在革命退却的年代，也是合法斗争形式与不合法斗争形式的结合，布尔什维克党学会了在最反动的国会、最反动的工会、合作社，以及保险救济机关等组织形式中进行工作，因而保存了革命力量，教育了群众，并且把许多旧的组织形式给予革命改造。

---

① 列宁. 列宁文选（第二卷）. 莫斯科：外国文书籍出版局，1950：759

　　"左"倾机会主义者不了解把握多种多样的形式的意义，尤其不了解利用和改造旧形式的意义，他们提出了"退出反动的工会"、"排斥国会斗争"的口号。"右"倾机会主义者也不了解把握多种多样的形式的意义，他们不了解革命的新的内容，只注意旧形式并与旧形式调和。无论是"左"的或是"右"的机会主义都不了解形式与内容的辩证法，都妨碍动员群众的工作，妨碍社会主义的胜利。列宁在批判这两种错误时指出："我们现在业已有了这样巩固、这样强大有力的工作内容（争取苏维埃政权，争取无产阶级专政），足以使这一内容无论在或新或旧的形式中都能够而且应该表现出来，都能够而且应该改造、战胜与征服一切的形式，不仅是新的形式，而且是旧的形式，——但并不是要与旧形式调和，而是要善于把所有一切新旧形式变为共产主义获得完全的和最后的、坚决的和彻底的胜利所运用的武器。"①

　　在我国社会主义改造和社会主义建设事业中，通过多种多样的形式来进行工作的原则也得到了完满的实现。在农业社会主义改造过程中，我们的工作内容是要动员农民群众参加社会主义建投，改变一家一户的个体生产状况，消灭产生剥削的根源。为了实现这个工作内容，我们采用了多种互助合作形式（生产合作、供销合作、信贷合作等）；在生产合作上也不限于一种组织形式，而是同时采用了多种的生产组织形式，使处于不同客观条件和不同觉悟程度的农民能各得其所。又如，我们当前的总的工作内容是要依靠和发动全国人民来建设社会主义，为了完成这个任务，只通过共产党和国家的各级组织形式来进行工作是不够的。要迅速地建成社会主义的工业化的中国，就必须有各个社会政治组织形式的协同动作、各尽所能，也就是说必须同时依靠人民团体、民主党派等组织的积极工作。

　　在我国社会主义改造和社会主义建设过程中，同样也注意到对旧形式的利用和改造，批判了对旧形式的虚无主义态度。在资本主义工商业和手工业的社会主义改造中，我们一方面取消了一些旧的生产管理形式，建立了新的生产管理形式，同时也保留和改造了过去的一些生产管理形式，使它赋有新的内容，用来为新的工作内容服务。

　　列宁主义不仅要求革命阶级能在同一时期把握社会活动的一切形式，而且要求革命阶级善于根据时期的变化迅速地由一种形式过渡到另一种形式。这种形式的变化，一方面决定于工作内容在不同时期的要求，另一方面决定于工作的具体条件。

　　在无产阶级革命的准备时期，国会曾经是主要的斗争场所，这也就是第二国

---

　　① 列宁．列宁文选（第二卷）．莫斯科：外国文书籍出版局，1949：766

际活动的特点。在帝国主义和无产阶级革命时代，国会形式已经不够了。第二国际的机会主义破产的根本原因，就在于他们对工人运动和社会主义的发展只是呆呆注视着这一个形式，忘记了这个形式是片面的。俄国无产阶级之所以获得社会主义的胜利，就在于布尔什维克党不是迷醉于国会斗争形式，而是把主要的力量集中于准备和实行武装起义，建立苏维埃式的无产阶级专政的社会组织形式。在政治生活中，如果说，"右"倾机会主义不了解由一种形式向另一种形式过渡的必要性，那么"左"倾机会主义则不了解由一种形式向另一种形式过渡的条件。

我国的社会主义革命同样充满着形式的更替。农业的社会主义改造，随农民的觉悟提高和社会主义工业化的发展，由以互助组为主要形式过渡到以半社会主义的合作社为主要形式，再由半社会主义的合作社为主要形式过渡到以社会主义的高级生产合作社为主要形式。随着工业化和农业合作化，资本主义企业的社会主义改造也由低级形式到中级形式，再由中级形式到高级形式。在社会主义改造，尤其是农业社会主义改造工作上犯错误的同志都不了解这种形式的更替，他们或是急躁地、过早地要求群众实行暂时还不可能的较高级的形式，或是停留在群众已经不再满足的原有形式。

唯物辩证法的范畴：必然性与偶然性[*]

必然性与偶然性是哲学中比较难于理解的一对范畴，也是意见分歧较多的一对范畴。本文除了说明关于这对范畴的基本原理之外，对各种分歧的意见发表自己的看法。

一、必然性与偶然性的定义：关于偶然性的形态

世界上一切事物都处于普遍联系和运动变化之中，这种联系和变化有着不同的性质和形式。唯物辩证法认为，在事物的相互联系和变化过程中，有些东西是一定会发生的、确定不移的秩序（如春夏秋冬的变换，社会主义代替资本主义）；另一些则是可有可无、可多可少，可以这样也可以那样的东西。我们把前者叫必然性，后者叫偶然性。事物变化的确定不移的秩序（必然性）是从对象本质当中产生的，是由根本性的原因决定的；然而任何事物的变化不可能只受某种根本原因的作用，它同时还处于复杂的因果交错当中，这就使事物的发展出现偶然性。

为了进一步分析什么是必然性与偶然性，必须首先考察偶然性的各种形态。我们认为，事物变化过程中的偶然性有着多种多样的形态。

第一，偶然性可以表现为经常固有的偏离。事物的某种变化，由于根本原因的作用是有一定秩序的；又由于这一事物和周围其他事物之间的普遍联系，这一事物还经常受到许多不可免除的、非根本性的因素的影响，由于这些因素的作用，使事物的秩序在某一特定的范围内产生情况不同的偏离。例如，一个结构精良、校正完好、上足发条的钟表，每昼夜时针绕行两周（即秒针绕 86 400 周），这是必然性。这种必然的秩序是由钟表本身的结构从根本上决定的，它不可能误差一小时，更不可能停下不走。但在实际上，这个钟表（世界上任何钟表也一样）的秒针不可能总是每昼夜绕 86 400 周，它有时稍多一些，有时稍少一些。

———————————
* 本文原由湖北人民出版社于 1957 年 9 月出版

这种偏离是偶然的、经常发生的，这是由于钟表的运动不仅决定于它的结构，而且还经常受到复杂的、非根本性的、外来因素的影响——钟表周围温度、压力的变化，钟表附近各种微小的振动，都能使它的运动发生偏离。类似的例子还有许多：在发射炮弹时，如炮弹发射角和初速一定，则有固定不移的射程，这是必然性；但由于大气层中风向、气压、湿度等因素的影响作用，炮弹就会在一定范围内发生或远或近、或左或右的偏离，这是偶然性。动植物的生长有一定的生长期，生长期是由生存条件、生物本性等根本因素决定的必然过程；由于各种复杂因素的影响，这一生长期也会发生偶然的偏离。商品的价值决定它的价格，这是必然规律；而供求的复杂影响又使价格经常上下波动（偏离），这种波动是带偶然性的。

第二，偶然性可以表现为突然发生的巨大转折。某一事物就其本身来说，有确定不移的变化的秩序；由于事物之间的相互作用，这一事物本身所固有的秩序，可能因外部其他事情的巨大作用而受到突然的打击（这种外来打击和原有秩序没有经常联系，也不是不可免除的因素），这种打击的结果使某一事物的发展的原有秩序突然产生巨大的转折。通常用来说明偶然性的许多例证，就是属于这种形态的。例如，植物的生长突遭冰雹（外来因素）打击毁坏，人被巨大的石块打死，某一村庄由于地震、火山爆发被毁灭，等等。

第三，任何个别事物、现象都带偶然性。某一事物总的发展过程有一定的秩序，在总的发展过程中每一个具体事件或环节都带偶然性。偶然性是任何个别的东西都具有的性质。任何个别的、单一的事件，一方面是事物发展总的必然过程的一个环节，另一方面又总是具有和事物发展总的秩序没有本质联系的、可有可无的具体特点，也就是说带有偶然性。这种形态的偶然性和上述两种情况不同，它既不是经常存在的偏离，也不是突如其来的转折，而是在一定秩序基础上产生的个别的、具体的现象，这一现象的许多特性，对于事物的总的秩序来说，是非本质的、偶然的。例如，在社会发展需要伟大人物出现的时候，就一定会产生杰出人物，这是必然的；而这时出现的某一个具体的伟大人物，他出现的迟早和遭遇，他的才干和性格，则带有偶然性。历史上还有许多可以说明个别事件带有偶然性的事实。明朝末年，清军必然要侵犯明朝，吴三桂的投降是清军入关的直接因素。但吴三桂的降清这一具体事件是带偶然性的，它是由吴三桂的爱妾被夺所促成的，爱妾被夺和清军侵略之间并没有本质的、必然的联系。总之，任何个别或单一都包含着偶然性的因素：世界上没有绝对相同的两片树叶，没有指纹绝对一致的两个人，这当中充满着复杂的偶然的差异。

以上三种形态的偶然性的共同特点就在于：单个的偶然性的事件和事物发展的必然秩序有直接联系，单个的偶然性只有在一定的秩序的基础上才能存在和发生作用。

最后，在客观世界中还存在着一种特殊形态的偶然性，这种偶然性是事物内部经常固有的。它的特点是单个的偶然性和总的秩序没有直接的关系，这种偶然性也是由复杂的因果交错引起的。例如，气体是由大量分子构成的，这些分子处于杂乱无章的不断运动和碰撞之中。对于单独一个分子来说，它的运动是偶然的：它可以朝这个方向运动也可以朝另一个方向运动，可以运动得极慢也可以很快，在一定时间内和其他分子碰撞的次数可以极多也可以较少。总之，没有一定秩序。单个气体分子的运动状况的这种偶然性，是由复杂的因果制约性决定的，碰撞的规律，能量、动量守恒的规律，仍然可以用来解释个别分子的运动。单个气体分子运动的没有秩序，并不是说整个气体没有一定的秩序。气体的压力、温度、黏度的变化仍然是有一定秩序的，它们决定于几个根本性的因素，即气体分子的数量和质量，分子运动的平均速度。

由以上的说明中，可以看出必然性与偶然性的一些特点。必然性与偶然性都是有原因的，都各有其产生的客观根据；但引起他们的原因是不同的。必然的东西乃是由根本性的、有决定作用的原因引起的。偶然性虽然有着各种不同的形态，在产生的原因上也有共同的特点：①偶然性的产生是由于复杂的因果交错，即无论是经常存在的偏离或突然发生的转折，也无论是个别事件的具体特点或单个事物的杂乱无章的运动，都是由于原因和结果关系的复杂所致；除了引起必然性的原因之外，还存在着许多其他的原因，使事物的发展产生偶然性。②引起偶然性的原因，对于必然过程来说，乃是非本质的、次要的东西。事物所具有的偶然性，并不是事物本质中所固有的，常常是由外在的原因引起的。

因此，必然性是由根本性的、起决定作用的原因所引起的现象之间稳固的、确定不移的客观的联系。偶然性则是由复杂的、非本质的原因引起的现象之间可有可无、可以这样也可以那样的客观的联系。像一切科学概念的定义一样，这个定义也不能完全说明必然性与偶然性的各个方面。要进一步了解必然性与偶然性的定义，必须研究必然性与偶然性的相互关系。

这里附带说一下"必然性"这个哲学范畴和另一个哲学范畴——"规律"之间的联系和区别。必然性是反映现象之间确定不移的秩序的概念。必然性是规律的一个特点，规律除了具有必然性这个特点之外还有其他的特点，其中最主要的就是规律的普遍性、一般性。个别的事件也具有必然性，但个别的东西本身还不是规律；规律是许多个别的东西在理论上加以概括的结果。例如，两个物体在距离为 1 毫米时，万有引力的大小等于 5 个达因（1 达因 = 10^{-5} 牛顿）。这是必然的、确定不移的。但引力为 5 达因本身还不是规律，因为它是个别场合下的特殊情况。规律则是普遍的必然性，对于物体的相互吸引来说，规律所确定的是任何两个物体在任何距离的引力大小（牛顿万有引力规律：$F = C\dfrac{m_1 m_2}{r^2}$，其中 F 是引力，m_1 及 m_2 是物体质量，r 是物体之间的距离，C 是引力常数）。

二、必然性与偶然性的相互关系：关于"纯粹必然性"与"纯粹偶然性"

必然性与偶然性是事物发展同一过程的两个方面，它们是有区别的，又是互相联系的。必然性与偶然性是对立统一的。

关于必然性与偶然性两者间的辩证联系，首先由黑格尔从客观唯心主义的立场上加以阐述。在黑格尔的思想中有着"合理的内核"，黑格尔说："偶然的东西正因为它是偶然的，所以有某种根据，同时也正因为是偶然的，所以也就没有根据；偶然的东西是必然的，必然性本身规定自身为偶然性，而另一方面，这偶然性又宁可说是绝对的必然性。"① 如果把这段话写成易懂的语言，大致的意思是：偶然性是有原因的，但它在过程的本质中没有确定的根据；偶然性是必然性的表现形式，偶然性也具有必然性；必然性通过偶然性为自己开辟道路，必然性也具有偶然性；偶然性是必然性的组成部分。但黑格尔不是把必然性与偶然性看做是反映自然和社会的客观过程的范畴；在他看来，必然性和偶然性及其他一切逻辑范畴都不过是某种超自然的、神秘的"绝对观念"的前自然的存在形式而已。

唯物辩证法抛弃黑格尔哲学的唯心主义的神秘外衣，采取了他关于必然性与偶然性的辩证法的合理的思想，把它加以改造和发挥。

首先，唯物辩证法认为在客观世界中占统治地位的不是偶然性，而是必然性。自然界与社会的各种现象，从表面上看来，真是纷纭繁复、变化多端，似乎一切现象都只是偶然的东西。其实，这些偶然性是受内部的必然性制约的。世界上一切事物的发展都服从于一定的必然过程。恩格斯指出："凡表面上是偶然性在起作用的地方，这种偶然性本身始终是服从于内部的、隐秘的法则的。"② 我们认为，必然性支配着世界，完全离开客观必然性的"纯粹偶然性"是不存在的；任何偶然性都是必然性的表现形式。恩格斯指出："那认为偶然的东西，则是一种形式，在这种形式背后隐藏有必然性。"③

---

① 恩格斯. 自然辩证法. 北京：人民出版社，1971：182
② 恩格斯. 费尔巴哈与德国古典哲学的终结. 北京：人民出版社，1964：55
③ 恩格斯. 费尔巴哈与德国古典哲学的终结. 北京：人民出版社，1964：50

有人认为在客观世界中有不服从必然性的"纯粹偶然性"存在，把偶然性同必然性完全割裂开来，不了解任何偶然性归根到底都服从于内在的必然性。我们不同意这种意见。

事实证明，必然性决定着整个世界的变化；任何一种形态的偶然性都是必然性的表现形式。

偶然性可以表现为经常存在的偏离，在这种情况下，必然性的支配作用是极其明显的。偶然的偏离总是在必然性的基础上发生的，而且这种偏离只能在某一有限范围内才能存在，这一范围受必然性制约。通常来讲，偶然的偏离只是在必然秩序的附近摆动。钟表的误差是在钟表运动的必然性基础上发生的偶然偏离；任何带有误差的时钟运动都不是纯粹偶然的，它同时还包含着必然性，是必然性的表现形式。在资本主义社会中，商品的价格波动是偶然的，但价格波动，归根到底还是受价值规律的必然性的支配，它不能与必然性绝对地对立，不能超出必然性限制的范围；商品的价格波动正是价值规律这一必然性的表现形式。

偶然性可以表现为突然发生的转折，在这种情况下，偶然性仍然是在必然性的基础上产生的；只不过不是单一的必然性，往往是两个必然过程交叉的结果。这种情况就像普列汉诺夫所说："偶然性是一种相对的东西。它只会是在诸必然过程的交叉点上出现。"① 冰雹打坏了小麦是偶然的；但小麦的生长是植物发展的必然性，冰雹的产生是气象的必然性，这两个必然过程的交叉是偶然的。偶然性表现着两个必然过程的交错，是必然性的表现形式。

个别事件的偶然性也是和必然性密切联系的。个别事件是总的必然秩序的一个环节或组成部分，个别事件在发展过程中的地位和作用，是以必然的秩序为转移的。奥匈帝国王储被刺这一偶然事件，是第一次世界大战爆发的直接导因，但这一事件不能仅仅由偶然性本身加以说明，因为它不是纯粹的偶然性。第一次世界大战是当时帝国主义各国之间各种矛盾发展的必然后果，正是在这种矛盾的发展（必然性）的基础上，偶然的暗杀事件才成为战争的导火线。由王储被刺促成战争爆发这一偶然性，不过是当时帝国主义之间矛盾尖锐化的必然性的表现形式之一。如果没有帝国主义各国之间极端紧张的矛盾，暗杀某国的王储绝对不会引起世界战争。

最难了解的是类似气体分子运动这种形态的偶然性，似乎在这里只是混乱一团，只有纯粹的偶然性。其实，这种形态的偶然性仍然服从内部的、隐秘的必然性和规律性，偶然性仍然表现着必然性。不过这里有一个质的区别：在上述的三种形态里，单个的偶然事件就是在某一必然秩序基础上产生的，单个的偶然性就

<hr />

① 普列汉诺夫.论个人在历史上的作用.莫斯科：外国文书籍出版局，1950：31.

是必然性的表现形式，而必然性直接支配着任何一个偶然性。在最后这一种形态中，只是大量的偶然性才服从于内部的必然性，是必然性的表现形式。我们把这种在大量的偶然性中所包含的必然性称为统计的必然性。统计的必然性支配着事物的偶然性。例如，在掷铜钱的时候，每掷一次铜钱可以以其任意一面朝上落地，这是偶然性；如果掷许多次，就会发现铜钱落地时某一面朝上的次数有一定的必然的规律。大量的偶然性的事件服从于统计的必然性。18世纪法国科学家蒲丰掷钱4040次，其中某一面朝上2048次，其比例近似于2∶1；英国统计学家皮尔逊掷钱12 000次，其中某一面朝上6 019次，掷钱24 000次中某一面朝上12 012次，其比例也都近似于2∶1。这种确定不移的比例就是统计的必然性。气体分子的运动，就单个看似乎没有任何秩序；但分子运动的总体却具有必然的秩序。从运动的方向看，一定气体中朝每个方向运动的分子的数目大致相等。从运动速度看，在一定温度下分子运动速度也服从统计的必然性：在固定速度范围内运动的分子数有固定的比例。例如，室温时的氮气分子，运动速度在0～100米/秒的分子占全部分子1%，100～300米/秒为25%，300～500米/秒为42%，500～700米/秒为24%，700～900米/秒为7%，900米/秒以上为1%。可见，绝大多数分子的运动速度在100～700米/秒之间，在这个速度范围之外只有不到10%的分子。任何气体分子的运动都要服从一定的速度分配定律，气体分子运动不是纯粹的偶然性，不是混乱一团毫无秩序的。

其次，唯物辩证法认为必然性通过偶然性为自己开辟道路。我们认为，支配客观世界的必然性也不是以赤裸裸的、纯粹的形式出现的，必然性必须通过偶然性才能表现自己，必然性的表现形式是偶然性。恩格斯曾一再提到："必然性……在无穷的表面上的偶然性中间为自己开拓着道路。"[1] 又说："必然的东西透过无穷无尽的偶然情况向前进展"，"透过偶然性来为自己开辟道路的必然性"。[2]

我们也不能同意认为在客观世界中有"纯粹必然性"存在的说法，这种说法在理论上也是没有根据的。如果有不通过偶然性表现的赤裸裸的、纯粹的必然性，那就等于说，事物的发展只由某些根本性的、本质的原因决定，而不受周围极其复杂多样的非本质原因的影响。这在实际上是不可能的。例如，钟表的运动不可能不受外界振动、温度等因素的影响；炮弹的发射不可能不受大气层中风力、湿度等因素的影响；植物的生长不可能不受气象、土壤等因素变化的影响；地球绕太阳公转和地球本身自转的必然秩序，由于受太阳系其他天体及太阳系之

---

① 恩格斯. 费尔巴哈与德国古典哲学的终结. 北京：人民出版社，1964：48
② 马克思，恩格斯. 马克思恩格斯文选（第2卷）. 莫斯科：外国文书籍出版局，1954：489，505

外的其他天体的影响，也不可避免地会发生偶然的偏差。引起偶然性的原因是客观存在的，偶然性也是客观存在的。纯粹的必然性只是在人的思维中可以设想的东西，只有在人们头脑中可以完全撇开事变的偶然性，从理论上研究事物的必然性与规律性。例如，在理论上可以认为炮弹的射程（s）和初速度（u_0）的平方成正比，并以发射角（α）为转移（$s = \dfrac{1}{g} u_0^2 \sin 2\alpha$，$g$ 是重力加速度）。但在实际发射炮弹的每一个具体过程中，客观必然性都不是纯粹的，它总是通过偶然性表现出来。

"纯粹必然性"观点的错误还在于不了解必然性无例外地必须通过个别现象表现出来，而个别现象总是带偶然性的。例如，在资本主义条件下，失业工人的大量存在是必然的，这个必然性表现在许多具体的工人身上。对于每一个失业工人来说，他失业的原因、失业的时间、失业的具体情况都不尽相同，这是带偶然性的。失业现象的必然性就通过这许多偶然性表现出来，这种表现并不是纯粹的，也不可能是纯粹的。

有些同志并不否认在自然界和社会主义社会以前的社会中，必然性必须通过偶然性表现出来，但他们认为在社会主义和共产主义条件下，社会发展的必然性就可以不再通过偶然性表现自己，而可以直接地纯粹地表现出来；偶然性则不过是在人们犯了错误的时候才产生的。这种观点的主要论据是认为在社会主义条件下，由于没有生产资料私有制，社会经济的发展可以完全按国民经济计划进行；而且人们之间没有互相欺诈，大家都自觉地为一个共同目标努力，这样，社会生活中偶然性就不再存在和发挥作用了。我们认为这种观点也是不正确的。在社会主义制度下，由于有了新的社会条件，不会再有资本主义条件下所固有的那种广泛的、盲目的、灾难性的偶然性存在。但这绝不是说在社会主义条件下就没有任何偶然性了。因为：①国民经济有计划发展的必然性不能排斥偶然性的存在。自然变化对经济（尤其是农业）的影响、人们的生产热情和创造性、科学技术的发展，都不是纯粹必然的，都不能完全纳入经济必然性之中。②人们在思想上的一致性并不排斥人们之间的区别，并不排斥人们思想和行为之间的矛盾。因此，人和人之间的相互关系之中也就不能不有复杂的因素交错着，使社会生活的各个事件不能不具有偶然性。在社会主义和共产主义社会中，仍将有好人和坏人，有思想比较正确的人和思想不够正确的人；由人们的社会地位、职业、教育程度、心理等不同，人们在行动时也会有各自不同的具体的动机。这一切，就使社会主义和共产主义条件下人们的生活不能按绝对的、纯粹的必然性来进行。③在社会主义和共产主义条件下，人们也不可能不犯错误；而错误总会造成这种或那种偶然性。

　　总之，必然性与偶然性是辩证统一的，不能把两者之一孤立起来，没有"纯粹的偶然性"，也没有"纯粹的必然性"。

　　既然必然性通过偶然性为自己开辟道路，偶然性是必然性的表现形式，那么偶然性在发展过程中也有它的作用；它对必然过程的影响有时很小，有时较大，总之是能加速或延缓事变的进程。马克思在致库格曼的信中曾对偶然性在社会发展中的作用给予说明，这个说明的实质对于自然界也是适用的。马克思指出："如果'偶然性'不起任何作用的话，那么历史就会具有非常神秘的性质。这些偶然性当然本身是作为构成部分列入总的发展进程，而由其他偶然性均衡起来。但是，发展的加速和延缓在很大程度上取决于这些'偶然'情况，其中也包括有像起初领导运动的人们的性格那样的'偶然'情况。"[①] 关于偶然性在发展过程中的作用，我们在以后还要继续加以讨论。

　　最后，必然性与偶然性的辩证的相互关系，还表现在两者可以互相转化。在一定情况下是偶然的东西，在条件改变之后，可以转变为必然的东西；同样，在一定情况下是必然的东西，由于条件改变失去其根据，也可以转变为偶然的东西。例如，在同一品种的生物的生长过程中，各个个体之间总会表现出许多偶然的微小的差异，这些偶然的微小的个体差异经过长期的连续的自然选择或人工选择就会积累起来，形成有显著差异的不同的新的生物品种。这种新品种和原来的品种有着必然的、质的区别，服从它特有的必然发展规律。伟大的生物学家达尔文之所以能够创立其进化论的学说，也正是因为他通过实验和观察，发现了这种生物单个种属内部的个体间无数的偶然差异，如何在长期的发展过程中，增大到突破原来种属的特性，形成新的特种。恩格斯指出："达尔文学说是黑格尔关于必然性和偶然性的内在联系的概念之实践的证明。"[②] 巴甫洛夫关于高级神经活动的学说也证明着偶然性与必然性的相互转变。我们这里只举一个例子说明一下。在巴甫洛夫所进行的许多实验之中有这样一个实验：先给动物（狗）以灯光刺激，然后喂给食物，于是在狗的大脑中就形成了灯光和食物这两个刺激物偶然结合。再把上述同样的过程连续地重复许多次，灯光和食物在大脑之间的偶然结合就逐渐转变成有固定不移的秩序的结合，即转变成必然的结合，只要给予灯光刺激，动物的大脑中必然马上就联系到食物；即使不给以食物，动物也会分泌唾液。这就形成了必然性的条件反射。在形成条件反射之后，如果反复只给予灯光刺激而不喂以食物，那么在动物大脑之中灯光和食物这两个刺激物的必然结合就会逐渐消失，条件反射不再存在。在社会中也有类似的例子。例如在原始公社

---

① 马克思，恩格斯．马克思恩格斯文选（第2卷）．莫斯科：外国文书籍出版局，1954：465

② 恩格斯．自然辩证法．北京：人民出版社，1971：261

制度下，开始自然经济是必然的，交换是偶然的，以后由于生产和社会分工的发展，交换成为必然的现象；起初物物交换是必然的，随社会的发展，用货币进行交换又代替了物物交换成为必然的，而物物交换则是偶然的。

唯物辩证法关于必然性与偶然性的相互关系的基本原理就是如此。在这种相互关系中表现着辩证法的一般特点，包含着辩证法的基本规律。尤其是对立面统一的规律。因此，研究必然性与偶然性的相互关系，就能加深我们对于唯物辩证法的了解。

三、批判唯心主义和形而上学在必然性与偶然性问题上的错误

辩证唯物主义认为，正确地解决必然性与偶然性的问题，具有重大的世界观的意义。这点突出地表现在下面对形而上学和唯心主义的错误的批判上。

必然性与偶然性的问题不是哲学的基本问题，但它与哲学基本问题有不可分割的联系。各种不同的哲学派别是用不同的观点和方法来解决必然性与偶然性的问题的。

一切唯心主义哲学派别的共同点之一就是它们都否认必然性与偶然性的客观性。客观唯心主义者黑格尔认为必然性与偶然性"绝对观念"发展的第一阶段上产生的范畴，也就是说，在自然界和社会还不存在的时候，就已经有了必然性与偶然性这样的逻辑范畴，这些范畴都是"绝对观念"的表现。

很有趣的是有一些相信宗教神学的科学家，他们在一定程度上发现了必然性与偶然性的辩证联系，但是却把这种联系归之于神的意志。例如，18世纪著名的人口统计学家助斯米尔赫研究了男孩与女孩出生的比例，他发现在个别范围内从短时期来看，男孩与女孩出生的比例是杂乱无秩序的，但如果对大量的出生事例作统计地研究，就会发现一种统计的必然性：男孩与女孩的出生的比例大致是均衡的、有一定秩序的。助斯米尔赫的这一点发现本来是正确的，但他不把这种秩序看做是客观的必然性，而是看做是神的意志的体现。他在《神的秩序》一书中写道："从小规模看来一切都没有任何秩序。应首先经年搜集大量个别零碎场合并且把许多省份归并在一起，使由此方法可阐明隐藏着的神的秩序的法则。"[1]

主观唯心主义的各个流派对必然性和偶然性有着大同小异的观点。有的流派（如休谟、马赫）认为客观世界当中根本没有必然性，必然性只是纯主观的范畴；有的流派（如康德）认为必然性与偶然性是先于经验的范畴，人把这些先

---

[1] 格涅坚科. 概率论教程. 北京：高等教育出版社，1956：396

天的范畴加于自然界；有的流派（如普恩凯莱）认为必然性是人类为了方便而创造的符号。这些流派的共同点是把必然性与偶然性看做是不反映客观物质世界的主观范畴。唯心主义的这种观点是从它们对哲学基本问题的解决出发的，是它们承认思维第一性和存在第二性的必然结果。唯心主义既然否认客观必然性存在，在实质上就取消了一切科学的真正价值，因为科学的根本任务就在于揭示自然界和社会的客观必然性，并以其对客观必然性的认识为实践服务。否认客观必然性，就是要否认科学；唯心主义是科学的敌人。

辩证唯物主义哲学论证了世界的物质性，论证了物质第一性和意识第二性，也就同时唯物主义地解决了必然性与偶然性的问题。首先，辩证唯物主义认为必然性是自然界和社会本身所固有的客观的秩序，它不是任何神也不是任何人所创造的；偶然性则是必然性的客观的表现形式。物体之间互相吸引的必然性、地球自转和绕太阳公转的必然性、生物进化的必然性，在没有人类和任何意识的时候就已经客观存在了；在人类社会中，社会生产不断变化发展的必然性，资本主义被社会主义代替的必然性，阶级矛盾消灭人民内部矛盾突出的必然性，都是不以个人、社会集团、阶级、政党的主观意志为转移的客观的确定不移的秩序。而任何必然的秩序，由于自然和社会中客观存在着复杂的因果交错又总是通过偶然性才能表现出来。偶然性也是客观的东西；无论是植物生长期的偏离，也无论是单个分子的杂乱无章的运动或商品的价格波动都不依赖任何意识而存在着。其次，辩证唯物主义认为人们关于偶然性与必然性的概念，是在实践过程一定阶段上所得到的对客观事物一般特点的反映，在这些概念中近似地又如实地反映着客观的偶然性与必然性。人们在实践过程中可以依据着他们对客观的偶然性与必然性的认识来进行活动，实践活动中的成功，又证明人们关于偶然性与必然性的概念反映着不以人们的意识为转移的客观内容。农业生产的实践表明，人们已经认识了"种瓜得瓜、种豆得豆"的必然性，证明了人的这种认识反映着客观必然性，同时也证明了"种瓜得瓜、种豆得豆"是自然界本身的秩序。中国、苏联和各人民民主国家的建立，证明了马克思列宁主义已经认识了社会发展的必然性，同时也证明了社会主义在一切国家中的最终胜利是不可抗拒的客观必然性。由此可见，必然性与偶然性并不是什么超自然的纯主观的范畴，也不是上帝或绝对观念的体现。只有这种对必然性与偶然性的唯物主义观点，才能够谈得上有真正的科学研究，才能使人们有坚定的信念去从事实际工作。

在近代科学中，唯心主义特别反对统计必然性的客观性。前面已经指出，在气体中单个分子的运动是杂乱无秩序的，在这种情况下，只有研究大量的分子才可以发现气体运动的必然性。我们把这种必然性叫做统计的必然性或统计的规律性。站在唯心主义立场上的科学家却由此得出了错误的结论，他们说统计规律既然对每一个个别分子都不适合，因此它不是客观的必然性，而只是人们在研究、观察的过程中为了方便而创造出来的东西，只是一种数学方法上的必然性。辩证唯物主义也根本反对这种主观主义的观点，认为统计的必然性也具有客观的本性。的确，统计的必然性是在大量现象的领域发生作用的，是在事物的总体、集团中发生作用的，然而它是客观地发生作用的。统计的必然性和规律性也是不以人们意志为转移的客观的秩序，它在人们意识之外存在着；人的认识只能发现这种必然性，而不能"创造"或"消灭"这种必然性。例如，前面提到的气体分子运动速度分配的规律，就是统计的必然性。这个规律是物理学家马克斯维尔发现的，但无论在马克斯韦尔之前或以后，也无论有没有马克斯维尔，气体分子总是按统计的必然性的比例分配其速度。统计的必然性在性质上不同于单个事件的必然性，它反映着事物的不同方面 但无论是统计的必然性，也无论是单个事件的必然性都是在客观世界中起作用的客观的秩序，这一点却是完全一致的。

在必然性与偶然性问题上，形而上学的错误基本上有两种情况：一种是机械的决定论，另一种是非决定论。

机械的决定论认为世界上一切事物和变化都是必然的，没有任何偶然性。古希腊的唯物主义哲学家德谟克利特和17、18世纪的机械唯物主义者（如斯宾诺莎、霍尔巴赫、爱尔维修）认为既然世界上的一切事物都有它产生的原因，因而它们也就都是必然的；至于偶然性在客观世界中根本不存在，人们所说的偶然性只不过是由于人们无知才臆想出来的纯主观的东西；一旦人们发现了引起现象的原因，臆造出来的偶然性就会消失。17、18世纪的机械决定论的观点也传到了当时的自然科学当中。有些人甚至认为某一条狗的尾巴是五寸长，不长一丝一毫，不短一丝一毫，也是固定不移的必然性，似乎太阳系一形成时就这样决定了。

形而上学唯物主义的机械决定论观点的错误就在于：

（1）把必然性与因果性混淆起来，而把偶然性看做是没有原因的东西并加以否定。其实因果性和必然性是不同的概念，因果性说明一切事物的变化发展都有它的根据，必然性说明事物变化发展有确定不移的秩序。必然性是有原因的，它是由根本性的原因决定的；但对某一事物起作用的还有许多非本质的原因，这些原因引起事物的偶然性。偶然性也是有原因的，只不过它的原因和必然性的原因不同罢了。

（2）把一切过程都看做是必然性，表现上把偶然性也抬高到必然性；"实际上不是偶然性被提高到必然性，而倒是必然性被降低到偶然性。"① 因为，如果

① 恩格斯.自然辩证法.北京：人民出版社，1971：182

一条狗的尾巴是五寸长而不是五寸一分这个事实和地球绕太阳公转都属于同一等级，都是必然性，这不正是降低了必然性吗？

（3）认为一切都是必然的，就不能由宗教神学中解脱出来，而且这种观点本身还会直接导致宿命论。因为这种观点把必然性神秘化了，把世界上的一切过程都看成是抽象的不可避免的东西，那么人就只能机械地服从抽象的必然性的支配，这样就削弱了人们的主观能动性。

形而上学唯物主义的机械决定论具有宿命论的色彩，并且导致宿命论，但它本身还不等于宿命论。17、18 世纪的唯物主义者认为必然性乃是客观物质世界所固有的，不是由上帝或神所预先安排好的。至于宿命论也认为一切都是必然的，每一个人都要服从绝对必然性的支配，而且还把人们不可避免的命运看做是预先安排好的，是由一种神秘的力量（上帝或神）预先决定的。所谓"在劫难逃"，就是宿命论的格言。宿命论的思想一直是剥削阶级在精神上奴役群众的工具，它使群众消极无为，坐待"绝对必然性"、命运、天数的支配，而不去积极斗争，不去自觉地掌握自己的命运。

形而上学的非决定论在表面上和机械的决定论恰恰相反，它认为世界上一切事物和变化都是偶然的，没有任何必然性。例如，俄国的民粹派就有这样的看法。帝国主义资产阶级的思想代表也企图证明世界上占统治地位的只是偶然性。例如，所谓"生存论"者认为："现象间的任何有规律的联系都是不存在的，可以谈的只是历史事实的偶然性和荒谬性。"胡适的实用主义哲学同时也是偶然性崇拜的哲学，胡适否认客观世界有必然性、规律性存在，夸大偶然性的作用。他在宣扬"不朽论"时说："他（即'小我'或个人——引者注）的一切作为，一切功德罪恶，一切语言行事，无论大小，无论善恶，无论是非，都在那大我（即宇宙——引者注）上留下不能磨灭的结果和影响。他吐一口痰在地上，也许可以毁灭一村一族，他起一个念头，也许可以引起几十年的血战。他也许'一言可以兴邦，一言可以丧邦'。善亦不朽，恶亦不朽；功盖万世固然不朽，种一担谷子也可以不朽，喝一杯酒，吐一口痰也可以不朽。"[①]

非决定论的观点是反科学的、荒谬的。我们已经指出：支配现实世界的是必然性而不是偶然性；任何偶然性都是必然性的表现形式 在客观世界中必然性与偶然性是相互联系的。非决定论的观点在理论上必然导致不可知论，既然世界上的一切现象都只是偶然的，没有任何必然性、规律性，那么科学也就不必要和不可能存在了，因为任何科学的任务归根到底是要揭示必然性；没有必然性，也就没有科学。在实践上，非决定论的观点同样也是要消灭人们在改造世界中的积极

---

① 胡适．介绍我自己的思想．见：《胡适论学近著》（第一集）．上海：上海商务印书馆，1937

性和创造性。既然一切都只是偶然的、不可捉摸的，一切都没有任何确定的秩序，那么我们就只有消极地去等待"幸运的日子"到来，使被剥削群众安于现存制度。从非决定论的观点来看，似乎危机、失业、战争在资本主义条件下也是一种纯偶然的东西，似乎社会主义不是人类社会的必然趋向，而是一种偶然的、不合乎规律的社会制度——这一切正是现代资产阶级为了麻痹群众所需要宣扬的。资产阶级害怕历史必然性，更害怕人民群众认识到历史必然性，因此企图用各种方法来"取消"历史必然性；非决定论正是他们所需要的手段之一。另外，我们还应当看到非决定论和帝国主义者的冒险主义政策之间的联系。如果说，一切都是偶然的，一个人偶尔吐一口痰或说一句话，就可以消灭一村一族，甚至引起几十年的血战，那么，帝国主义者为了取得最大限度的利润为什么不可以去做任何冒险行动呢！

机械的决定论或非决定论是在必然性与偶然性问题上的两种极端的思想，它们或是绝对排斥任何偶然性，或是绝对排斥任何必然性。另外也还有一种形而上学观点，可以说是上述两种观点的片面、机械的混合物。这种观点承认必然性与偶然性都存在着，但这二者是互不相关的并列的东西。在世界上有一些现象只是必然的，它是我们已经知道的、有兴趣的；另一些现象只是偶然的，它是我们没有兴趣和不知道的。这种形而上学观点的错误首先就在于它把人的认识和兴趣作为划分必然性与偶然性的标准，把已经认识的东西都看做是必然性。事实上，无论必然性或偶然性都是可以认识的，偶然性并不因为被人认识就变成必然性，单个气体分子的运动由于目前计算技术的发展也可以被我们认识，但这种运动仍是偶然的。偶然性是客观存在的东西。其次，这种形而上学观点把我们所不知道的东西都看作偶然性，因而科学对它没有兴趣，并且可以不加研究，这样就阻碍了科学的进展，因为它把科学的活动只关闭在已经知道的所谓必然的圈子里，而科学的真正任务却是在这个圈子之外，它要去研究我们尚不知道的东西，发现未知领域内的必然性、规律性。

四、必然性与偶然性和人的认识：关于"科学是偶然性的敌人"

既然支配世界的不是混乱的偶然性，而是必然性，那么科学的任务就应当是认识客观必然性。科学之所以成为科学就在于它不仅记载了大量的事实材料，而且从这些材料中揭示出必然性、规律性。恩格斯指出："凡是必然的联系失去效用的地方，科学便完结了。"[1]

---

[1]　恩格斯. 自然辩证法. 北京：人民出版社，1971：181

科学只有当它提示出自然界与社会生活中的客观必然性时，才能指导人们去改造世界，才使人们在实践过程中不仅了解客观过程目前如何发展和向哪里发展，而且能了解客观过程将来如何发展及其发展方向；只有以必然性为基础的科学，才会使实践具有信心，使它有确定方针的能力。

在达尔文创立进化论之前，人们不了解生物发展的客观必然性，当时占统治地位的观点认为动植物品种都是由神偶然创造的，这样也就没有真正的生物科学，更谈不到利用对生物发展的必然性的科学认识来指导农业和畜牧业的实践。直到 19 世纪，达尔文创立了进化论，才第一次把生物学放在完全科学的基础上，即放在对客观必然性的认识的基础上。生物科学认为，由于有机体与生存环境的相互作用，生物的进化具有必然性，这种必然性可以被我们认识并加以利用；在实践中，只要选择或安排适当的外部条件，有机体的变异和遗传过程就会按预定的必然性的方向进行。根据这种科学的方法来饲养动物和栽培植物，人们可以自觉地、比较迅速地创造出新类型的动植物品种。例如，我国农业科学家根据对这种必然性的认识，已经培育出许多优良的农作物品种（如碧玛一号等）。

在马克思、恩格斯创立科学社会主义学说之前，欧文、傅立叶、圣西门等人就提出了社会主义的学说，但他们认为社会主义只是个别天才人物侥幸偶然的发现，不是历史发展进程的必然结果。这种社会主义只是空想。马克思主义第一次把社会学由偶然性的混乱王国中解放出来，使社会学变成了科学。马克思主义是关于自然和社会的发展规律、关于被压迫和被剥削群众的革命、关于社会主义在一切国家中的胜利、关于共产主义社会的建设的科学。马克思主义根据对资本主义社会的分析得出结论："既然占有的私人性不适合生产的社会性，既然现代集体主义的劳动必然引向集体所有制，所以不言而喻，继资本主义而来的必然是社会主义制度，正像继黑夜而来的必然是白天一样。"①正是根据对这种必然性的科学认识，使社会主义由空想变成了科学，使无产阶级认识到自己的历史使命，给无产阶级以摆脱资本主义奴役的精神武器。资产阶级的灭亡与无产阶级的胜利都是不可避免的——共产主义的世界观和人生观正是以对这种必然性的科学理解为基础的。

科学又如何去认识客观必然性呢？它通过什么途径达到对事物的必然性的认识呢？既然没有纯粹的必然性，必然性要通过偶然性表现自己，偶然性是必然性的表现形式，那么科学的认识就不能不通过现象中复杂的偶然性，找到客观过程的必然性。恩格斯指出："……思维的任务，是在于从一切迷乱中追踪这一过程

---

① 斯大林. 斯大林全集（第一卷）. 北京：人民出版社，1953：310

的依次发展的阶段，并在一切表面的偶然现象中证明出过程的内在规律性。"①如果抛开一切带有偶然性的现象而追求必然性，那么要认真和发现任何新的东西都不可能实现。

在人的实践和认识活动中，总是首先碰到偶然的、个别的事物，这些事物内部的必然性和规律性，只有在实践过程中经过人的思维加工才被揭示出来。在客观世界中，必然性与偶然性是同时存在的相互联系的两个方面；而在认识过程中却不可能同时认识这两个方面，而要由偶然性过渡到必然性。人们的认识史和科学史证明了这一点。最早的人只是经历过各种不同的、亿万次的自然界的偶然发火，才发现钻木取火即摩擦生热的必然性并加以利用。生物学家达尔文之创立进化论，正因为他搜集了许许多多的动植物标本，观察和研究了多种多样动植物的生活现象，在这些各不相同的带有形形色色偶然特性的材料中，找到了生物遗传和变异的必然规律。正如恩格斯所指出："达尔文在其划时代的著作中是从建立在偶然性上的最广泛的事实基础出发的。"② 不仅生物学是这样，一切的自然科学（如物理学、矿物学、地质学）也都经历过这样的发展过程。

对社会现象的认识也是如此。"纯粹的"社会现象是不存在的，任何具体的社会事件都带偶然性。马克思的著作《资本论》乃是透过大量的带偶然性的材料发现客观必然性的典型。在资本主义社会中，各个企业的具体特点极不相同，利润、利息、地租也以千差万别的不同方式存在着，在市场上流通着千万种不同的商品，社会中每一个人都抱着各有不同的动机和愿望，在每个角落都有不同的冲突、竞争，等等，可以说到处都有偶然性存在着。对于这些丰富的材料，马克思给予了天才的分析研究，揭露出资本主义剥削的实质及资本主义制度发展的必然趋势。马克思指出了资本主义生产方式是如何必然地产生出来，而无产阶级在资本主义条件下是如何必然地要出卖自己的劳动力和必然日益贫困化；同时也揭示出资本主义的生产关系是如何必然地与其生产力发生冲突而使经济危机成为不可避免，从而论证了资本主义制度灭亡的必然性。

在认识过程中，由偶然性到必然性的推移过程，实质上就是由现象到本质、由感性认识到理性认识过程。由于偶然性的形态及研究的目的不同，在研究事物的偶然性所用的方法也有所区别。有时可以在观察、实验和实践的基础上来研究某些单个的带偶然性的对象，运用一定的逻辑方法（抽象、概括、分析、综合）在人的头脑中撇开这些对象的偶然的、非本质的特征，并且揭示出事物发展的必然性。就好像撇开炮弹射程的偏离，研究射程和初速与发射角的关系一样。有时

---

① 恩格斯. 反杜林论. 北京：人民出版社，1963：22
② 恩格斯. 自然辩证法. 北京：人民出版社，1971：182-183

则必须对极大量的偶然现象的总体作统计地研究，用统计的方法把偶然性的东西集中起来，找到客观必然性。就好像对气体分子的运动速度分配的研究一样。对炮弹射程的偏离现象的某些特点的研究也可以用统计的方法，从大量的偶然偏离中可以发现这些偏离的分布服从于统计的必然性，并且可以用一个有规律性的曲线来表示这些偶然偏离的分布状况。

关于科学和必然性与偶然性的关系，从1948年苏联全苏农业科学院会议之后，广泛流传着"科学是偶然性的敌人"这样一个命题。笔者在一篇文章中也曾接受和介绍过这个命题①。到目前为止，这个命题仍然还为许多人所公认。1956年苏联国家政治书籍出版社出版了奥·雅霍特所著《必然性与偶然性》一书（中译本也由上海人民出版社在1957年出版）中曾有专门一节阐述这个命题。在艾思奇所写的《辩证唯物主义讲课提纲》（人民出版社版）中也介绍了这个命题。但我们现在认为，"科学是偶然性的敌人"这个命题是不确切、不正确的，它不能反映科学与偶然性之间的本质的关系。

首先，"科学是偶然性的敌人"不能反映出偶然性是科学研究必然加以考察的对象，也不能反映出透过偶然性认识必然性是科学研究必须经过的途径。

科学和偶然性之间的关系不能归结为敌对的关系，科学并不能像对"敌人"那样去排斥偶然性，更不能消灭偶然性，前已指出，如果没有对偶然性的分析和研究，不透过偶然的东西认识客观必然性，也就是说不研究事实材料（具体的事实材料总是带偶然性的），科学就不可能有关于客观必然性的理论认识。在这一点上，黑格尔曾公正地指出："科学，特别哲学的职责，诚属不错，在于从偶然性的假象里去认知潜蕴着的必然性。但这意思并不是说，那偶然的事物仅属于我们主观的表象，因此，为求得真理起见，只消完全予以排斥就行了。任何科学的研究，如果太片面地采取排斥偶然性单求必然性的趋向，将不免受到空疏的'把戏'和'固执的学究'的正当的讥评。"②

"科学是偶然性的敌人"这一命题的错误就在于它使人们忽视对客观存在的偶然的事物的研究，因而也就妨碍了科学去发现必然性。而且，在近代科学中，偶然性本身就是科学研究的专门对象（概率论和数理统计学就是专门研究偶然性的科学），我们怎么可以简单地说，科学是偶然性的敌人呢？

其次，"科学是偶然性的敌人"不能反映出偶然性的发现在科学认识中的巨大作用。任何真正的科学实验、观察都是有目的的，都要追求预定的结果：证实或推翻某些假说或原理。但在科学活动中常常会碰到意想不到的偶然的情况，而

---

① 见《哲学研究》1955年第3期：《关于唯物辩证法的两对范畴》

② 黑格尔. 小逻辑. 上海：三联书店，1954：310

且这种偶然性常常会成为新发现的来源。在自然科学史上可以找到许多有趣的事实说明偶然性的因素在促成科学发现上的作用。法国物理学家贝克勒耳在研究 X 射线时，偶然把铀盐、十字架、照相底片包在黑纸中，因而发现了天然放射现象。由于实验过程中贮气瓶偶然有一个极小的裂痕，引起了英国化学家格兰罕的著名的气体的研究。瑞典化学家诺贝尔在研究火药时偶然割破了手指，在手指上涂以棉胶之后，把剩余的棉胶偶然倒在硝化甘油中而引起胶状炸药的发现。意大利物理学家伽伐尼尔偶然看到离起电机很远的蛙腿抽动，引起了他对电流现象的研究。英国化学家普利斯特里发现氧气开始也是偶然的。他得到一个直径一英尺的燃烧透镜，非常高兴，急忙用这个透镜集中日光——照在各种物质上，偶然也照到一瓶氧气汞上，发现氧气汞内放出一种无色的气体。他自己记述当时的情形说："1774 年 8 月 1 日的那天，我偶然地用一片透镜，使集中的日光照射在一瓶氧化汞上，很容易地把里边的空气驱逐出来，大概得到较其本身大三四倍的体积；我就加一些水进去，知道它是不能溶解的，但是把燃着的洋烛插入的时候，很使我得到一种说不出的惊奇，就是洋烛在里面放出很显著而明亮的火焰"。①又经过多次的实验，普利斯特里发现上述的无色气体就是氧。

可见，偶然性的发现在科学史中是有其地位和作用的。偶然性在这里是促成科学进步的因素，而不是"敌人"。不仅上述的科学发现具有偶然性，而且科学史上任何的科学发现或发明的具体过程都具有程度不同的偶然性；上述的发现不过是偶然性作用非常明显的例子罢了。"科学是偶然性的敌人"这一命题的错误就在于它没有充分地估计到偶然性在科学发现中的作用，在实质上使人们不注意科学实验中新发现的事物。

应当指出，上述的许多偶然性的发现在促成科学进步过程中有重要的意义，但不能由此得出结论说科学的新发现就决定于这些偶然性本身。对于上述的许多偶然发现来说，偶然性与必然性相互关系的一般原理仍然是完全有效的。科学研究中的偶然发现也不是纯粹的、绝对的偶然性，它本身就包含着必然性，和必然性有不可分割的联系，因为任何偶然性的发现都取决于下列的基本的因素：①偶然性的发现不能离开实践，不能离开人类已经取得的科学成就。一般说来，偶然性的发现总是在某种科学实践（观察、实验）的基础上产生的，它是科学实验所固有的附属作用。偶然性的发现还要依据着实践提供出来的物质资料；假如没有实践所创造出来的照相底片、燃烧透镜，等等，那么贝克勒耳就不可能那样偶然地发现天然放射现象，普利斯特里就不可能那样偶然地发现氧气了。同时，偶然性的发现还依据着人类已经取得的科学知识；如果没有关于照相感光的本质的

---

① 转引自《科学的创造》，开明书店，第 39 页

知识，没有关于氧化汞性质的知识，那么上述的偶然发现同样是不可能的。②偶然性的发现不能离开科学家的整个研究工作和科学家长期的、艰苦的实践活动。偶然性的发现不是科学研究中纯粹幸运的巧遇；没有科学家在理论上和实验上的丰富的学识和经验，没有科学家的锐敏的观察和精确的判断，要想从偶然性中发现新的科学知识是不可能的。在科学史上可以看出，那些从偶然性发现中得到"幸运"的人，绝不是那些饱食终日无所用心的人。③偶然性的发现只是科学发现的一个环节，它刺激、启发、推动着科学研究，但它本身还不能从根本上解决科学问题。科学家在偶然性发现之后，还必须多次反复进行实验、研究，才能发现客观必然性、规律性。例如，普利斯特里发现氧气，在洋烛燃烧的偶然发现之后，还用老鼠和自己做的多次实验才得出结论。④偶然性的发现不能决定科学发现的命运。像放射现象、氧气等自然现象，由于实践和科学的发展是一定会被发现的，这是必然的，如果没有贝克勒耳和普利斯特里的偶然发现，也终会有其他人加以发现的；贝克勒耳和普利斯特里的发现是偶然的，但这个偶然性也表现了必然性。必然性通过偶然性表现出来。

最后，"科学是偶然性的敌人"不能反映出在科学实践中可以有意识地利用和创造有利于人们的偶然性。例如，我们可以用射线照射、化学药品的处理及其他激烈的环境改变使生物发生偶然性的突然变异，并且在这些变异中寻求对人类有用的东西。科学实践证明这样的方法是可以得到有利于人类的变异的；不能把这种创造有利于人们的偶然性的实践当作"敌人"加以排斥。创造和利用偶然性的实践活动也不是以"纯粹偶然性"为依据的。生物的突然变异也有其客观必然性，偶然的突然变异乃是必然性的表现。在科学实践中创造和利用偶然性，正是为了发现生物突然变异的客观必然性（虽然这种必然性至今仍未完全发现），正是为了能够在认识必然规律的基础上有意识地控制生物的进化。

因此，我们认为"科学是偶然性的敌人"是一个不恰当的命题，它不能反映出科学与偶然性之间相互关系的实质，而且还歪曲了这一关系。因此，也必须在通俗宣传和小册子中抛弃这个提法。然而，也必然看到"科学是偶然性的敌人"这个提法包括"合理的思想"。这就是：

第一，科学研究的目的应当是由考察大量的偶然现象中揭示出它的必然性、规律性，这样才可以指导实践；科学不应当只停留在考察单个偶然现象本身，应当排斥那种单纯追求偶然性的无益游戏。例如，生物学家为了研究豆的生长规律，当然必须研究个别豆荚的特点，但这种研究是要通过许多个别的豆荚的特点去发现豆生长的必然规律，而不是为了单纯地穷根究底研究任意一个个别豆荚。恩格斯曾举例说，任何一个豆荚本身就有无数偶然的特性，如豆粒的颗数和大小、色彩的浓淡、豆壳的厚度和硬度，以及在显微镜下才能看到的无数个别特点。这些特点中所包含的因果关系的追究比全世界所有的植物学家所能解决的问题还要多得多。"科学如果老在豆荚的因果连锁中穷根究底地追究这一个别豆荚的情形，那就不再是什么科学，而只是纯粹的游戏而已"①。

第二，科学研究的基本方法应当是依据客观事物的特性和客观规律有目的地进行观察、实验，意外的、偶然的发现只是实验过程中可能发生的附属产物，它不可能是科学追求的预定结果。科学方法不应当建立在追求偶然奇迹的基础之上。例如，曾有些人不认真研究某种植物的特性及其发展规律，只是盲目地把各种植物实行嫁接与杂交，实行向日葵嫁接辣椒、番茄嫁接马铃薯，等等。这种单纯追求偶然奇迹的机会主义的方法是科学的敌人。

第三，科学应当研究事物发展的必然性，武装人们去和那些不利于人们的偶然性作斗争，去消除、减少不利于人类的偶然事件。

我们通常在引用"科学是偶然性的敌人"时也是为了概括地说明上述的"合理的思想"。但是"科学是偶然性的敌人"并不是反映上述合理的思想的恰当的命题。

五、唯物辩证法关于必然性与偶然性的原理的意义

唯物辩证法关于必然性与偶然性问题的正确解决，对于我们确立科学的世界观和认识方法，对于自然科学的发展有着原则的指导意义。这在前文我们已经作了大致的说明。

必然性与偶然性问题的科学解决，对于正确地估价社会生活中各种事件，对于社会科学特别重要。社会生活中的各种现象，比自然现象更为复杂多样，更加充满着各种偶然的差异；偶然性与必然性的联系也更加不易辨认。可以说，如果不了解偶然性与必然性的辩证法，就不可能对任何历史事件作出真正科学的分析。

社会历史科学的根本任务，在于从纷繁复杂的社会生活现象中揭示出历史发展的必然性，而不是把事实材料作机械的偶然堆积。在马克思主义以前的许多社会学家，由于他们不了解偶然性与必然性的辩证法，看不见偶然事件当中的必然性，把偶然的东西当作必然性，没有能力把深刻的历史必然性揭示出来。例如，在资产阶级历史学家中，有许多人认为第一次世界大战之所以产生，就是因为奥匈帝国王储被刺。在我国的历史学者中，也曾经有人把清军入关的原因归结为吴三桂因爱妾被夺的投降行为。显然，这样的看法都歪曲了历史事件的本质。

为了说明必然性与偶然性的原理对认识社会生活的意义，我们举一个最近发

---

① 恩格斯. 自然辩证法. 北京：人民出版社，1971：181.

生的事件作简单的分析。今年（1957年）3月20日在我国台湾省台北市草山发生了驻台美国军事顾问团的上士雷诺枪杀刘自然的事件。5月23日驻台美军当局却把杀人凶手宣判无罪并送离台湾。5月24日，台湾人民为了抗议这种暴行爆发了猛烈的反美大示威，群众愤怒地捣毁了美国大使馆，撕碎了大使馆的美国国旗。对这个现实的社会事件，我们应当作何认识呢？美国参议院民主党领袖约翰逊认为这是台湾人民"为了一次偶然事件而捣毁我们的房屋，扯下我们的国旗"。这种看法是正确的吗？我们认为，台湾群众这次卷起反美怒潮的直接导因是美军士兵枪杀刘自然事件，当然刘自然事件是带偶然性的，但台湾人民的反美示威不能归结为这一事件。美国侵略者用武力霸占我国台湾领土，把台湾人民看作草芥牛马，随意加以蹂躏，美国军队在台湾犯下了无数的罪行（刘自然被杀只是其中之一）。在这种情况下，有着民族自尊心的不可屈服的台湾人民忍无可忍，起来反抗美国侵略者的残暴和跋扈，决不是偶然的，而是必然的。刘自然被杀这一带偶然性的事件正是在这个必然性的基础上产生的，因刘自然事件而引起的反美示威正是这个必然性的表现，而不单是为了一次偶然的事件。这一点正如香港《晶报》的社论中所指出的："美国在台湾之横行，已非一朝一夕，中国人之枉死，亦不止一人。台湾群众这次卷起反美怒潮，决非偶然。"

必然性与偶然性的原理对认识社会生活意义，集中地表现在解决个人在历史上的作用这一问题上。马克思主义以前的社会学家不了解社会生产方式是社会发展的决定力量，不了解人民群众是历史的创造者，他们或者夸大了杰出人物在历史中的作用，认为"英雄造时势"，或是完全抹杀个人的积极作用。这种片面的历史观在方法论上的根源就在于马克思主义之前的社会学家没有掌握辩证唯物主义，不了解必然性与偶然性的辩证法。

马克思主义完全依据着必然性与偶然性相互关系的辩证法原理，科学地解决了社会生产方式、人民群众、个人在社会发展中的作用问题。马克思与恩格斯指出，社会生活一切领域中一切事件的发展，归根到底决定于经济的必然性；历史人物的出现也是由社会需要决定的。至于恰巧某个历史人物在一定时间内出现于某一国家，则是偶然性；这种偶然的因素不能从根本上改变历史必然性，但却能影响历史事变的局部外貌，能加速或延缓事变的进程。普列汉诺夫指出："总之，领导人物的个人特点能决定各个历史事迹的局部外貌，所以我们所说的那种偶然成分在这种事变进程中始终表现着相当的作用，但这种进程的趋势归根到底是由所谓普遍原因来决定，即实际上是由生产力的发展以及依此种发展为转移的社会经济生产过程中的人们相互关系来决定。"①

① 普列汉诺夫．论个人在历史上的作用．莫斯科：外国文书籍出版局，1950：40

唯物辩证法关于必然性与偶然性的原理对评价社会事件的意义还突出地表现在法学上。在刑法、民法、行政法、劳动法当中，为了确定某一违法行为的结果应负的责任，必须确定在违法行为及其社会结果之间是否有必然的联系。如果这两者之间没有必然的联系，通常是不担负法律责任的。例如，某甲伤害了某乙，而某乙在为他治伤的医院中因医院失火死亡。则在某甲的伤害和某乙的死亡之间没有法律责任。当然，如果某甲有意识纵火来烧死某乙，则某甲和某乙的死亡之间就有必然联系，某甲应负刑事责任（应当指出，某乙因医院失火死亡和某甲伤害之间没有必然的联系，并不等于说某乙的死亡和一切其他事件都没有必然的联系，并不是说某乙的死亡只是纯粹偶然性，而只是说某甲的伤害并不是确定不移地、必然要引起某乙被火烧死）。在刑法中，如果不能正确分析案件的偶然性与必然性，就可能造成重大的错误。

对于文学艺术家来说，唯物辩证法关于必然性与偶然性的原理对于观察生活和进行创作有很大的帮助。文学艺术家特别应当具有从生活的偶然事件中发现必然性的敏锐的本领，而且要善于通过具有偶然性的情节把生活中本质的东西表现出来。这一点又特别明显地表现在短篇小说、戏剧、电影上，因为它们的体裁比较短小，尤其需要通过一些"偶遇"、"巧合"集中地反映出生活的某一方面。俗语"无巧不成书"就在一定程度上说明了这点。但偶然性的运用也有两种情况：一种是在现实的基础之上即在不违反生活的真实的原则下运用偶然性，把偶然性用来表现生活中客观的必然性。这样运用偶然性就能更集中、更尖锐地表现出人物的性格和生活的发展。例如，契诃夫的许多短篇小说就成功地通过许多偶然的巧合尖锐地讽刺了帝俄专制政权的代表者。如他在《变色龙》这篇小说中从一条小狗偶然咬了金银匠这件事，写出了沙皇巡官的丑恶；在《小公务员之死》中由公务员偶然打喷嚏写出了奴才性的公务员的可悲命运。另一种是违反现实乱用偶然性，形成偶然性的堆积，在个别拙劣的惊险小说中就可以看到这种做法。

正确认识客观世界中的必然性与偶然性对改造世界的实践活动有重大的意义。

辩证唯物主义哲学认为，自然界和社会的必然性乃是客观的，是存在于人们之外并且不以人们的意识为转移的秩序。客观必然性在没有被人认识的时候盲目地、自发地起着作用，人们不了解这种作用，不能预见和控制这种作用，这时，必然性与人们的关系就好像"突如其来"的偶然性与人们的关系一样。而且，由于人们不能预见和控制这种作用，客观必然性又常常成为强制的、破坏的力量，成为奴役人们的力量。但人们在实践中可以发现这些必然性；在认识了客观必然性之后，还可以利用它们来为社会谋福利，可以为必然性开辟道路或限制它的作用范围。实践活动中的自由就是对必然性的认识和利用。恩格斯指出："自由是以对于自然必然性的认识为根据的、对于我们自己以及对于外部自然界的支配。"① 可见，自由首先是对客观必然性的认识；其次，自由乃是根据对必然性的认识在实践活动中有意识地运用它们，以达到一定的目的。

当人们还不认识雷电现象或洪水泛滥的时候，在这些方面人乃是自然力量的奴隶。雷电击毙人畜、毁坏房屋，洪水淹没庄稼，曾被认为是完全偶然发生的和绝对无法防止的。但是，随着科学的发展，人类了解这些现象产生的必然规律，并且学会了利用这种必然规律来安设避雷针和修筑堤坝的时候，就可以避免以前看来是无法防止的灾害，甚至可以使原来是破坏的力量转而为社会造福。例如，利用水力来灌溉田地，取得动力。这时人对自然界就获得了自由。

无产阶级当它还没有认识资本主义的本质，不了解资本主义灭亡和社会主义胜利的必然性时也是不自由的。这时无产阶级还是一个没有觉悟到自己历史使命的"自在阶级"，它与资产阶级作斗争的目的还只限于要求增加工资、缩短工时及改善劳动条件，这种经济斗争最多也只能在一定程度上改善无产阶级受奴役的条件而不可能消灭产生这些条件的基础。无产阶级受着贫困、失业的威胁，并且随时随地都可能遭到突如其来的似乎是"偶然发生的"破产、饥饿、灭亡的命运。总之，无产阶级这时是必然性的奴隶。但历史的发展必然会使无产阶级认识到自己的历史使命成为"自为阶级"，在科学共产主义思想指导下组成自己的政党，并为彻底消灭资本主义制度而进行斗争。无产阶级将实现社会主义革命，成为掌握社会发展和自己发展命运的社会力量。这时，人类将不再受社会生活中必然性的盲目作用的支配，而"从必然的王国进于自由的王国的飞跃。"②

资本主义灭亡、社会主义胜利的必然性是无产阶级阶级斗争的结果，离开了人们的实践活动，离开了先进社会力量的斗争，这一必然性就不能实现，无产阶级和全人类也就没有自由。社会领域内的任何必然性总是和人的活动相联系的。

在实践活动中，必须正确地估计到偶然性的作用。既然偶然性是必然性的表现形式，是必然过程的组成部分、环节或契机，偶然性能加速或延缓事变的进程，那么在我们的活动中，就可以利用某些偶然的因素来促成某种必然性的实现，或是防止某些性的因素来限制某种必然性的作用范围。

人们在自觉地为实现某种必然过程的斗争中，应当善于抓住各个有利的场合、机遇来促成这一过程实现，也就是要善于利用偶然性。前面已经提到，在同一种属的生物的生长中，它的每一个个体都包含着偶然的差异，这些偶然的差异有的是对人不利的，有的是对人有利的。我们可以把那些具有对人有益的偶然差

---

① 恩格斯．反杜林论．北京：人民出版社，1963：117
② 恩格斯．反杜林论．北京：人民出版社，1963：299

异的个体挑选出来并加以繁殖，即进行人工选择；经过长期的、连续的人工选择，人们就能获得新的、改良了的生物品种。这种选种法的实质就在于利用对人有利的偶然性促成生物的进化。例如，有一种短腿的安康羊，它是从长腿羊产生出来的。1791 年，美国马萨诸塞州的一个羊群里，偶然产生了一只像短腿狗那样的短腿长背的羊，后来人们把它加以人工培育，得到了安康羊品种。由于我国从古代就应用人工选择，所以我国的农业在许多方面有了成绩，如水稻就由此得到了改良。在目前的农业生产中，仍然广泛地利用选种法。

在社会实践过程中，也有这种利用偶然性事变的情况。在抗日战争初期，由于全国各阶层抗日情绪的高涨，抗日民族统一战线的形成是必然的。在 1936 年 12 月 12 日发生了张学良、杨虎城在西安扣留蒋介石的事件，这一事件对抗日运动的发展说不是必然的，而只是一个偶然的事件。当时，不同的社会力量对这一偶然事件有不同的态度：日本帝国主义者想利用这一事件来扩大中国的内战；汪精卫之流企图借此夺取蒋介石的统治地位；而代表广大中国人民利益和民族利益的中国共产党则利用这一事件来促进抗日民族统一战线的形成和抗日运动的发展。中国共产党英明地使西安事变和平解决，促成了抗日统一战线初步形成。这个例子乃是党的策略中，善于利用偶然性促使必然过程实现的最好范例之一。在党的历史中有不少这类的实例。

但应当注意，马克思主义对偶然性的利用和机会主义碰运气等待偶然性毫无共同之处。对偶然性的利用不是"守株待兔"，而是在对必然性的正确认识的基础上进行的，是善于把各种不同的事物汇合起来引导到一个总的方向上去。如果当时党没有看到抗日民族统一战线形成的必要性与必然性，因而也没有觉察到自己的领导责任，那么西安事变不仅不会成为促进抗日运动的因素，相反，它还会使内战扩大，妨碍抗日民族统一战线的形成。

另一方面，在实践活动中要注意防止那些可以防止的不利于人们的偶然性。例如，依据对自然界必然规律的认识，人可以用造防护林带、建蓄水池、种子消毒等办法，使农业不受风灾、旱灾、虫灾等不良因素的偶然性影响。在厂矿企业中，可以用加强劳动纪律，严格保安防火措施来避免偶然事故的发生。

对不利于人的偶然性的防止，也要以对必然性的正确认识为基础。人们越能掌握必然性，则偶然性所带来的破坏也就越少。

唯物辩证法关于必然性与偶然性的原理对我们认识世界和改造世界有很大的意义。但是，要真正在认识和实践活动的具体领域中运用这个原理，除了要掌握这个一般原理，还必须掌握某一具体领域的具体知识，并且善于把一般原理和关于具体对象的知识结合起来。唯物辩证法关于必然性与偶然性的原理并不是解决一切问题的现成药方，它是帮助我们解决问题的正确的、锐利的工具。

辩证唯物主义与物理学和化学的若干问题 *

本文是笔者在 1956 年为莫斯科大学社会科学教师进修学院的学员讲课时所用的讲义。

本文是由于考虑到社会科学的教师需要有关阐述自然科学中唯物主义反对唯心主义的战线上的现状的材料。自然科学的客观内容令人信服地证明了马克思主义哲学的正确性，证明了马克思主义哲学的巨大的、普遍的科学意义，因此，在讲授哲学和自然科学的课程时，应当充分地利用这些材料。

如果本文能在这方面提供即使是微小的益处，笔者就认为自己的任务已经完成了。

一、辩证唯物主义与空间，时间及引力的理论

1. 几个定义

大家知道，空间、时间和运动时物质存在的形式，没有无物质的运动，而物质的运动是在空间和时间中进行的。"世界上除了运动着的物质，什么也没有，而运动着的物质只有在空间和时间之内才能运动。"①

要研究物质的运动，必须弄清楚空间和时间的特性，相反地，为了认识空间和时间的特性，也必须研究物质的运动。

对物质运动的研究导致了有重大价值的发现——运动守恒规律的发现，这一发现是全部科学知识的基础。根据运动守恒规律，在物质发生任何转化时，运动既不能被消灭，也不能产生。

为了使这个论断具有确定的涵义并能给予实验的检验，必须能对运动进行测量。运动应当具有量度——用来说明某个物质体系的运动的多少的量的标志。很明显，如果没有这种量度，也就不可能谈论运动的不灭性。

运动的量度的发现说明什么呢？这表明，对各种运动（即运动的各种形式）

---

* 沙赫·巴罗诺夫．辩证唯物主义与物理学和化学的若干问题．陈昌曙译．北京：科学出版社，1960

① 列宁．列宁全集．北京：人民出版社，1957：179

确立了某种最一般的当量。换句话说，应当把运动的某一种形态或形式当作基础，而一切其他的形态应当和这种基本的形态作某种比较。

初看起来，选择哪一种运动形态作基础是没有关系的。运动的各种形式都能相互转化；热的、机械的、电的、重力的及其他的运动是相互紧密联系着的。在现代物理学中机械运动经常起着基本的运动形式的作用，把任何其他的运动形态同一定的机械运动加以比较，就可以得出表示某种运动形态的量的数值。

选择机械运动作为对一切其他运动起一般当量作用的基本形式，这并不是偶然的。正像上面已经指出的那样，不研究空间和时间的特性，就不可能研究物质的运动。但是，物质运动与空间和时间之间的联系，这是一个方面；另一方面，现代物理学正是在研究机械运动时最简易地把这种联系揭示出来。

机械运动——这是被考察的物体或物体群在空间中随着时间的推移所发生的位置的变化。任何物体的位置变化只有把它与其他的物体相对照时才能确定。换言之，机械运动是随时间推移而发生的物体的相互位置的变化。谈论任何单个的、孤立的粒子或物体的机械运动是没有意义的。可见，机械运动是相对的。

机械运动是相对的，同时又是绝对的和客观的，因为它不依赖于我们的意识；它是绝对的，因为在一定的物质体系中及在一定的条件下，它完全按照同一确定的方式发生。例如，炮弹的弹道、月亮环绕地球运行的轨道、地球环绕太阳的轨道都可以以极大精确性计算出来，而且我们的计算是与观测和实验的材料相符合的。

总之，机械运动是某一物体或物质质点相对于另一物体的位置变化。在物理学中，为了研究机械运动，建立了计算系统。计算系统——这是考察某个物体的位置时所相对的物体群。例如，如果知道了室内电灯与两个交叉墙和地板的距离，就可以确定电灯的位置，在这种情况下，两面墙和地板就起着计算系统的作用。

在研究机械运动的规律时，事物被看做是物质质点的集合。这里我们使用了"质点"这个概念，它表示什么呢？质点是与空间和时间有关的最简单的概念。为了表示出在某一时间瞬间内空间的一点，放置在那里的物质的物体就必须充分地小，这个物质的物体也就叫做物质质点。

在选择了计算系统之后，就可以用与一定的时间瞬间有关的三个坐标来定出其他物体的位置。

笛卡儿的直角坐标系统是最简单的坐标系统，它是由三根相互垂直的 X、Y 和 Z 轴构成的。我们强调指出，脱离物质物体的坐标系统是不存在的，任何坐标系统——直角的、球面的、柱面的、椭圆的、调和的，等等——都只有与一定的物质基础或计算系统相联系时才有意义。

有了这些初步的意见，就可以转入关于在空间、时间和运动的理论中唯物主义与唯心主义斗争的问题。我们打算先简略地说明唯物主义与唯心主义在过去的斗争的基本阶段，这样做使我们易于更好地了解问题的现状。

2. 古典理论发展以前的时期

关于空间、时间和引力的自然科学概念的发展史可以分为三个基本阶段：

（1）第一阶段包括由古代起至 15 世纪这段时期，相应于所谓空间、时间和引力的前古典概念。这些概念反映在亚里士多德（公元前 4 世纪）和亚历山大的天文学家托勒密（公元前 2 世纪）的著作中。

（2）第二阶段所包括的时期由 15 世纪初至 19 世纪末。这就是所谓空间、时间和引力的古典理论的形成和发展的时期，这一理论是由哥白尼、伽利略、牛顿及许多其他学者的著作所创立的。

（3）理论发展的第三阶段开始于 20 世纪的最初 10 年。阿尔伯特·爱因斯坦（1879～1955）是空间、时间和引力的现代理论的奠基人。

空间、时间和引力的理论与宇宙构成的观念有紧密的联系，因此，空间、时间和引力理论在其发展过程中的每一个时期都与宇宙结构学说发展的一定阶段相适应。

在古代和中世纪，学者们观测了行星在天空运行的难以捉摸的轨道，他们得出结论，认为宇宙是具有一个共同的中心的天体体系，这个中心就是静止的地球。根据托勒密的意见，距地球最近的天体是月亮，然后是水星、金星、太阳、火星、木星、土星，最后是那些恒星。行星和太阳作等速圆周运动，托勒密把这叫做本轮。除月亮之外，一切行星的本轮的中心又同样地绕更大的圆周——均轮——转动[1]。在行星之外是恒星天际，它以巨大的速度围绕地球转动，一昼夜旋转一周，至于在这个天际中的恒星本身则是不动的。

那么，托勒密的体系究竟只是与现实没有任何关系的人的幻想的表现，还是在这个体系中也包含有绝对真理的内核呢？无疑地，托勒密体系尽管有许多不完善的地方，它仍然是古代科学的巨大成就及其发展的必然阶段。它在当时可以足够准确地预见行星的运动，确定地球和月亮的距离，测量地球的大小，发现年代的长短，等等。它十分正确地说明了月亮围绕地球的运动，正确地说明了木星比火星距离地球更远，而土星则比木星更远，等等。

---

[1]

　　托勒密体系中的本轮和均轮如右图所示。其中小圆就是本轮，E 是本轮的中心，大圆就是均轮，其中心是地球，箭头表示运动的方向。——译者注同时，正像前面已经谈过的那样，托勒密体系是以关于空间、时间和运动的极不完备的观念作基础的。

在亚里士多德、托勒密及古代的其他一些学者的观念中，对运动的考察是与产生运动的原因、与运动的物质基础相脱离的。古代的天文学家只是在运动学的观点上关心运动，换言之，他们力图尽可能准确地想象和描绘天体的轨道，而撇开了产生按某种轨道运动的物理原因的问题。自然，在探讨天体运动（自然界其他物体的运动也是一样）时的这种纯粹运动学的，有局限性的看法，是与当时低下的科学水平一致的。

然而，只要科学拒绝解释天体运动的原因，宗教就会杜撰出这种解释。按照某些与托勒密同时代的人和他的继承者的意见，月亮、太阳、其他行星以及恒星天际的运动的原因，是超自然力量、神等等的干涉。这种唯心主义世界观利用了科学知识的局限性。

根据亚里士多德的观点，空间和时间是有限的。在他看来，在不动的恒星天际之外，即在天空之外，既没有空间，也没有时间，也没有运动。宗教信徒也在很大的程度上利用了处于萌芽状态中的科学的这个谬误，他们断言，在空间、时间和运动终结的地方，就是神仙世界的起点——神和一切"特殊人物"的住处。

在古代和中世纪，科学中还没有机械运动的物理相对性的观念，机械运动被认为是绝对的。按照世界体系的地球中心说的捍卫者的观点，地球是不运动的，它绝对地静止着；至于行星和地球则绝对地运动着，因为它们随着时间的推移而变更其相对于地球的位置。

在现代意义上的引力这个词——引力质量的相互引力——也是没有的。在古代，人们认为地球是自然界所有物体中最重的东西，所以任何其他的物体都不可能离开地球。地球处于世界的中心，并且"由于其重量永远不动，它承担所有的落下物"。

由于对引力的不确定的观念及不了解机械运动的相对性，不了解运动和静止的统一，把运动和静止割裂并把它们对立起来，这样就导致一个不正确的结论，认为地球静止于宇宙的中心。在这种基础上就发展了人类中心说这种唯心主义的学说，按照这种学说，人是由神按照自己的形象所创造出来的最高的存在，是宇宙的中心。

由此可见，与托勒密同时代的人在论证宗教时利用了他的空间、时间和引力学说中观念上有缺陷和不完善的地方。

3. 空间、时间和引力的古典理论

在建立所谓空间、时间和引力的古典理论方面，自然科学最初的进步是与发现机械运动的相对性原则有关的。

这个原则是伟大的波兰学者尼古拉·哥白尼（1473～1543）体系的奠基石。

哥白尼在其著名的论文《论天体的转动》中写道："……一切外表上的位置变化的产生，是被观测的物体或观测者的运动的结果，或者是这两者移动的结果，——不用说这二者的易懂应当是不相同的。因为，如果这两者即被观测的物体和观测者在同一方向上作同样的运动，那么运动是不易觉察出来的。"[1] 哥白尼为了说明这个原理引用了一个很著名的例子：在平静的水面上航行的船上的水手，看不出自己的运动。

哥白尼把机械运动的相对性的原则运用于天体的运动，从而否定了地球是宇宙的中心的观念。虽然，按照哥白尼的意见，世界仍然有一个中心并认为这个中心就是太阳，然而从哥白尼理论的本质和在当时所积累的实验材料中不可避免要得出结论：宇宙在空间上和在时间上是无限的，而且有人居住的世界是大量的。在哥白尼死后不久，加尔达诺·布鲁诺（1548～1600）提出了这个结论。这样就使人们对基督教教义的原则发生怀疑。

无论是宗教裁判对布鲁诺的火刑，还是地球中心说体系的拥护者的残酷迫害，都无法阻挡科学的前进。

哥白尼思想的发展使伽利列奥·伽利略（1564～1642）发现了惯性定律，并最终肯定了机械运动的相对性原则。伽利略还确定了一个有重要意义的事实，即重力加速度并不决定于重量，在这个基础上伊萨克·牛顿（1643～1727）在后来得出了惯性质量和重量质量相等的结论。最后，牛顿提出了机械运动的基本定律和万有引力定律。

这些发现导致了空间、时间和引力观念的根本变化。世界的地球中心说体系在科学上的毫无根据已被完全证实了。

在世界的地球中心说体系崩溃之后，在发现了机械运动的相对性原则和万有引力定律之后，以及由于一系列的天文学研究，科学得出了宇宙的延伸是无限性的结论。科学的这个成果是对人类中心说和基督教教义的沉重打击，它动摇了宗教的最重要的支柱，并迫使宗教世界观根本地改变其形式，以便与科学发展的新的水平相适应。

然而，也像从前一样，唯心主义力图利用自然科学知识在其新的发展阶段上的错误、缺陷和不足。在这方面，空间、时间和引力的古典理论的奠基人之一牛顿的观点是有代表性的。

根据牛顿的意见，应当把真实的或绝对的空间、时间及运动与相对的空间、时间及运动区别开来。虽然牛顿也承认空间和时间的客观性，但他把空间和时间

---

[1]　交集"尼古拉·哥白尼"．莫斯科：苏联科学院出版社，1947：199

说成是非物质的本体。在他看来，真实的或绝对的空间同真实的或绝对的时间不仅彼此之间没有联系，而且也与物质的运动没有联系。

牛顿写道："绝对空间在其本质上是与外界的任何东西无关的，它始终是永远同一的和不变动的。""绝对的、真实的、数学的时间，其本身并按其本质来说，与外界的任何东西没有丝毫的关系，它均衡地流逝着，否则就不能称之为持续性。"

在牛顿看来，与绝对的空间和时间相反，相对的空间和时间是同物质的物体及其运动相联系着的。相对的空间是空间的某一部分，它的位置可相对于某个计算系统加以确定。例如，地球的大气所占的空间位置，可以相对于地球来确定。按照牛顿的意见，相对的时间是借助于某种运动来确定的持续性的一定的度量。例如，1 年为 365 天是地球围绕太阳的运动来决定的持续性的度量，等等。

牛顿相应地把运动分为绝对运动和相对运动。绝对运动的产生相对于绝对的空间和时间，相对运动的产生则相应于相对的空间和时间。按照牛顿的意见，惯性力是绝对的空间和时间存在物理学证明，这些力产生在相对于绝对空间作加速运动的那些物体之中。

把空间和时间错误地理解为没有物质内容的、非物质的本体，开辟了通向唯心主义的捷径。因为如果存在着脱离物体的空间和不与物质过程相联系的时间，那么就会发生一个问题，它们是被什么所充满的呢？根据牛顿的意见，真实的、绝对的空间是无所不在的神的住所，这个神贯穿在整个宇宙之中，它赋予一切物体以引力的特性并控制它们的运动。神是一切物质的物体所固有的万有引力的原因，它传给这些物体以著名的"第一推动力"。

伏尔泰在法国宣传牛顿的学说时写道："牛顿的全部哲学必然导致承认最高的本体，这个最高的本体创造一切并自由地安排一切。例如，根据牛顿的意见（并同根据理性的思考），如果世界是有限的并且存在着虚空，那么物质就不是作为必然性而存在，它不过是某种自有原因的结果的表现。如果物质如同已经证明的那样，是具有万有引力的，但它按其本性并不能吸引，万有引力是它由神那里得到的。如果行星在空间中按照没有阻力的某个方向进行运动，可见它们的创造者的手绝对自由地控制着它们的流逝。"[1]

牛顿及其继承者的观点成为古典自然科学时间一些卓越的诗人的诗的灵感的源泉。例如，著名的俄国诗人捷尔沙文在其诗《神》中写道：

啊！你，无限的空间，

---

[1]　B. N. 爱因斯坦 . 物理学史 . 莫斯科：莫斯科大学出版社，1956：224

　　在物质的运动中生活，

　　时间永恒地流逝，

　　这就是神的三相，然实无相。

　　捷尔沙文本人对这一诗节作了如下的解释："除了我们正教徒所信仰的神学概念之外，作者懂得那形而上学的三体，即无限的空间，在物质的运动中不间断的生活，时间无终结的流逝——这三种是由神本身所兼有的。"

　　在谈到古典物理学中的空间、时间和运动的理论时，应当着重指出，上面所简略说明的牛顿的那些观点虽然对物理学的发展有巨大的影响，但这些观点决不能穷尽这一理论的内容。古典物理学在任何时候也不是什么同一的东西，在牛顿的时代，笛卡儿（1596～1650）的追随者——卡尔杰依乌斯主义的拥护者[1]——的观点也起着不小的作用，他们的观点是与牛顿的概念有本质区别的。

　　笛卡儿主义的拥护者们认为，不充满物质粒子的虚空的空间是根本不存在的；他们否认超距作用的可能性。所谓超距作用，就是两个彼此远离的物体在没有中间的物质介质参与的情况下，能够实现其相互作用。

　　伏尔泰写道"如果法国人来到伦敦，那么他就发现在哲学中，也像在许多其他的事物中一样，这里有着很大的差别。在巴黎，他处在充满实物的世界上，这里他却处于虚空之中；在巴黎，宇宙充满着以太的旋风，而在这里，在同一的空间中却作用着看不见的力；在巴黎，月亮作用于海的压力产生了涨潮和落潮，相反地，在英国，海吸引着月亮。对于笛卡儿主义者来说，一切都通过压力发生，正确些说，这是不完全清楚的；对于牛顿主义者来说，一切用吸力来解释，不过，这并不比前者更加使人明白。"[2]

　　在牛顿之后，在18～19世纪罗蒙诺索夫、洛巴切夫斯基、法拉第及其他许多学者的著作中，我们也发现了同牛顿及其正统的追随者的概念并不经常一致的关于空间和时间的观点。尽管如此，在17～19世纪中，牛顿的观点在空间、时间和引力的理论中占着中心的地位。

　　所以，我们可以总括起来作如下的说明，古典物理学的发展导致了更正确的空间、时间和引力观念的形式，新的观念给宗教的教条以致命的打击。同时，这些新的概念也有着重大的缺陷，空间和时间是与物质割裂并且是彼此相互割裂的，还没有把机械运动的相对性原则充分地弄清楚，不了解单个物体的机械运动是没有意义的。与万有引力定律的发现有关的科学的最伟大的进步也产生了新的

---

　　① 卡尔杰衣乌斯主义即笛卡儿主义，笛卡儿的拉丁名字就是卡尔杰衣乌斯。——译者注

　　② 库德列夫柴夫．物理学史．莫斯科：苏联教育出版社，1956：246

困难，因为引力的本质仍然是难以捉摸的。空间、时间和引力理论的这些缺陷和其他的不足，是受历史制约的和不可避免的，但它们为唯心主义世界观提供了条件，并且已被哲学唯心主义和神学所利用了。

4. 狭义相对论的物理学内容

辩证唯物主义以最彻底的和最深刻的形式表明了空间和时间的唯物主义的哲学观点。

马克思主义哲学形成于 19 世纪，作为这一哲学的基本原理的空间和时间概念，自然地也是从当时所积累的知识的全部总和中作出的概括和科学的哲学结论。这些观点所依据的科学知识材料，比古典力学所积累的科学知识要不可比拟地更加丰富得多。因此，马克思主义的空间和时间观点，就比牛顿及其门徒所主张的观点更加深刻得多。

空间、时间和引力的现代物理学理论的发展，不仅不动摇辩证唯物主义的观念，相反地，我们将会看到它还给辩证唯物主义的观念充实以深刻的、具体的内容。

在空间、时间和引力的现代物理学理论中，爱因斯坦的相对论点占据着中心地位。习惯上把狭义的或部分的相对论与广义的相对论加以区别，前者的原理是爱因斯坦在 1905 年所发挥的，后者是他在 1916 年提出的。在最近，人们常常认为最好把广义相对论叫做引力论。

相对论的产生，是由于发现了以研究古典力学规律（固体运动的规律）为基础所制定的空间和时间的古典观念不适用于电磁现象。

我们首先来谈谈狭义相对论的问题。

狭义相对论只限于考察物体相对于惯性计算系统的运动。

惯性系统的概念是在古典力学中制定的，惯性系统所指的是物体（或物体群）在没有外力作用的情况下作等速直线运动。可以想象，在没有外力作用的情况下，如果一切物体都处于惯性系统之中，它们都将以极远的距离分离开来。太阳系在很大的准确程度上可以看做是惯性系统的例子。

所以，惯性系统——这是按惯性定律运动的系统。物体的惯性系统被用来作为决定其他物体的位置的计算系统。例如，为了描述行星的运动就运用以太阳系的中心作为坐标原点，并以三个方向的恒星作为坐标轴的计算系统。

惯性计算系统比其他的计算系统有着更大的优越性，因为在惯性系统之中，物体运动的规律具有最简单的形式。在惯性计算系统中，物体的机械运动，以很大程度的准确性，服从能量、动量及一系列其他的力学数值守恒的规律。

大量的实验表明，在从一个惯性计算系统转移到另一个惯性计算系统时，力学的规律是不变的。换句话说，在惯性计算系统中的任何东西，都可以等价地用来研究任何物体或物体群的机械运动。所有的惯性系统在上述的情况下都是等价的（这并不意味着它们在一切方面都是相同的）。这个规律是实验的概括，它首先由伽利略所确定，因此在科学中称为伽利略的相对性原则。

其次，我们习惯的、日常的经验表明，在惯性计算系统中，下列的各个原理是正确的：

（1）在从一个惯性计算系统转换到另一个惯性计算系统时，物体的长度始终是不变的。任何物质的客体不论它是静止不动，或者是作等速直线运动，它在空间中的长度始终是同一的。

（2）任何力学过程所经过的时间在一切惯性系统中都是同一的，不论摆钟是静止不动，或者是作等速直线运动，它的摆动周期是不变的。

（3）我们生活在其中的空间是欧几里得性质的，即在这个空间中可以以很大程度的准确性，运用我们在中学就已知道的欧几里得几何学的规律。

这三个原理——长度的不变性（恒量），时间间隔的不变形及空间的欧几里得性——就是（不明显地）名为伽利略变换的公式的基础。如果知道了在某一个惯性计算系统中物质质点的运动及它相对于惯性系统之间的速度，运用这些变换就能够计算出物质质点在任何惯性座标系统中的运动。

让我们来考察两个惯性计算系统（图1）。我们用 A 表示一个惯性系统，用 B 表示另一个惯性系统，让系统 A 静止，而系统 B 以速度 X_A，Y_A，Z_A；而同一物质质点在计算系统 B 中的坐标相应地等于 X_B，Y_B，Z_B。

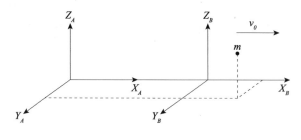

图1

我们在系统 A 中，用时钟 A 来决定时间 t_A，而在系统 B 中用另一个时钟 B 来决定时间 t_B。换言之，每一个计算系统都相应于自己的"地方时间"。对计算系统 A 和 B 采用笛卡儿的直角坐标形式，为了简单起见，我们使选定的坐标系统 A 和 B 在时间瞬间上一致，即 $t_A = t_B = 0$，而 X 轴的方向与速度 v_0 的方向一致。

这时，坐标的伽利略变换具有下列的形式：

$$X_B = X_A - v_0 t_A \tag{1}$$

$$Y_B = Y_A \tag{2}$$

$$Z_B = Z_A \tag{3}$$

$$t_B = t_A \tag{4}$$

前三个公式是由坐标系统 A 转换到系统 B 时物质质点的空间坐标变换的数学表示。第四个公式是时间变换的数学记述。

从伽利略变换中可以得出结论，物体的速度在不同的计算系统中是不一样的。例如，物质质点 m 在计算系统 A 和 B 中的 X 轴的运动速度是不同的。根据式（1），很容易看出：

$$v_x^B = v_x^A - v_0 \tag{5}$$

大家知道，速度是向量，即它是依存于方向的，在方向转变180°时，速度的标记要有负号的变化。如果 v_0 的方向与 v_x^A 的方向相同，那么 v_x^B 的值将等于 v_x^A 与 v_0 的值之差；如果 v_0 的方向与 v_x^A 的方向相反，那么 v_x^B 的值将等于 v_x^A 与 v_0 的值之和：

$$v_x^B = v_x^A - (-v_0) = v_x^A + v_0 \tag{6}$$

伽利略变幻的公式是以古典力学为基础的。例如，我们在中学在解决在河中的轮船相对于水或岸作顺流和逆流运动的问题时，就已经知道了这些公式。

日常的经验使我们确信伽利略变换是正确的，其中也说明了，物体在机械运动时彼此的相对速度的值取决于运动的方向。例如，如果两列火车彼此相向疾驰，比一车追赶另一车，它们彼此间很快就会接近起来。

人们问道，能否把这些观念运用于电磁现象呢？例如，光速的大小是否取决于它相对于地球的运动方向呢？如果伽利略变换在电磁现象的情况下也适用，那么很明显，与地球运动作反方向运动的光速的测量的数值，比光的运动方向与地球的运动方向一致时的光速的数值要大。在第一种场合下，光的速度和地球的速度应当相加，而在第二种场合下，应当从光的速度中减去地球的运动速度，也像火车运动的情况一样。

物理学家们在很长的时期中就企图解答这个问题，但由于实验水平及科学知识的理论水平不够而一直没有得到结果。因为光以极大的速度——299 790 千米/秒，即比地球围绕太阳的运动快 10 000 倍——传播，因此，为了解决这个问题，需要极仔细的、精确的测量。最初获得成功的是迈克尔逊和莫雷在 1887 年所进行的可靠的测量，它表明，光的速度并不依存于它相对于地球运动的方向，即光速在各个方向都是同一的，而这也表明，光速并不依存于光源的运动。这个惊人的结果在 70 年中经过了多次极为精确的检验，并且每一次都由实验得到了完全的肯定。依据现代的测量资料，在一切的惯性计算系统之中，光在真空中的速度都等于 299 790 千米/秒，而且，测量的误差为 1 ~ 2 千米/秒。

由此可见，实验得出结论，对于任何以惯性运动的物体来说，电磁过程

（光）在真空中都以同一的速度传播。光速是相同的，即对于一切惯性计算系统是通用的。

大家都知道，速度是距离与时间的关系。因此，对于一切惯性计算系统都相同的速度的存在，表明了在空间的量与时间的量之间有着某种普遍的联系。而如果空间的量与时间的量彼此有普遍的联系，那么由此就应得出结论，空间与时间之间存在着普遍的联系。

对空间与时间的普遍联系的发现也就构成了狭义相对论的本质。如果采用在一切惯性计算系统中不变的光速，那么考虑到光传播的规律，伽利略变换就应当用新的、更普遍的数学关系——所谓洛伦兹变换[①]——来代替。现在我们重新来讨论图 1 所标示的惯性计算系统 A 和 B。在这种场合下，洛伦兹变换具有下述的形式：

$$X_B = \frac{X_A - v_0 t}{\sqrt{1 - B^2}}; \quad Y_B = Y_A; \quad Z_B = Z_A \quad (7)$$

$$t_B = \frac{t_A - \dfrac{\beta}{c} X_A}{\sqrt{1 - \beta^2}} \quad (8)$$

其中 c 是在真空中的光速，$\beta = \dfrac{v_0}{c}$。如果惯性系统 B 相对于惯性系统 A 的位移速度（即 v_0）比光速 c 来说，其值很小，那么 $\beta \ll 1$，从而 $\sqrt{1 - \beta^2} \approx 1$，$\dfrac{\beta}{c} X_A \approx 0$，

---

① 洛伦兹变换的数学形式是由下列的一些要求中得出的（较详细的说明，例如，可参看，A. C. 康姆巴涅茨著《理论物理学》，1957 年版，第 183－186 页）：

（1）在用计算系统 A 和 B 的位置作转换时，变换不应改变其数学形式。

（2）如果物体的坐标具有有限的值，那么在变换的结果中，它们仍然是有限的。

（3）变换的公式应当满足光速对一切惯性计算系统都不变这一条件。

（4）如果一个计算系统对另一个计算系统的相对速度等于 0（$v_0 = 0$），那么变换的公式应当转变为同一的（$X_B = X_A$，$Y_B = Y_A$，$Z_B = Z_A$，$t_B = t_A$）。

前两个条件只有在线性变换公式的场合下才能满足，它们具有下列的形式：

$$X_B = \alpha X_A + \delta t \quad (\text{I})$$

$$t_B = \gamma X_A + \alpha t \quad (\text{II})$$

其中 α，δ 和 γ 是有相互关系的某些系数：

$$\alpha^2 = 1 + \delta \gamma \quad (\text{III})$$

第三个条件只有在下列情况下才能满足，如果：

$$\alpha = \pm \frac{1}{\sqrt{1 - \dfrac{v_0^2}{c^2}}}; \quad \gamma = -\alpha \frac{v_0}{c^2} \quad (\text{IV})$$

最后，第四个条件只有在 α 是正值时才能满足。把关系式（IV）和（III）中的 a（连同加号）γ 和 δ 的值代入方程式（I）和（II），我们就得到洛伦兹变换

在这种情况下，洛伦兹变换就同伽利略变换相符合。

如果我们利用洛伦兹变换，可以看出，在由一个惯性计算系统转换到另一个惯性计算系统时，物体的长度和过程所经过的时间间隔（律动）是有变化的，即它们都是相对的量值：

$$l_B = l_A \sqrt{1 - \beta^2} \tag{9}$$

$$\Delta t_B = \frac{\Delta t_A}{\sqrt{1 - \beta^2}} \tag{10}$$

这里，l_B 是以速度 v_0 作等速直线运动的棒的长度，l_A 是静止的棒的长度，Δt_B 是在以速度 v_0 运动的惯性系统中的时间间隔，Δt_A 是静止的系统中的时间间隔，$\beta \Rightarrow \frac{v_0}{c}$。

式（9）表明，运动着的棒在其运动方向上缩短了。从式（10）中得出的结论是：运动着的物质的物体中，过程所经过的时间延缓了。

因为物体的运动速度 v_0 与光速 c 相比通常是很小的，因而 $\beta \ll 1$。所以，在研究以低速运动的物体的运动时，洛伦兹变换的公式就简约为伽利略变换的公式。只有在物体的速度接近光速，或者在考察很大的距离和很长的时间间隔的情况下，这两种变换才有区别。

在对静止的体系做相对运动的体系中，长度的缩短和过程所经过的时间的延缓是由实验在实际上观测得到的。例如，静止的 μ 介子的存在时间大约等于二百万分之一秒，但如果 μ 介子作为宇宙射线的组成部分并因此具有接近于光速的巨大速度的话，那么，对地球相对静止的仪器就发现 μ 介子的存在期间有着显著的增加，作为宇宙射线组成部分的 μ 介子的存在时间比静止的 μ 介子的存在时间大约大 1.5 倍。这个事实令人信服地证明了狭义相对论的正确性。

应当着重指出，长度缩短和过程所经过的时间延缓是相对的，不是绝对的。在某个物质体系之中的同一个物理过程，只有在不同的计算系统中才以不同的方式表现出来，就好像机器的一个零件在各个方向的投影钟看起来有所不同一样。充分地考虑到这个事实，就成为狭义相对论的本质。

我们假如用测量地球上实现的过程的时间持续性的仪器来考察介子，那么，放置着介子的、与地球相对静止的仪器的读数，是同放有介子的、以接近光速的速度与地球相对运动着的仪器的读数不一致的。运动着的仪器所表明的地面过程所经历的时间，比从与地球相对静止的仪器上所得出的读数，要进行得比较慢些。

由此可见，为了得到关于物体的长度和过程所经过的时间的正确概念，必须估计到物体的运动与用来作相应的测量的仪器的关系。

把以研究电磁过程为基础所得到的结论加以概括，狭义相对论断定，在自然界的任何过程中，由洛伦兹变换所表示的空间与时间之间的联系具有普遍的性质，也就是说，这种联系对于一切运动形式都是正确的。这个概括是以下面两个论断作基础的：

（1）空间和时间的特性依存于计算系统，在计算系统中：①在没有外力作用的条件下，一切物体作等速直线运动；②在未被占有的空间中，任何类型的作用的传播规律所具有的形式，是同光在没有实物的空间中传播规律的形式相同的。

在相对论中，把这种计算系统称为惯性的计算系统，因此，相对论概括了伽利略–牛顿力学中存在的关于惯性系统的概念。

（2）作为一个整体的、闭合的物质体系的等速直线运动不影响在体系内部所发生的过程的进行。

因此，狭义相对论概括了仅只说明力学过程的伽利略的相对论原则，而能说明在自然界中发生的任何过程。这个论断就叫做相对性原则。

相对论使我们能更深刻地理解时间这个范畴的意义，理解时间与因果性范畴间的联系。大家知道，时间概念反映着一定的、不依存于我们的意识的事件的次序的存在。在任何过程中，都存在着一定，不依存于我们意识的事件的因果性联系，即原因和结果的一定的序列。时间概念的基本内容也正是这个事实的反映，时间是物质在其发展过程中所具有的、以事件的持续性和一定的顺序性来表现的物质的存在形式。

前面已经说过，在经典物理学中，时间具有绝对的性质，它假定在一切空间中都存在着划分过去与将来的同一的瞬间。这个信念的基础是假定事物之间在相当大的距离上有瞬间的相互作用的可能性。

假定，在某一个地方发生了一个事件，我们用符号 A 来表示，那么，就可以把世界上一切其余的事件分为过去的事件及将来的事件。

过去的事件——这就是在原则上或许能影响到 A 的那些事件，而 A 则在原则上不能影响这一事件。将来的事件——这是由 A 所影响的那些事件，而它本身则在原则上不能影响 A，在经典物理学中，整个宇宙中的全部过去的事件都以一个瞬间同将来的一切事件划分开来，而在这个瞬间中所发生的一切事件，都用"现在"这个词来表示。

相对论表明，仅仅用一个瞬间来划分过去的事件与将来的事件的观念是不正确的。实际上，在一切空间中的作用的瞬间传递是不可能的，因为任何速度都不能大于在真空中的光速。区分过去与将来的时间间隔取决于事件 A 和事件 B 之间的距离。在发生时间 A 的空间领域的附近，将来与过去是以很短的时间间隔来划分的，因此，我们觉得它是"现在"这个词来表示的时间间隔可能是很长的。为了明显地说明问题，我们假定事件 A 和事件 B 都是瞬间的闪光，并让闪光 A 发生于时间 t_A，闪光 B 发生于时间 t_B，那么，在这两个闪光中，那一个比另一个更早呢？

如果由 A 发出的光在到达 B 点时，那里正好发生了闪光，那么对上面提出的问题就只有一种回答：在这种情况下，闪光 A 比闪光 B 发生得较早；在这种情况下，闪光 A 相对于闪光 B 是过去的事件，反之，闪光 B 相对于闪光 A 是将来的事件。

但是，如果由闪光 A 发出的光还没有到达 B 点，那里就已经发生了闪光，那么，对于闪光 A 或闪光 B 那一个发生得较早的问题就不只有一种回答了。结果运用洛伦兹变换就很容易指出，在一个计算系统中应当认为闪光 A 首先发生的，而在另一个计算系统中首先发生的则是闪光 B。

我们举一个例子来说明上述的情况。假定闪光 A 起源于太阳，闪光 B 起源于地球，地球与太阳之间的距离等于 15 000 万公里，光走完这段距离的时间大约为 500 秒。可见，如果太阳与地球的闪光之间的时间间隔大于 500 秒，这时就有可能完全确定地回答那一个闪光较早发生的问题。但是，如果太阳与地球的闪光之间的时间间隔小于 500 秒，那么，这些闪光在时间上的顺序性问题对于不同的计算系统要作分别的解决。在太阳和地球上发生的、以小于 500 秒的时间间隔来划分的那些事件，在相对论中叫做准同时性的事件。也可以这样说，对于 15 000 万公里的距离来说，用"现在"一词所表示的时间间隔等于 500 秒。对于人们在日常生活中所接触的不大的距离来说，这个时间间隔要小许多倍，并且在实际上被认为是一个瞬间。

由此可见，从相对论中得出了事件同时性的物理相对性的结论。

总之，狭义相对的客观内容可归结为它确定了过去所不知道的空间和时间的特性，这些特性表现在洛伦兹变换的公式中，变现在空间、时间与运动的紧密联系的证明之中，表现在与空间和时间的特性的发现相适应的全部物理学规律的形成。

5. 狭义相对论中的唯物主义观念和唯心主义观念

我们已经看到，相对论使牛顿的空间概念被摒弃了，因为牛顿把空间和时间看做是与物质运动没有任何联系的、彼此脱离的抽象。由于牛顿力学的那些弱点曾被唯心主义所利用，因此，这些弱点的被揭露在客观上就意味着自然科学中唯心主义的旧有的支柱崩溃了，意味着科学中唯物主义派别取得了新的胜利，意味着直接地证实了辩证唯物主义的正确性。

相对论完成了空间和时间的物理学观点中的变革，它导致放弃某些根深蒂固的和习以为常的观念。虽然相对论的思想在本质上是极为质朴的和自然的，但由于它们的新颖而常常遭到不正确的理解。这样就为曲解相对论思想的客观内容，为用唯心主义精神来解释相对论的结论，造成了有利的条件。

这里，我们来考察物理学唯心主义者在企图利用相对论来巩固期唯心主义世界观时所采用的一些手段。

在相对论出现之后，唯心主义对唯物主义的空间和时间理论的进攻，首先针对着反对唯物主义地理解物理的相对性。唯心主义者对物理的相对性的理解可归结为下述的论断；物理的相对性意味着在自然界中所发生的物理过程的非客观性。根据相对论，长短和过程所经过的时间是相对的，它们依赖于它们所相对的计算系统，而物理学唯心主义者们却断言，这表明一切取决于观测者，取决于观测者如何感知自然过程。如果被观测者所研究的对象相对于观测者是静止的，那么它们的大小和过程所经历的时间是一回事，如果这些对象在运动着，那就是另一回事了。反之，问题也取决于观测者本身相对于被观测的客体是运动还是静止，在这种情况下，观测者所得到的关于过程所经过的时间和观测对象的大小的资料，也将有所不同。

唯心主义者就由此作出结论，说世界的状况在根本上是主观的，或者在很大程度上是主观的，因为它似乎决定于观测者的看法。

这里对相对论结论的捏造，首先就在于与测量被研究的物体的运动有关的计算系统，即物质的物体群，被偷换成观测者；其次，也是最主要的，对观测者的测量结果作主观主义的解释，用观测者的主观看法来说明观测所得到的结果。在这个基础上就为哲学上的相对主义的发展提供了条件。所谓哲学上的相对主义是否定绝对真理和客观真理存在的唯心主义学说，哲学上的相对主义断言，一切都是相对的，一切决定于观测者的愿望或主观感觉，没有任何绝对的和客观的东西，没有任何可以确信的东西。

实际上，空间距离和时间距离的物理相对性与自然界的客观规律时没有任何矛盾。列宁指出："对于客观的辩证法说来，相对之中有着绝对。"[①]

观测者是否存在，他这样或那样地进行测量——是与相对论的规律没有任何关系的。

相对论的规律时自然界的物体之间的客观的联系的反映，它们包含有绝对真理的颗粒，并且在这个意义上，它们是绝对的。

空间距离和时间间隔的物理相对性，这是由科学所巩固地确定了的事实。空

① 列宁．哲学笔记．北京：人民出版社，1974：362

间和时间间隔是相对的，但对于一切惯性系统来说，它们的变换规律是客观的和绝对的。借助由洛伦兹变换所表现的相对论的规律，我们永远能决定在任何惯性计算系统中空间距离和时间间隔的值。

我们已经指出，空间距离和时间间隔的物理相对性并不意味着空间和时间的全部特点的相对性。例如，相对论表明，所谓时空间隔并不是相对的数值，它在一切惯性计算系统中的值都是一样的。[①]

由上可见，唯心主义世界观采用了下述的手法企图利用相对论，这些手法是：以观测者偷换计算系统，断言空间距离和时间间隔的物理相对性表明了它们的非客观性，过度地夸大认识中相对性的因素。

唯心主义地捏造相对论的结论的企图，还不限于上面所指出的那些。

依据洛伦兹变换的公式，相对论得出了质量与能量之间存在着普遍联系的结论[②]：

$$E = mc^2 \tag{11}$$

式（11）中，E 是物质客体的能量，m 是物质客体的质量，c 是真空中的光速。

对自然界一切物质客体都适用的能量和质量对应规律的正确性的证实，乃是说明现代物理学肯定了辩证唯物主义世界观的正确性的著名的例证。

大家知道，质量是物质的惯性的度量，同时，也是由于引力场所产生的、并在这个场中受到加速度的、物质的力的度量；能量则是物质运动的量的度量。辩证唯物主义始终肯定，运动时物质存在的不可分割的形式，没有不运动的物质，也没有在物质之外的运动，式（11）表示出这个论断的物理学的论证。根据式（11），能量是与质量相对应的，一定量的质量永远相适应于一定量的能量，即对应于一定的物质运动的量。在自然界所发生的任何过程中，运动或能量的不灭性与质量的不灭性不可分割地联系着。式（11）可以运用于一切物理过程，其中包括像实物和场这样的物质形式的相互转化的过程。在这些过程中起重大作用的不仅是能量的质的变化，而且是质量的质的变化。在实物转变为场的过程中，在实物内部以消极的状态贮存着的能量和质量的巨大潜在量转化成积极的形态。例如，由于电子和正子的撞击，这些实物粒子的全部能量和质量就转变为光子的能量和质量，即电磁场的能量和质量。

---

① 在相对论中，所谓时空间距就是表示把两个事件划分开来的距离与划分这两个事件的时间间隔之间的联系的数值。令 c 等于光速，X_1，Y_1，Z_1 和 X_2，Y_2，Z_2 是某两个事件 A 和 B 发生所处的坐标点，并假定事件 A 发生在时间 t_1，事件 B 发生在时间 t_2，则 R 的值等于：

$R = \sqrt{c^2(t_1-t_2)^2 - (X_1-X_2)^2 - (Y_1-Y_2)^2 - (Z_1-Z_2)^2}$，这就是划分事件 A 和 B 的空间间距

② A. C. 康姆巴涅茨. 理论物理学. 1957：200~204.

　　然而，尽管在实物和场的相互转化时质量和能量发生了深刻的质的改变，能量的总量和质量的总量仍然不变，因此，用式（11）就可以成功地计算出实物转变为场和场转变为实物的过程。

　　由此可见，物质的不灭性表现为它的两个对立的特性——运动（能量）和惯性（运动）——的守恒定律。反之，能量守恒定律和质量守恒定律在式（11）的基础上被统一起来，成为一个能量和质量守恒的普遍规律，这个规律是物质不灭的物理学证明。[①]

　　物理学唯心主义者却对 $E = mc^2$ 这个方程式作了完全不同的解释。他们把 $E = mc^2$ 这个方程式看做是否定质量和能量之间的质的区别的借口。物理学唯心主义者毫无根据地企图把在能量和质量对应定律中所反映的质量和能量的物质统一，偷换成似乎由式（11）中所得出了能量和质量是同一的论断。

　　而且，他们还利用了爱因斯坦的个别的不正确的意见。爱因斯坦写道："质量并不是什么别的东西，而就是能量"。然后，物理唯心主义者们就在"质量"这个概念和"能量"这个概念之间画上等号，并且在这个基础上断言，能量和质量之间的区别是不存在的。例如，爱因斯坦理论的美国"通俗化家"之一巴尔涅特写道："……爱因斯坦证明，质量和能量是等同的东西：那些称作是质量的特性不过是集中了的能量。换句话说，物质就是能量，能量就是物质，它们之间的全部区别只在于临时的状态不同。"

　　归根到底，物理学唯心主义者宣称能量是唯一的实在，而仅仅用能量的形式取消了物质。

　　德国物理学家海森伯写道："我们在近几年来所获得的知识，使我们还是接触到原子论学说所固有的目标。人们在古希腊就希望找到，而为我们现在所知道的，正是在实际上只存在着一个基本的实体，由这个实体构成了一切的存在物。如果给这个实体以一个名称，它除了叫做'能量'，不能叫别的。"[②] $E = mc^2$ 的关系在物理学唯心主义者的手中就这样成为论证脱离物质的运动的手段。成为"证明"在物质之外的运动的存在，即"推翻"唯物主义的手段。

　　而且，物理学唯心主义者企图利用实物和场的相互转化过程作为似乎是证实他们的论断的例子。他们不顾物理的事实，宣称场是没有质量的、非物质的本体，把由实物到场的转化过程不正确地说成是物质湮灭即物质消灭的过程。

　　由此可见，唯心主义世界观在其反对唯物主义的斗争中，用直接捏造由相对

---

　　①　这段话的原文如此。大概是指，过去人们把能量守恒定律和质量守恒定律当作两个没有联系的规律，而相对论所发现的质量和能量对应的公式（$E = mc^2$）则把这两个规律联系起来。——译者注

　　②　B. 海森伯 . 原子物理学的哲学问题 . 1953：98

论中产生的结论的方法，力图利用这一理论。

我们再来考察一个常常碰到的对相对论结论的曲解。

在不久前出版的一本杂志中有一个幻想故事，其中描述了一个能够用接近光速的速度飞行的星际原子火箭飞机，在火箭中飞行的星际航行者渡过了整整一年的"火箭时间"并在这段时间内完成了由星际回到地球的飞行，而在这同一的时间中地球上却经过了12年。

这个故事是以不正确地利用相对论的结论为基础的。如果可以把地球和火箭都看成是惯性系统并对它们运用洛伦兹变换，那么，相对于星际航行者的年龄来说，地球上的居民也不会有丝毫的"衰老"。地球上的仪器实际上发现了火箭中所经历的过程延缓了，然而，正像 μ 介子的例子中一样。实际上，在上述的场合中，不能够讨论与地球相联系的计算系统和与火箭相联系的计算系统的等价性。这两个计算系统是非惯性的：地球以封闭的轨道围绕太阳移动；火箭的运动不是等速的，其在空间中的飞行是时而加速、时而减速的。因此，狭义相对论的结论在这种场合下是根本不适用的，为了探讨这个问题，就不能不转到广义相对论的立场上。科学分析表明，关于由现在"跳跃"到将来的可能性的结论，用广义相对论也是不能加以论证的。[①]

相对论以其客观内容完全肯定了、具体化了和发展了辩证唯物主义关于空间、时间和运动的观念。

某些唯物主义的哲学家由于没有估计到爱因斯坦的狭义相对论的进步的内容，因而把作者的个别的马赫主义的意见和对相对论内容的唯心主义的、错误的解释，当作狭义相对论的内容本身。因为他们不善于把唯心主义的糟粕同相对论的深刻的物理学的和哲学的内容区别开来，从而走上了否定相对论的物理学原理的道路。否定相对论的企图，是没有严肃的科学根据的，这种企图已经遭到失败并且在我国的期刊上受到了批评。

6. 在引力论中的唯物主义观念和唯心主义观念

现在我们转入所谓广义相对论或引力论的问题。爱因斯坦在1916年奠定了这一理论的基础，之后在一系列学者的著作中又发展了这一理论，其中福克院士的著作占有显著地位。

广义相对论的本质在于，它确定了空间、时间和引力之间更深刻的联系。这种联系反映在以下的基本理论原则之中：①引力在空间中以光速传播；②惯性质量在任何时候和一切地点都等于重量质量。

第一个论断具有直接的、明显的、巨大的哲学意义，它意味着抛弃牛顿的引

---

① A. B. 福克. 空间、时间和引力的理论. 1955：61～63

力论的观念，而牛顿的引力论认为在很大的距离内有着瞬间作用的可能性。引力在任何距离上的瞬间传递的假说会被唯心主义者利用来企图证明运动具有非物质的本性。抛弃引力的瞬间超距作用的观念还给唯心主义以另一个打击，因为它使关于运动和相互作用具有非物质的基础的全部论断失去了根据。如果在没有实物的真空即空间中，引力传播的速度尚不能大于光速，那么这就证明，真空也是作为物体之间重力作用传递者的物质的介质；没有无物质的空间，也没有无物质承担者的运动。

第二个论断——关于惯性质量同重量质量相等的论断——需要作一些解释。

什么是惯性质量和重量质量呢？惯性质量是物体受加速度时的力的度量，在力一定的情况下，加速度与惯性质量成反比。重量质量是由引力场所建立的，并在这个场的相互作用中所受到的力的度量，在引力场一定时，物体所受到的力与它的重量质量成正比。

伽利略就曾确定，在没有外力作用的情况下，一切物体以相同的速度下落。最近的物理学发展表明，伽利略定律可以表示为一个更普遍的形式："在同一的原初条件（即位置和速度）下，一切自由的物体，不论它们的质量如何，它们在引力场中都作相同的运动。"这个定律表现了引力的最本质的特点，并且很容易由此导出惯性质量和重量质量是相等的。

惯性质量同重量质量的相等，是这样一个习惯的事实，以致被人们当作是某种自明的东西而加以接受；甚至可以说，惯性质量和重量质量之间在本质上是没有区别的。然而，实际上却完全不是这样。惯性同由引力场所建立的力，这二者在本质上是物质特性的完全不同的表现。但这些特性的数量特征即质量，则是等值的，这一点已经由日常的实践和极准确进行的实验所证实了。

从万有引力存在的事实中不可避免地要得出扩展狭义相对论的范围的必要性，因为狭义相对论仅仅考察了惯性系即空间和时间的特性，而没有估计到引力场的作用。

我们已经指出了作为狭义相对论的基础的原理，按照这个原理，任何类型的作用在没有实物的空间中的传播规律与光的传播规律的形式是相同的。

在狭义相对论中假定，光在没有实物的空间中的传播是直线进行的。但光具有能量，而按照质量和能量间的对应定律，任何能量都与一定的惯性质量联系着，因此光也具有惯性质量；而且，惯性质量的值又等于重量质量，从而光也具有重量质量。根据万有引力定律，一切处于引力场中的质量，都要受到引力场的作用，它的运动在一般情况下将不再按直线进行，因此，可以预料在引力场中的光线也将不是直线的。

因为在没有实物的空间中永远有引力场存在，引力场是无限的，所以，光在没有实物的空间中的传播规律，应当与以狭义相对论为急促的规律有某些区别。但光的传播规律是空间和时间的特性的最重要特点之一，由此就应得出结论：引力场的存在应当与空间和时间的特性有某种联系。这也正是在引力论中所作出的结论。

按照引力论，如果在自然界中没有引力场，那么空间和时间按其几何特性是欧几里得的，即它们具有我们在通常的几何学——欧几里得几何学——中所知道的那些几何学的特性。引力物质的存在使空间－时间的几何特性越出了欧几里得①时空特性的范围。这种对欧几里得时空特性的逾越也就是引力场的表现。因此，引力场不是别的，而是空间和时间所固有的并由引力物质的存在所决定的特性。

现实的时空对欧几里得时空的偏离是与引力物质的分布和它们的运动紧密联系着的。这种联系在于：一方面，引力物质的存在决定了几何特性越出了欧几里得几何的范围；另一方面，这些几何特性之越出欧几里得的范围又决定了引力场中物质的运动。简言之，物质决定空间和时间的几何特性，而这些几何特性又决定着物质的运动。

利用引力论来巩固唯心主义世界观的企图是由两个方面进行的。

第一，唯心主义者企图证明，在自然界中不仅惯性系统是相对的，而且其他的任何计算系统也都是相对的。他们由此得出结论，认为到底是地球环绕太阳转动，或相反，是太阳围绕地球运动，这两者在原则上似乎是没有区别的。这种观点的拥护者宣称，从广义的引力论的观点看来，哥白尼体系的拥护者和托勒密体系的信徒之间的争论时没有意义的，因为哥白尼体系和托勒密体系是同样合理的。选择哪一种体系并不决定于事情的本质，而是决定于人们之间的协议，他们就是这样来论证其对自然界的主观唯心主义的观点的。

第二，他们企图利用引力论来证明世界在空间和时间上是有限的。这种论断的思想倾向不用多说是很明显的。

关于任何计算系统都同样合理的结论，以及由此产生的关于哥白尼体系和托勒密体系同样合理的结论，是由引力论的作者爱因斯坦所发表的。这些结论的基础是引力场和加速度场等效性的物理学原理，这个原理认为，永远可以选择一种加速度场（加速度的分布）使其与引力等效。

然而，正如福克所指出的，加速度场同引力场等效性的原则只是在很小的空间和时间的范围内才是正确的，对于大范围的空间和时间，它就失去了意义。

福克在发展引力论时指出，在现实中存在的任何质量分布都有其特别优越的

① 更确切地说，是类欧几里得特性，但这种区别对我们来说是不重要的

计算系统，这种技术系统是与这种质量分布的空间和时间的客观特性完全一致的。福克还指出，孤立的质量体系（假定宇宙中所有其余的质量都离得无限远或根本不存在）也具有特有的优越的计算系统。由此可见，在引力论中的哥白尼体系和托勒密体系的问题，仍像过去一样，以哥白尼体系的胜利而得到唯一的解决。[①]

现在我们转入考察与爱因斯坦的引力论有关的宇宙学问题，其中包括所谓世界的"有限性"问题。

在古典物理学中，经常把宇宙看成是漂浮在无限空间中的物质的"群岛"的形态。问题在于，万有引力定律似乎派出了在一切空间中含有相等的分布着的物质的无限宇宙存在的可能性。如果假定物质在全部的无限空间中平均起来作相等的分布，那么由牛顿定律就会得出结论，扩展于全部无限空间的物质的全部质量的引力，就会是更加无限的。分散在无限空间中的无数星球所发出的光线，就大概是无限光亮的，因为"天体发射出无限世界的火光"。然而，在自然界中却没有观测到这些现象。

另一方面，如果假定宇宙在其大小上是某种巨大的，但却是有限的银河系的集合，这种银河系的集合像群岛一样漂浮在无限的空间海洋之中，那么，仍然不明白，为什么银河系和组成银河系的星球到现在为止还没有消散和溜走，像在云彩中的水蒸气滴消散和溜走一样。

这些矛盾在引力论中得到了解决。假定，我们所讨论的是越出欧几里得几何学的大范围的现实空间，正像苏联数学家 A. A. 弗里德曼（1888～1925 年）所首先指出的那样，可以得出结论，即使在全部空间中物质作相等的分布的情况下，引力方式也只具有有限的解，即重力不可能达到无限的值。

如果假定宇宙中物质的平均密度等于

$$\rho = 4 \times 10^{-29} 克/厘米^3$$

即在相当于地球这样大的体积中，平均只有 0.04 克的实物，那么，根据引力论可得出结论，围绕我们宇宙应当是无限的。

如果假定宇宙中物质的平均密度要大 3 倍或 4 倍，那么这时由引力论所得出的结论是：空间是有限的并好像发生律动，即宇宙具有在时间上作周期性变化的有限的体积。

看来，对空间中实物的平均密度的实验计算表明，在围绕我们得宇宙范围内

[①] 在 M. Ф. 希洛柯夫的著作中更完全地解决了相对论中的特有优越的计算系统的问题，其中他证明了任何孤立的物质体系都有惯性中心存在。（见 M. Ф. 希洛柯夫著《论牛顿力学和相对论中的优先计算系统》，载于国家政治书籍出版局出版的文集《辩证唯物主义与现代自然科学》，第 59 页）

实物的平均密度接近等于 4×10^{-29} 克/厘米^3，因此，引力论是与宇宙无线性的结论不矛盾的。而且，在任何场合下，也不能证实宇宙有限性的意见。

可是，应当着重指出，决定平均密度 ρ 的准确性、暂性还是极小的，完全有可能得到更小的 ρ 的实际值。但是，即使在这样的情况下，如果弄清楚了宇宙中实物的平均密度上述的"临界"值要大若干倍，关于宇宙有限性的论断仍然是没有任何根据的。这意味着有另外的物质状态存在，它们是与我们所知道的物质状态在质上有区别的；这也仅仅说明，科学正处在新的、尚未确认的知识领域的起点。[①]

在弗里德曼所确定的形式中，引力论的最重要的结果之一就是关于围绕我们的宇宙的范围不断扩张的结论，也就是说，构成围绕我们的世界的全部银河系不断地从各个方向四散出去。

对于从遥远世界达到我们这里的光的特性的研究，证实了上述的理论结论。在现在，我们所看到的宇宙范围是一个不断扩张着的世界这一点，可以认为是已被明确地确定了。理论上的计算表明，大约在 40 亿年之前，银河系处于彼此相当接近的状态，因而它们通过引力的相互作用是很大的。有趣的是，用数字计算的地壳的年龄按其数量级也接近于 40 亿年。因此，理论得出结论，在 40 亿年之前，被我们所观察的宇宙领域的状态与现在的状态有重大的区别。关于这个状态，科学至今还不能说明，但是在任何情况下，断言这种状态的超自然性，断言有神秘的"世界起源"存在，都是没有任何依据的。这里，科学至今还处于尚未认识的东西的门前。

在评估引力论基础上得出的宇宙学结论时，必须注意以下几点：

（1）引力论对宇宙规模的适用性是没有争论的。"还有，对于宇宙规模来说，需要改变或综合这些方程式"（福克）。

（2）在引力论中所考察的宇宙范围（总银河系）不可能是"整个世界"的模型。把以研究部分宇宙为基础所得到的宇宙学结论加于全部宇宙之上的企图是没有根据的外推法。

（3）现代引力论只适用于这样的场合，即天体之间的距离是相当松弛的，也就是说，恒星和银河系在很大的距离上彼此远离。

爱因斯坦的引力论不适用于总银河系的那种状态，因为总银河系包含着比现

---

① 近来常常看到这样的观点，它认为，在离开我们的银河系很远的距离上，空间和时间的特性同我们所知道的特性有重大的区别，这些特性发生了质的飞跃。同时还指出，在 10^{-13} 厘米和 10^{-23} 秒这种很小的数量级的范围内，空间和时间的特性与我们所熟知的哪些特性相比也有质的不同。（例如，见斯维捷尔斯基：《物理学中时空观念的哲学意义》，1956 年列宁格勒大学出版社版，第 268 页；P. A. 阿尔诺夫：《论时间和空间的间断性的假说》，《哲学问题》1957 年第 3 期，第 80 页）

在更加彼此极其接近的恒星系或银河系。因此，在引力论（在其现代形式中）的基础解决几十亿年之前的总银河系之中所发生的那些过程的问题的企图，是没有科学意义的。这种企图经常被用来作为简历关于宇宙产生的唯心主义假说的借口，这种唯心主义假说是在资本主义国家中培植出来的。在恒星系彼此接近时期中的我们的总银河系之中所发生的那些过程，只能在实验和理论研究进一步发展的基础上，其中也包括在空间、时间和引力理论向前发展的基础上，才能加以说明，并且也将会得到说明。

7. 小结

现在我们来作几点结论。用空间、时间和引力理论发展的全部历史过程中，唯心主义顽固地力图利用在科学发展过程中所产生的困难来巩固其立场。

历史表明，在空间、时间和引力理论中的唯心主义观念利用了，第一，对空间、时间和引力理论的自然科学原理的意义的错误的、即与实际内容不符的理解；第二，在理论发展的每个阶段上发生的、受历史制约的和不可避免的理论本身的缺陷、漏洞、不确切性和错误。

从空间、时间和引力理论中作出唯心主义结论的特别适合的条件，当然是由以剥削为基础的社会所产生的，因在这种社会中，唯心主义是占统治地位的阶级的世界观。

历史同时还表明，在空间、时间和引力理论的发展过程中，唯心主义的结论逐渐地、一个接一个地被克服了，唯物主义必然地取得了胜利。在现在，这个理论的发展使辩证唯物主义的观念得到了证实、具体化和深刻化。其次，自觉地运用辩证唯物主义的思想和方法，越来越成为进一步顺利地发展理论的必要条件。

空间、时间和引力理论的发展是证实列宁的下述预见的正确性的光辉例证之一。列宁预见，物理学正在走向而且不可避免要导致唯一正确的方法和唯一正确的哲学——辩证唯物主义。[①]

二、辩证唯物主义与量子论的问题

1. 引言

在第一部分大体上讨论了相对论的哲学问题，现在我们来研究量子论的哲学问题。19～20世纪所产生的这两个理论，不仅深刻地改变了物理学的观念，而且也深刻地改变了许多一般性的科学概念。同一学者常常既在相对论中，又在量

---

① 列宁. 列宁全集（第14卷），北京：人民出版社，1957：330

子论中完成了出色的研究工作。例如，爱因斯坦之享有盛名不仅由于他是相对论的创始人，而且还由于他是热容量子论的奠基人，由于他是量子统计学的建立者之一。福克之获得声望也不仅是由于他在引力论方面的卓越著作，而且也由于他在量子论方面的工作，其中包括他在完成原子的电子壳层的构型计算的方法——所谓哈特尔-福克方法——方面的工作。

尽管在相对论和量子论的研究之间看来似乎有这样密切的联系，但是，这两个理论到现在为止彼此间还很少联系。

诚然，在量子论中运用了狭义相对论的结论，但广义相对论，更确切地说，是引力论的成果，到目前为止，差不多还没有在量子论中得到运用。著名的法国物理学家德布罗意在 1953 年写道："……到现在，这是并不奇怪的，现代物理学的两个伟大的理论——广义相对论和量子论——还没有任何接触，彼此之间没有任何联系，而必须在将来把它们综合起来。"①

所以并不奇怪，在相对论和量子论中唯心主义观点和唯物主义观点之间的斗争，虽然有其理论认识根源和社会根源上的共同性，对于每一种理论说来，这种斗争还具有明显的表现上的特点。如果说，在相对论中唯心主义的进攻一开始主要是把相对主义绝对化（即夸大认识过程中的相对性的作用）的方面进行，以后又在唯心主义地解决宇宙论问题方面进行，那么，在量子论中唯心主义者则主要地攻击决定主义的原则，他们企图由此证明，现代物理学引起了决定主义的毁灭，从而也导致了唯物主义的崩溃。

在转入观察和批判对量子力学关系的意义的唯心主义解释之前，我们先简单地说明一下量子论的客观内容，以及这一理论对辩证唯物主义世界观的意义。

2. 量子论的客观内容及其对唯物主义世界观的意义

现代量子论是包括以量子力学、量子场论、量子统计学、量子化学作为基本部分的科学体系。在现代的量子论中占中心地位的是量子力学，即关于质量极小的粒子（微观粒子）的运动的理论，这些粒子是：电子、正子、介子、质子、反质子、中子、原子核和原子。

大家知道，真正的科学理论是在科学实验的基础上产生的，并且是分析和概括科学实验所得到的成果，量子论就正是这样的科学理论。量子论的科学价值和作用首先在于它对于基本粒子的运动和特性有关的许多现象和过程能作出正确的预见并能在量上加以计算。

量子力学的产生是由于对光和实物的相互作用的研究。在 1887 年，发现了光电效应——在投射光束的作用下使金属表面的电子跃出的现象。在当时，大家

---

① 见《量子力学中的因果性问题》，1955：29～30

公认光具有波动的特性，然而用光的波动特性却不能解释光电效应。以后，对热体辐射的实验研究得出结论，在这种辐射的光谱中能量的分布也是同经典理论的预言完全不符的。事实表明，光并不像人们在过去所想象的那样能够以任何的、甚至是随便怎样小的分量与实物发生相互作用，而只能以严格一定的、有限的量与实物发生相互作用。德国物理学家普朗克（1858～1947）在其1900年所发表的量子假说中注意到了这种情况，并且在量子假说的基础上，普朗克从理论上完成了对黑体辐射光谱中能量的计算，并能与实验完全一致。

我们这里的任务不是要叙述量子论所经历的途径及其所达到的成果，而只限于指出作为量子论的来源和促进其发展的实验研究的一个特点。

作为量子论的基础的实验并不能提供关于个别粒子的运动的完整的知识。作为量子论的基础的实验材料所表明的是大量粒子的总和的平均运动的准确的、相同的特点。至于单个的、个别的粒子的运动，从作为量子论的基础的实验材料中，所能作出的只是关于单个粒子作某种运动的概率的结论。换言之，作为量子论的基础的实验具有统计研究的性质，它们所提供的只是表明基本粒子运动的统计平均数值。

我们举两个例子来阐明上述的情况。元素光谱、特别是氢光谱的研究对量子论的发展有巨大的意义。在研究氢和其他元素的光谱时，顺利地发现了光谱线分布的规律性，以后，量子论阐明了这些光谱线。光谱研究的特点在于这种研究是对大量的原子进行的，与测量结果有关的并不是一个确定的氢原子，而是大量的氢原子。

威尔逊的云室实验可以作为我们考察的第二个例子。在云室中可以直接地观察或拍摄个别带电粒子的轨迹，当带电的粒子通过水的或任何其他液体的过饱和蒸汽时，就在其途径上形成了由蒸汽构成的微观小滴，描述出带电粒子所沿着运动的轨迹。

乍看起来，在这里我们正好得到了详细地考察个别粒子的运动的可能性，然而在事实上事情却不是这样的。实际上；我们在研究由云室中拍摄的粒子的轨迹时，所得到的仅仅是粒子的平均运动的观念，这种平均运动的产生是由于数子与数万个蒸汽分子相互作用的结果。问题在于，带电粒子的大小与在云室中表现这一粒子的轨迹的液体的许多小滴相比是很小的。如果我们有可能更详尽地研究云室中的粒子运动，那么我们就会看到，粒子的速度在其数值和方向上有着跳跃性的变化，因而使速度具有极不相同的值。详细地说，粒子的运动是不平衡的，只不过这种对平均值的偏离-涨落——是相互补偿的。

为什么粒子运动的速度会发生涨落呢？这种现象出现的原因在于：粒子运动的速度能够按照一定的分量——量子作不连续的即跳跃性的变化，微观世界中的运动受量子规律的制约。粒子运动之所以产生跳跃性的变化，是由于它们同周围的介质有着相互作用，而且相互作用的传递是以有限的分量——量子来实现的。

总之，作为量子论的基础实验具有统计的性质，它们所提出的只是判断个别的、单独的粒子作某种运动的概率。很明显，量子论既然是对实验结果的概括，也就不可避免地要保持其实验所固有的最重要的特点，因此，量子论是统计的理论，它提供计算个别粒子的某种速度、某种位置的概率的可能性，对于处于同一状态的、由大量相互独立的粒子所组成的系统的特性，或者说量子系统的特性，则能提供准确的结论。

在量子力学中，用波函数中表示微观粒子的状态，在一般情况下，ψ 取决于粒子的坐标和时间。这个函数的物理意义是什么呢？波函数与粒子状态的概率有关，只要知道了波函数，我们就能确定在一定外部条件下粒子呈现各种状态的概率。

以氢原子的波函数为例。大家知道，氢原子是由带正电的核和一个带负电的电子所构成的。氢原子在其基本的（即原子具有最小能量时的）、经常的状态时的波函数具有以下的数学形式：

$$\psi = const \cdot e^{-r/r0} \tag{12}$$

式中 $e = 2.71\cdots r$ 是电子与质子间的距离，r_0 是某一固定值，我们即将看到，r_0 的物理意义表示氢原子中电子和核之间或然率最大的时距离。波函数本身并没有明显的物理意义，而函数 $(\psi)^2$ 则有明确的物理意义，它就是所谓概率密度。这意味，

$$4\pi (\psi)^2 r^2 d r = d w \tag{13}$$

决定在与氢原子中心（即质子）相距为 r 的位置上，电子存在的或然性。

如果把式（12）中的 ψ 值代入式（13）并算出在各个不同的距离 r 上的概率值 $d w$，就可以清楚地看出，甚至在氢原子处于最低的能量水平、即处于基本状态的情况下，电子在原则上仍可以处与于质子相距的任何距离之上。

但存在着一个距离 $r_0 = 0.529 \times 10^{-8}$ 厘米，即接近一亿分之一厘米的一半，电子在这个距离附近的存在，比起其他的距离来说，具有最大的概率。在离开质子过远或过近的距离上，电子存在的概率在实际上等于零。

因此，量子力学得出了关于原子中电子运动的本质上新的结论。按照玻尔的旧理论，在氢原子中（对于基本状态来说）电子的运动是沿圆周轨道进行的，这个圆周的中心是质子，半径为 r_0（图2）。

量子力学对原子中的电子轨道并不给予任何说明，它所能确定的仅仅是相对于质子的电子的各种位置的概率。图3可以表示处于基本状态的氢原子的结构。电子好像是核的四周的空间中的"云雾"，它的位置在每一瞬间都是

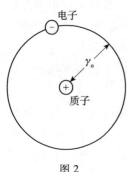
图2

不确定的。在现在，还不清楚电子在原子中怎样地围绕着核运动，所知道的仅仅是在空间中电子的各种位置的概率，这种概率可以用波函数计算出来。

"波函数"这个术语的产生可以解释如下：

微观粒子不仅具有微粒的特性，而且具有波动的特性；微观粒子的运动遵循波的衍射或干涉的规律，并且只有在知道了波函数之后才能作出计算。

总之，波函数——在量子力学中用来作为反映微观粒子运动的手段的基本数学函数——按其物理内容来说，具有统计的意义。

对个别粒子进行的实验，其中包括由苏联物理学家毕别尔曼、法布里康苏施金的实验表明，波动特性的表现无疑是单个粒子所固有的，而与大量粒子的是否同时

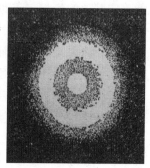

图 3

存在这一点没有关系。然而，在有处于同一量子状态的许多独立的粒子即所谓量子系统存在时，基本粒子的波动性就特别明显。波函数同样决定着量子系统的特性，并且在这个意义上，量子力学可以看做是运用量子系统的理论。同时，波函数对处于一定的外部条件的个别粒子的特性给予或然性的说明，因此，量子力学又是微观客体的个别量子状态的统计理论[①]。

正像在本部分开头所说过的那样，量子论的发展不仅在掌握微观世界的规律的意义上取得了重大的实际成就，而且还极大地影响到许多一般性的科学概念。

在量子物理学产生之前，物质被分为实物和以太，以太是有弹性的、无重量的、不变的、不可见的、充满于全部空间的液体。量子物理学则抛弃了关于以太的形而上学的观念，并代之以物质的场的概念——电磁场、介子场、电子－正子场等。量子物理学破坏了粒子之间的壁垒，也破坏了粒子与场之间的壁垒，揭示出场和粒子的统一性。按照现代的观念，粒子即电子、质子、介子、光子，是场的特殊形式，而场又是粒子的特殊形式。量子物理学就得出了关于一切基本粒子的普遍的相互转化的结论。

由此可见，量子物理学对于深刻的相互联系的存在，对于物质的一切形式的矛盾统一，对于连续性和非连续性的物质的表现的统一，给予了物理学上的证明。不能不把这些结论看作是对辩证唯物主义思想光辉的论证、发展和具体化。

指出以下情况是很有意思的。现代量子物理学关于粒子是场的特殊状态的结论与引力论的某些结论具有共同的特点，按照引力论的结论，引力质量是引力场的特殊状态。可以设想，在将来，也可能就是不久之后，量子物理学和引力论将

---

① A. 索科洛夫，Д. 伊万年科. 量子场论. 北京：科学出版社，1952：180～193

被概括成一个统一的理论，这一理论所确定的不仅是一切的场和粒子有着普遍的相互转化，不仅是引力场与空间和时间有深刻的、紧密的、物质的联系，而且还能确定其他的场与空间和时间也有这样的联系。

在量子物理学产生之前，人们认为在绝对零度（－273.16℃）的条件下，粒子的运动将完全停止；而且还认为，在真空中没有实物和光，没有运动。他们由此得出结论，认为在绝对零度条件下的固体的原子，以及没有电磁波的电磁场，大概都要失去其运动，它们应当处于完全静止的状态。

量子论指出了这些论断的错误：即使在绝对零度的条件下，固体中粒子的运动也不会终止，还有所谓"剩余的"或"零度的"运动存在；即使在没有光子的条件下，电磁场也有着零度的振动，或者说，场在这时也具有"零度的"能量。

如果说相对论从力学中派出了绝对静止的观念，那么量子论就结束了在经典物理学中存在的没有运动的物质状态的观念。这样，辩证唯物主义关于运动是物质的不可分离的存在形式的学说就得到了新的科学论证和进一步的具体化。

量子物理学表明，在19世纪中广泛流传的、否认原子的实际存在的实证主义者的企图，是没有科学根据的。唯物主义者与唯心主义者之间关于原子和分子的现实性的争论以唯物主义的胜利而得到了最终的解决。已经查明，在长时期内被认为是物质的最简单的粒子的原子（"原子"这个词就表示是"不可分的"），在实际上具有复杂的结构。其次，随着量子物理学的发展，还弄清楚了原子的各个组成部分也具有其结构，基本粒子的特性看来是真的不可穷尽的。例如，电子具有电荷、质量、磁矩，具有确定的平均直径，能够弥散成光，能够与正子相互作用并转变成光量子或光子，在电子回旋加速器中的高速度下能偶发光等。这就完全证明了辩证唯物主义关于物质的深度的不可穷尽性的著名原理[①]。而且，量子物理学的全部发展就是人在认识自然和利用自然规律为社会谋利方面有着不可穷尽的、实际上是无限的可能性的光辉例证。在量子物理学领域中多年来所进行的深刻的理论研究和实验研究，不仅显示出抽象的科学意义，而且还促成了原子能的获得，展示了人类社会生产力发展的无限广阔的前景。

3. 对量子物理学中的唯心主义结论的批判

总之，包括量子论在内的量子物理学乃是证实人的认识的无限可能性的最卓越的例证之一。然而，也并不奇怪，正是量子论在三十多年中被唯心主义者用来

---

① 列宁在其《唯物主义和经验批判主义》一书中曾写道："电子和原子一样，也是不可穷尽的；自然界是无限的，而且它无限地存在着。证实绝对地无条件地承认自然界存在于人的意识和感觉之外这一点，才把辩证唯物主义同相对主义的不可知论和唯心主义区别开来。"（《列宁全集》第14卷，北京：人民出版社，1957：277）

"证明"人的认识的可能性是有限的，这真是与科学发展完全矛盾的历史讽刺！

那么，唯心主义者是在什么基础上利用原子论为其服务的呢？

唯心主义世界观利用量子论来巩固其立场的企图，首先是依靠了量子论在其认识微观粒子的本性的过程中所碰到的困难。

我们稍微详细地来探讨一下这个问题。我们已经说过，粒子的波函数的知识提供决定粒子在空间的各个领域中所在位置的概率。正像前面所说的那样，从理论和实验中，我们所能决定的只是原子中电子的各种位置的概率，只是原子能量的各种变化的概率，只是原子辐射或吸收光量子的概率。而我们暂时还不能回答在空间和时间中电子的每一种运动是怎样发生的问题，暂时还不能解释被原子辐射和吸收的光在其细节上是怎样实现的——在量子论的目前条件下，这些问题暂时还是不清楚的。

实验和量子论得出结论，不能把基本粒子看成是比尘屑小几十万倍那样的东西，基本粒子的运动与尘屑的机械运动有着显著的区别。例如，与尘屑相比，基本粒子不具有同时准确的确定的位置和运动速度，微观粒子的运动的特点在于它受所谓海森伯的不确定关系的制约。如果用 Δq 表示粒子位置上的不确定性，用 $\Delta \rho$ 表示速度（更确切些说是冲量）的数值中的不确定性，则按照海森伯关系，

$$\Delta \rho \cdot \Delta q \geq h/2$$

式中 $h = 1: 05 \cdot 10^{-27}$ 尔格·秒，即普朗克常数除以 2π，符号 $\geq$ 表示"大于或等于"。

前已指出，量子论和实验表明微观粒子不仅具有微粒性，而且也有波动性；微观粒子的运动与光的传播相似，这种运动也无例外地受衍射和干涉的规律所制约。但暂时还不清楚，粒子的波动性和微粒性的综合在其细节上是怎样实现的。

可见，量子物理学虽然已经揭示出微观粒子的一系列重要的特殊本性，但还没有解决关于个别微观客体的特性和结构的许多问题。在这里，也像在其他的知识领域中一样，科学都面临着尚未查明的境地。然而，不管个别的微观粒子有着怎样的特性，不管这种粒子的运动规律不应当导致否定那些已被明确地建立了的、经过实践检验了的科学原理。例如，我们可以确信无疑地说，粒子的运动应当在空间和时间中进行，它们的运动规律是客观的，这些规律并不取决于认识它们的研究者的意志。

列宁指出："正如关于物质的构造和运动形式的科学知识的可变性并没有推翻外部世界的客观实在性一样，人类的时空观念的可变性也没有推翻空间和时间的客观实在性。"[1]

---

[1] 列宁. 列宁全集（第14卷）. 北京：人民出版社，1957：179

这就是对待量子物理学的专门原理的唯物主义观点，我们可以说，这是最科学的观点。

玻尔、海森伯、狄拉克以及在量子论领域内工作的许多其他的著名物理学家，则在他们的著作中提出了完全不同的看法。这些学者和另外的许多物理学家从量子物理学所揭示的微观粒子的上述的不寻常的特性中，进一步作出了破坏唯物主义的基本原则的结论。实质上就是企图"借助"量子物理学来论证唯心主义的世界观。

我们知道，唯心主义世界观在其基础上是虚妄的。由量子物理学中（也像由任何科学中一样）所作出的唯心主义结论，如果不制造科学上的错误，是不可能得到的。玻尔、海森伯、狄拉克和其他的物理学家们论证唯心主义世界观的企图，不可避免地与利用错误的原理有关。应当着重指出，这些学者的著作中的物理学结论在基本上是正确的，因为它们是实验的客观概括并能正确地预见现实的过程。这些物理学家的错误的哲学结论是他们在推理的过程中所赞同的不正确的哲学原则所造成的结果。这里包括：利用康德的先验主义，捏造偶然性和或然率的概念，在数学公式的迷雾中忘掉了物质，实证主义的"可观测性的原理"，以及其他等等。我们不可能详细地分析物理学唯心主义者利用唯心主义的方法论的一切方式，而只限于在各种方式中指出两种看来具有最明显地位的方式。

在量子论领域内工作的物理学唯心主义者在其推论中经常地利用所谓"可观测性的原则"，特别是利用一种众所周知的唯心主义学说，按照这种学说，偶然性和或然率都不是客观的。量子力学的奠基人之一、德国物理学家马克思·波恩断言："偶然性可以理解为不过是对主体的期待"。根据波恩的意见，或然率没有客观的内容，它不过是观测者的期待的尺度；至于微观粒子，它们也不是在空间和时间中存在着的物质的客体，而只是借助波函数表示的或然率的分配，作为或然率的分配，它们是主观的，像这样的分配，可以按照观测者的愿望突然地加以改变。

这些观点与关于微观粒子在空间和时间中的运动是有确定的规律性的次序的观念是根本对立的。从这些观点中所得到的结果是微观粒子的运动似乎不遵循因果性的原则。

例如，我们来考察著名的英国物理学家狄拉克在他的"量子力学原理"一书中所发表的意见。狄拉克作为一个大物理学家，在量子物理学的发展中作出了巨大的贡献，很自然地，他在物理学中不可能一贯地坚持其唯心主义的俗见。在狄拉克的著作中，常常会碰到本质上是唯物主义的原理。同时，狄拉克又认为，可以肯定在量子论中占统治地位的是"非决定论的原则"，即与物质过程的因果联系的观念有原则的分歧。

狄拉克的推理过程是这样的：科学只有通过观察和实验才能认识任何物质客体的特性，因此，根据狄拉克的意见，科学仅仅与被观察的东西打交道（由此就提出了可观察性的原则），而任何观测都不可避免地要引起所研究的对象的状态发生改变。在古典力学中由于所研究的对象是较大的，因此，在测量时所引起的它们的状态的改变，比较起来是微不足道的。而在量子力学中情况就不一样了。这里，研究的对象——电子、质子、光子等——是很小的，在观测时所不可避免地要带来的那些变化，不管它们的大小程度如何，都会对研究对象的状态产生重大的影响。例如，我们可以用胶片在某一时间瞬间中拍摄自由运动着的电子的位置，但这样做的结果，就将使我们不得不对电子运动的速度带来无法计算到的改变。因此，仍然没有弄清楚这个电子的运动速度，于是，电子的状态也将是不完全正确的。而如果我们建立了可以准确地记录电子的速度的仪器，那么又不得不放弃确定电子的所在位置，电子状态仍然是不完全清楚地。对于能够全面地和确切地表示微观粒子的特性的全部数值（坐标、速度等）作同时准确的测量时不可能的，观测所得到的仅仅是各种状态的或然率。按照狄拉克的意见，既然或然率是无原因的和非客观的，那么，在微观世界中也就没有客观的、规律性的事件序列，并且由此作出了量子物理学中决定论原则的崩溃的结论。

狄拉克写道："从这些推论中所得出的结论是，我们应当重新审查我们关于因果性的观念，因果性的规律只能适用于未被扰动的系统，如果体系很小，那么不在其中引起急剧的扰动，就不可能对它进行观测，因此，也就不能期望在观测的结果之间存在着什么因果性的联系。所以，在量子论中起作用的是原则上的非决定论，这种情况与都受因果性交配的古典理论的观点是完全不可比拟的。总之，量子论所能计算的不是观测的结果，而只是我们在进行观测时所得到的某种结果的或然率"。

总之，根据狄拉克的意见，因果性的原则在量子论中遭到了破灭，而且这还意味着唯物主义的同时破灭，因为因果性的原则是唯物主义世界观的最重要的支柱之一。

狄拉克的在量子论中决定论原则破灭的错误结论是以或然率和偶然性的非客观性这个不正确的观念为依据的。这种观念又是与用机械论世界观的精神、用拉普拉斯观点的精神对决定论作不正确的理解相结合的。我们较详细地来看看这个问题。

在18世纪和19世纪前半叶，力学在其发展中大大地超过了物理学的其他领域，并且成为机械唯物主义世界观的自然科学基础。按照机械唯物主义世界观的观点，可以把一切事物、整个世界看做是物质质点——原了——的总和，每一个物质质点的运动都遵循力学的规律。如果知道了物质质点的坐标，它在某一时间瞬间的速度以及作用在质点上的力，那么这一质点的运动就完全被决定了。任何物质质点在空间中的位置、它的速度、及作用于它的力，在原则上都可以任意准确地加以确定，而且如果它们已经确定，则物质质点以后的命运就可以由已知的力学规律作出推算。在机械论者看来，既然自然界中的一切物体都可以看成是物质质点的集合形态，那么自然界中一切物体的命运都严格地和同一地被古典力学的规律所预先决定。

机械论者认为，由此可以得出结论，决定论的原则排除了偶然性，在自然界中所发生的一切事情都是预先所决定了的。在这种看法的范围内，偶然性就是无因果性，偶然性没有客观的意义，而不过是我们还不认识事物的本性所造成的结果。

随着时间的推移，由于电动力学和物理学的其他部分的发展，在力学规律的基础上解决一切自然过程的企图行不通了。然而，把决定论原则机械地、局限地、狭隘地理解成否定偶然性的原则仍然根深蒂固地存在着。但在实际上，决定论的（因果性的）原则丝毫也不意味否定偶然性，无论如何也不能把它归结为断言自然界中一切过程都是同一的预先决定了的。

因果性原则表示在现象之间存在着特种的联系，正是由于这种联系的存在，一个现象引起了另一个现象，或者说，它是另一现象的原因。因果性的原则断定，在自然界中发生的任何现象都有其原因，即都由另外一种现象的作用所引起。原因和结果之间的联系可以表现为必然性的形式，也可以表现为偶然性的形式。必然性表示原因和结果之间的确定不移的、一贯性的联系，必然性就是不可避免性；偶然性则表现现象之间、原因和结果之间的非确定不移的、非一贯性的联系。

偶然性与必然性是紧密联系的。在每一个现象中，既有必然性存在，又有偶然性存在。例如，在玻璃瓶中加热气体，在加热时气体分子的平均速度不可避免地要增大，在加热与气体分子的平均运动速度之间的因果联系表现为必然性的形式。但这并不表示在加热的过程中所有的气体分子的速度都加大了，加大的只是平均速度，相反地，某些（虽然比较起来是较少的一部分）分子的速度则可能减小，可见，加热与气体的个别分子的运动速度的因果联系是以偶然性的形式出现的。

如果把气体看作是由大量粒子构成的物体，那就可以用气体动力学的理论作出关于某一个任意选择的分子的某种运动速度的或然率的结论。这时所得到的或然率的数值完全不是任意的，这些数值完全确定地、一义地取决于气体的温度和体积，取决于分子的特性。这里同样也表现出偶然性和必然性的统一。

现在我们重新回来讨论狄拉克的结论。很容易看出，关于量子物理学中因果性原则破灭的结论是没有根据的。正是量子物理学本身恰好也证明了微观世界中存在着确定的因果联系。例如，这种因果联系表现为施列丁格尔方程式，这个方程式可以准确地计算表示微观粒子的状态的或然率随着外部条件和时间的一定的变化所发生的变化。因果性的原则在这里仍然表现为偶然性与必然性的不可分割的联系。在量子物理学中的或然率，也同其他科学领域中的或然率一样，是不取决于研究者的意志的，它是客观的和决定论的。微观粒子状态的或然率可以由实验和在理论上加以确定。在量子力学中遭到破灭的只是关于因果性及其表现形式的唯心主义观念和机械论的观念。

当然，对偶然性和或然率的唯心主义理解，不仅在阐述量子论问题的哲学唯心主义者和物理学唯心主义者的著作中可以碰到。这种理解有着极为广泛的流传，在或然率的数学理论中尤其有着长久地、稳固的滋长。

然而，唯心主义者只是在他们企图歪曲科学的内容和"论证"唯心主义世界观的时候，才利用或然率概念不具有客观内容的观念，也就是说，这时暂时还没有产生实际运用或然率概念的需要，还没有在科学研究或生产活动过程中产生的需要。只要事情一接触到实践，关于偶然性或或然率非客观性的一切议论，很快就被忘记了。在实践中，或然率的定义完全只有一个意思，它表示在同一条件进行多次试验时各种偶然事件出现的相对的和稳定的频率。例如，打靶命中的或然率取决于命中次数与射击总次数的比，这时的条件是：射击次数很多，射手是同一的，而且全部射击在同一条件下进行。或然率可以从理论上或者从实验中发现，它的数值即使在最小的程度上也与观测者的心情和期待没有联系，这些数值仅仅取决于实验条件和被研究的对象的特性。

可见，实践最好地驳斥了关于或然率和偶然性的唯心主义观念，驳斥了以这些观念为基础的关于微观世界中因果性原则的不适用性的结论。

现在我们稍微详细地来考察所谓"可观察性的原则"。这一原则的内容可归结为如下的论断：物理学所研究的只是被观测的过程，而既然观测是由主体进行的，那么物理学在极大的程度上其基础是主观的。

"可观察性的原则"在海森伯和玻尔的哲学结构中占有重要的地位。海森伯的论断可归结如下：量子过程受不确定关系 $\Delta\rho \cdot \Delta q \geq h/2$ 的制约，从这一关系中可以得出结论，可以观察的不过是量子粒子的冲量 ρ 和坐标 q 这两个不确定的值；冲量的知识越准确，则坐标的知识越不准确。反过来也是一样；坐标或冲量的准确程度取决于观测者的意志。根据海森伯的意见，既然物理学只与观测的间接结果有关，而对量子粒子的观测结果又似乎决定于观测者的意志，那么量子粒子本身的状态，即在观测者意志之外的状态，就是不能确定的。

海森伯断言："作为古典物理学的对象的是客观的事件，对这些事件的观测对它们的存在不发生作用；而在量子论中，由于它所考察的那些过程在观测它们的瞬间中（其实是在观察过程的那一段时间中）好像被激发起来，因此，关于这些过程的物理学论断是没有意义的。"①

可见，不确定性、任意性在微观世界中起支配作用，$\Delta\rho\cdot\Delta q\geqslant h/2$ 的关系是在微观世界起支配作用的"不确定关系"的数学表示。按照海森伯的意见，量子粒子不是物质的客体。

海森伯写道："现代的物理学的不可分的基本粒子所固有的占有空间的特性，比如说，并不比其颜色和坚固性的特性更加充分。在实质上，基本粒子并不是在空间和时间中存在着的物质的构成物，而仅仅是符号，这种符号的引用赋予自然界的规律以特殊的纯粹的形式。"② 因此，物质消灭了，剩下的只是一些方程式。

海森伯的关于微观世界本性的唯心主义结论，在这种场合下，乃是由于不正确地假定科学观测的结果是主观的，即认为科学观测的结果取决于观测者的意志。大家知道，在实际上事情恰恰相反，只有客观的研究材料才具有科学的价值，在科学分析中一切主观的东西都被仔细地清除出去。选择一定的实验条件在某种程度上取决于观测者，也只是在这个范围内并到此为止，量子粒子的观测结果才决定于观测者的意志。只要实验条件一经确定，观测者就不能影响坐标、冲量或其他任何表示微观粒子状态的值的观测结果。如果改变实验条件，观测者就得到新的测量结果，并从而探求认识微观客体本性的新的可能性，探求认识支配微观客体的运动规律的新的可能性。因此，唯心主义关于意志自由和不确定性在微观世界中似乎占统治地位的结论是没有任何根据的。微观世界的粒子运动，也像宇宙的任何其他的物质客体的运动一样，是有规律性的和确定的。

我们现在来看看玻尔的论断。他的论断按其内容说与海森伯的论断十分接近，区别主要是在形式方面。玻尔在形式上提出了更彻底的结论，他借用了或者更确切地说重复了海森伯的"不确定原则"，提出了所谓"互补原理"。

大家知道，有两种实验装置可以用来研究微观粒子的运动，一种装置可以准确地判定粒子的冲量，但不可能确定粒子在空间中的位置；相反地，另一种装置可以准确地判定粒子的位置，但不可能确定它们的冲量，这两种装置是互相补充的。不可能同时准确地测量粒子的冲量和位置时微观粒子的运动所特有的规律性之一，仪器分为两类也是客观的事实，这说明微观粒子具有特殊的特点，说明微观粒子与受古典力学规律支配的宏观物体的区别。

而玻尔却作了另外一种论断。根据玻尔的意见，既然仪器是由物理学家所选

---

① 海森伯. 原子论和自然科学. 1936 年哥丁根大学出版，德文本
② 海森伯. 原子物理学的哲学问题. 上海：商务印书馆，1953：49

择的，那么测量结果就带有主观性，量子论的问题归根到底就是主体与客体的相互联系的问题。在玻尔看来，仪器之划分为两种互相补充的类型，乃是在自然界和社会中似乎起作用的普遍的"互补原理"的结果之一。玻尔企图断言，仪器之划分为两种互相补充的类型，应当看做是必须抛弃因果性原则的物理学的证明（因为仪器的选择是主观的）。由此出发，就要求抛弃关于微观粒子是不依赖于观测者的意识而存在的物质客体的观念。

如果注意到，只有客观的测量资料才对科学有意义，那么玻尔的唯心主义哲学结论之完全没有根据就是极为明显的了。例如，假定我们选择照相胶片作为研究微观粒子的工具，在排除了胶片附近的空气而且没有外部电场和磁场的情况下，落到照相胶片的乳剂层上的粒子会引起胶片变黑，这样，照相底片提供出发现粒子在某一瞬间的位置的可能性，粒子的冲量则仍然不知道。在没有外部电场和磁场的条件下，胶片可能决定的只是粒子在它与胶片相互作用时的位置，这种情况是不依赖于研究者的意志的客观事实，测量的结果所反映的只是粒子的特性和胶片的特性，——当然，实验的进行应当是正确的。可以把照相装置放在外部电磁场中并把它重新加以安排，使它有可能同时既测量粒子在它与胶片相互作用时的位置，也测量粒子在它与胶片相互作用时的冲量。这时，按照不确定关系 $\Delta \rho \cdot \Delta q \geq h/2$，测量粒子坐标的可能的准确性就减小了；在这种情况下，测量的结果也完全不依赖于观测者的意志。在新的的测量条件（引入外部场）下，微观粒子的运动具有新的特征，这个事实客观地、合乎规律的、不可避免地表现为新的实验结果。

由此可见，各种互相补充的实验装置的存在，丝毫也不动摇微观世界中的因果性原则。相反地，科学运用各种装置，得到了在微观世界中起支配作用的客观的因果联系的多方面的研究资料。

4. 量子物理学中唯心主义观点传播的原因

许多有才能的物理学家在量子论领域内完成了一系列重要的研究，作出了一系列有重大价值的发现，这些发现永久地被载入物理学和整个自然科学的史册中，然而却得出了有关量子论的内容的唯心主义结论，这种情况应当怎样解释呢？

玻尔、海森伯、波恩、约尔旦和狄拉克以唯心主义的精神发挥了对量子论的解释。以玻尔和波恩为首的哥丁根和哥本哈根的物理学家学派以及以狄拉克为著名代表的英国物理学家的剑桥学派对量子论的解释也是如此。

初看起来，可以说，这里的情况似乎是偶合的。但无论是哥本哈根的物理学家学派的首脑玻尔，也无论是哥丁根大学中物理学家小组的首脑波恩，在其哲学观点上都是马赫的追随者。海森伯和约尔旦则是波恩和玻尔的学生和战友。狄拉克是在剑桥大学中成为学者的，爱丁顿、秦斯和其他许多学者在剑桥大学中有很大的影响，这些学者不仅以其自然科学的研究出名，而且还以其马赫主义的哲学观点著称。此外，狄拉克又与海森伯和玻尔保持着密切的接触。自然地，比较年轻的一辈——海森伯、狄拉克、约尔旦——不仅从他们的老师那里接受了自然科学知识，而且也承受了他们的哲学信仰。

例如，海森伯在其一篇论文中叙述了量子力学的唯心主义解释是怎样制定的：

"我们应当把理论（即量子论——引者）的理论认识基础中的哲学见解首先归功于玻尔。从 1926 年夏天起，我在哥本哈根的玻尔所在的学院中工作，由于差不多天天都有可能与他谈论量子论的困难，并且听取他关于应当从物理学的观点合理地重新解释所建立的计算方法的意见。这时，我力图尽可能地遵循古典物理学的直观概念，即对电子采取粒子的概念，又是在数学关系所造成的不得已的情况下，这些与讨论电子有关的概念才加以改变。同时，相反地，玻尔却倾向于以波和粒子概念之间的二元论作为重点。为此，我们主要是讨论了一些想象中的实验，在想象的实验中可以很好地研究所运用的概念的合理性，我们以这种心情对自己的问题紧张地工作了好几个月。我们的讨论只是在黄昏之后才开始，在玻尔的学院中我住的阁楼上的舒适的房间里进行，并且常常拖延到半夜，并且，有时由于在玻尔的屋里喝了一杯烈性的葡萄酒之后，对量子论的头脑不清，而使这种讨论以完全失望告终。这样，我们从不同的途径达到了各自的目的。我们并不是经常很容易地就得到一致的明确性，这可能是由于玻尔在 1927 年 2 月一个人到挪威休假去了。这时，我一个人特别研究了想象的实验，几年之后，在哥丁根大学学习的一个同志、著名物理学家德鲁德的儿子像我提出了想象的实验的问题：为什么不能用高倍显微镜，例如用可以描述 γ 射线的显微镜，来观测原子中电子的轨道？对这种实验以及对其他一些想法的讨论很快就得出了所谓不确定关系。在玻尔回来之后，我同他谈到了这一点，我们同样没有立即找到解释理论的共同语言，因为在这段时期中玻尔发挥了并协的概念，并企图借助它来思考波和粒子的图景之间的相互关系。但很快就明确了，在对量子论的理解上我同他在基本上是意志的，这时，在论中一切看起来是矛盾的东西都消除了……简言之，新的量子论并不直接与自然界发生关系，而只与我们关于自然界的认识发生关系。"①

总之，初看起来可能以为量子力学中唯心主义解释的形成在基本上是偶然的结果，因抱有唯心主义哲学观点的人们在领导研究工作。然而这样就不理解，为

---

① 海森伯. 原子物理学的哲学问题. 上海：商务印书馆，1953：115～117

什么玻尔、海森伯和波恩的观点虽然已经受到爱因斯坦、德布罗意和施列丁格尔的批评，虽然像普朗克和拉乌埃这样的大物理学家也反对这些观点，然而在1927年在布鲁塞尔召开的索尔维会议①上对量子力学的唯心主义解释仍然站住了脚甚至取得了表面上的胜利。

无疑地，如果问题只在于这些观点的产生或多或少不过是情况的偶然结合，那么它们就不可能经受住来自20世纪初的物理科学的最有权威的许多代表人物的批评斗争。

造成量子论中唯心主义观点广泛传播的主要原因有如下述：创立量子论的物理学家们不了解辩证唯物主义，旧的机械论的观念在新的事实的压力下垮台了，物理学家们失去了坚实的唯物主义原则，很容易地受到资产阶级社会中占统治地位的唯心主义哲学影响的支配，何况，他们当中的很多人早就醉心于马赫主义的观点。

自然而然地，量子论中的唯心主义观念得到了在资本主义国家中占统治地位的社会阶层的全力支持。例如，臭名昭彰的种族主义者斯穆茨将军在1931年认为可以把海森伯的不确定原则作如下的表述："唯物主义在实际上消失了，必然性的独断的权威是极其削弱了。"纳税主义者克鲁特·威列布朗特在1935年宣称：如果"在关于原子的研究中出现了自由的原则"，这样就可以建立起一种摆脱了"普遍性神话"而与"科学的创造者的血统和种族"相联系的科学②。

法国的资产阶级的新闻记者赛尔万·施拉依别尔于1949年在《世界报》——法国资产阶级的报纸——上毫不掩饰地宣称：唯心主义的"原子物理学原则"表现了西方的民主的政治制度的一般本质。

最后，我们引用著名的英国社会学家贝尔特朗·罗素关于英国物理学家爱丁顿和其他一些学者所发表的意见。罗素认为，这些学者"力图求助于我们对原子的行为的无知，来拯救人的意志自由"。贝尔特朗·罗素认为，这些学者的意见"与其是作为学者严格科学地发表的，不如说他们是希望捍卫美德和所有权的善良的公民"。他补充说："由于1914～1918年的战争及以后的俄国革命，一切谦虚的人都成了保守分子，而大家知道，教授们在其本性上是谦虚的人。"③

如果不考虑与事情无关的教授的谦虚问题，就不能不指出，这里对物理学唯心主义者的政治内幕的供认，尤其是来自罗素的供认，是有价值的。罗素按其观

---

① 索尔维会议是为纪念比利时的工程师和资本家索尔维而召开的科学会议。索尔维确立了制造碱的氨化法

② 引自论文集《量子力学中的因果性问题》中法赛尔的论文，1955：142

③ 引自论文集《量子力学中的因果性问题》中法赛尔的论文，1955：143

点来说是一个非决定论者和保守分子，他无疑是熟知资产阶级教授的心情的人。

罗素的意见再一次证明了物理学中的反对唯物主义的斗争的阶级实质，这种实质是列宁所多次地加以指出过的。列宁写道："只要回忆一下欧洲各国经常出现的大多数时髦的哲学流派，从那些和镭的发现有关的哲学流派起，到那些正在竭力想拿爱因斯坦学说作根据的哲学流派止，就可以知道资产阶级的阶级利益、阶级立场及其对各种宗教的扶持同各种时髦的哲学流派的思想内容之间的联系了。"[①]

由此可见，对上面所提出的问题的回答是很清楚的：在量子论领域内工作的许多大物理学家转向非决定论立场的客观原因，就是十月革命之后在资本主义国家中急剧加强了思想反动，就是不知道辩证唯物主义的原理，就是由量子物理学的发展所引起的机械论观点的最终崩溃。

5. 量子论发展中的几个流派

从现代量子力学的基础建立起至今已有 30 年了，而量子论则大体上已有 50 多年的历史。在最近几年的量子论的发展中可以看到哪些流派（如果首先注意事情的哲学方面）呢？试图回答这个问题是很有意思的。

量子论的中心问题——为什么波函数 ψ 所能计算的只是微观粒子的各种状态的或然率——至今为止还没有完全被弄清楚。然而，随着量子力学的发展，这一点是越来越明确了，即现代量子论在解决单个的基本粒子的运动的问题时，只是近似的。

量子电动力学得出结论，所谓真空或虚空，就是处于特殊隐秘状态或潜在状态的粒子的无穷集合，这些潜在的粒子、电子、光子、质子都处于振荡的状态之中。每一个实际的、非潜在的粒子都被许多潜在的粒子包围着，实际粒子的运动受潜在粒子的显著影响。现代量子论不可能研究微观粒子同围绕它们的潜在粒子间的个别的相互作用，它所能计算的只是微观粒子的各种运动的或然率。

随着物理学成功地得入到原子核领域之内，就弄清楚了，现代量子论对原子核中在 10^{-13} 厘米（即比原子小 10 万倍）的距离级上所发生的过程不能给予满意的解释。这一理论对光在这段距离中通过时所需要的时间间隔（10^{-23} 秒）也不能夸耀其作用。

因此，怎样使量子论的发展得以转入研究在 10^{-23} 秒的时间间隔中和在 10^{-13} 厘米的距离内所发生的过程、得以转入研究个别的量子跳跃的规律的问题，就提到日程上来了。

这个问题的提法本身就与用唯心主义解释的量子力学相矛盾。在对量子力学

①　列宁. 列宁全集（第 33 卷）. 北京：人民出版社，1957：199

关系作唯心主义解释的情况下，关于可能研究个别量子过程的一切思想，都被认为是不能容许的，因为这种想法同"不确定原则"有矛盾。

近几年来，在外国物理学文献中有许多这样来改造量子力学的尝试，这种改造已经展示出对个别量子过程作理论研究的前景。首先，问题在于要力图证明所谓"隐参数"即反映个别量子过程的一些数值的存在。为此，发表了许多量子力学的新方案，这些方案主要是由美国和法国的物理学家德布罗意、波姆、费舍、费伊曼等所提出的。围绕这些著作掀起了强烈的争论。对于引入"隐参数"的假定来改造量子论的尝试，现在来判断其成功或失败，还为时过早。但可以有把握地指出，只要物理学家认真地从事对个别量子过程问题的研究，那么他必定会解决这个问题。在现在，不仅是苏联的物理学家们表示了这种观点，在资本主义国家中的量子物理学的许多代表人物也反映出这种观点。

在这方面，现代量子论的奠基人之一，著名的法国物理学家德布罗意的观点所经历的演变是值得注意的。在量子力学发展的初期，直到 1927 之前，德布罗意站在唯物主义——确切地说是机械唯物主义——的立场上。以后，在 1927 年，在索尔维会议上与玻尔等人讨论之后，他转到了非决定论的立场上并开始宣传玻尔和海森伯的观点。德布罗意在其不久前所发表的一篇论文中指出："在 25 年中……我力图用或然率的解释（按照玻尔和海森伯对量子论的解释——引者）使各种观点确切化，并可以用亲身的实验加以证实，这并不经常是容易的任务。"在现在，德布罗意重新坚决地抛弃了玻尔和海森伯所赞同的哲学立场。①

应当指出，德布罗意虽然已经抛开了唯心主义观点，但他至今还未站到辩证唯物主义的立场上来。他像许多外国物理学家一样，仍然把唯物主义的决定论原则同拉普拉斯精神的机械论原则混为一谈。

在资本主义国家的物理学家们的著作中，甚至在专门的学术性著作中，目前也可以碰到一些和辩证唯物主义的看法极为接近的观点。

例如，美国物理学家波姆在 1952 年所发表的一篇论文中写道："……我们宁愿与实证主义的假设相矛盾，因为这种假说只把现在可以观测得到的东西说成是实在的。我们在这里提出另外一种观点，看来它是与从科学研究的全部实验中所得到的结论更加符合的。这种观点是基于以下的朴素的论断：在世界整个说来是具有无限复杂的结构的客观实在，只要我们认识了它，就可以确切地加以描述和研究。世界的无限复杂的结构完全地（虽然也是间接地）表现在各个领域之中，因此，得到关于全部结构的整个特性的最终结论的可能性是完全或然的，因为我

---

① 近几年来，玻尔和海森伯看来也抛开了量子物理学中的实证主义观点（参见福克．物理科学成就，第 62 卷第 4 期，1957 年，第 461~474 页）

们所依据的仅仅是在人所能达到的规模的范围内所进行的实验。不过，不应当期望我们能建立世界结构的完整理论，因为在现实中所具有的因素，比起我们在科学发展的任何阶段上所能认识的东西来说，几乎无疑问地要多得多。世界结构的任何因素，在原则上或迟或早地将被揭露出来，但完全揭露一切因素则在任何时候都是不可能的。当然，在揭示每一个新的现象时，应当避免引入许多新的因素。但如果在理论中仅仅承认现在可以观测的一些因素，则是一个不小的、严重的错误，须知理论的任务不仅在于要把我们已能进行的观测的结果彼此联系起来，而且在于要预见新类型的实验的必要性并且能推算出它们的结果。实质上，理论越好地预见到新的观测的必要性（并能推算出它的结果），我们就越能确信，理论在相当大的程度上反映着物质的真的特性，它不只是为确立某些已知事实之间的联系而特别挑选出来的纯经验的体系。"①

这个唯物主义观点的叙述发表于著名的美国物理学杂志《物理学评论》（*Physical Reviews*）。在资本主义世界中至少是某些大物理学家在哲学观点上的这种明显的进步应当作何解释呢？一部分物理学家抛开唯心主义观点以及在个别场合转到接近辩证唯物主义的立场上来，首先应当用原子物理学发展的迫切需要来解释。正是搞清楚量子过程的复杂世界的需要，首先迫使资本主义国家中先进的物理学家拒绝了量子论中的唯心主义观点，把原子物理学推向前进的需要战胜了资产阶级社会所特有的影响。同时，下面这点也是无疑问的，在粉碎法西斯主义之后，在社会主义国家的世界体系形成及这一体系取得了重大成就之后，资本主义国家中当前总的思想状况与20年代的情况已有所不同。辩证唯物主义的学说对于在资本主义国家中工作的物理学家的世界观逐渐地表现出越来越大的影响。

由此可见，在量子论中也像在空间、时间和引力的理论中一样，物理学的进步归根到底表明了唯物主义的进步和胜利。物理学的发展使辩证唯物主义更加丰富，同时，物理学也在这个唯一科学的世界观中找到了进一步发展的支柱。

三、辩证唯物主义与分子结构论的问题②

1. 布特列洛夫理论是分子结构学说中唯物主义学派的基础

在前文，我们考察了量子理论的若干哲学问题，其中主要是谈到了基本粒子

---

① 文集《量子力学中的因果性问题》，1955：85
② 较详细的说明，见 M. H. 沙赫巴罗诺夫：化学中的哲学问题概论. 莫斯科：莫斯科大学出版社，1957

的理论，也部分地谈到了原子理论的问题。在第三章中，我们打算提供关于分子结构理论的某些哲学问题的简要说明。在物质结构的复杂化过程中，分子是与原子相邻近的一个阶段，分子结构论在其全部历史发展中与原子论的紧密联系，就是完全自然的事了。同样明显的是，分子结构论的哲学问题在其内容上是同原子论的哲学问题极其相似的。

在物质运动的化学形式中，分子起着巨大的作用，所以，分子结构论与化学有着紧密的联系，并且通常认为是这门科学的极为重要的一章。分子概念，也像原子概念一样，仅仅在100年之前，或者说在1860年11月的卡尔斯鲁厄国际化学家代表大会上才最终形成的。

分子结构论还未超过100年，在分子结构论中，有机化合物的分子结构论占着极为重要的地位。这一理论确定是从1861年开始发展的，当年，A. M. 布特列洛夫（1828～1886）在施别依尔的自然科学家和医生的代表大会上宣读了《论物质的化学结构》的报告。布特列洛夫把他的有机分子结构论称为"化学结构论"，这一名称也就风行起来了，并从那时开始，在科学中就以化学结构论这个名称，经常地提到分子结构理论。

为了评价化学结构论在化学发展中的作用，必须研究在化学结构论出现之前在科学中曾有过的有关分子结构的那些观点。

在100年前，分子的观念还是混乱的、含糊的，好像比现代的原子核的观念更加模糊不清。

过去，在化学家中普遍存在着分子结构是不可能认识的见解。许多化学家，其中也包括一些十分有名的和杰出的化学家，甚至认为分子和原子是存在的这一观念本身也是不科学的，他们要求从科学的实践中摒弃这些概念。实证主义的"可观察性的原则"也就成为这种要求的基础。经过一百年后，实证主义的这个"可观察性原则"在今天又效劳于物理学唯心主义者，用来证明研究单独的量子过程的不可能性。

例如，在19世纪上半叶时著名的法国化学家鸠玛（1800～1884）写道："要是只由我来决定的话，我将把'原子'这个词从科学中删除，因为我坚信，原子是在我们的经验之外的，而在化学中我们任何时候也不应超越出经验之外。"[1]

在从科学中连"原子"和"分子"的概念本身也被排除的情况下，当然也就很难谈到分子结构的问题了。在设想分子可能存在的那些化学家们中间，又流行着这样的信念，认为即使分子是存在的，但在任何情况下人们也不可能认识它们的结构。

---

[1]　B. H. 门舒特金 . 化学及其发展的道路 . 莫斯科：苏联科学院出版社，1937：180

有趣的是，现代的物理学唯心主义用来"证明"基本粒子的内部结构是不可认识的方法，与一百年前化学家们关于分子结构不可认识的意见是很相像的。

目前，物理学唯心主义者认为单独的量子过程是不可能认识的，因为我们的研究工具过于粗笨并且在原则上似乎不可能更加完善化。一百年以前的化学家对于分子结构也作了大致相同的论断，他们认为，每一个化学反应都造成原有分子的破坏和新分子的形成，每个化学反应都要破坏物质的原初结构，因此，就不可能根据化学反应来判断什么是物质分子的真实结构。根据著名的法国化学家热拉尔（1816~1856）的意见，化学反应只能听变化类型的可能性，化学家所能知道的东西就是这些类型。在这个基础上热拉尔提出了类型论，并且引申出所谓化学物质的类型形式。在热拉尔的类型论中，化学形式不过是与其他物质有某种相似的、某物质的质的组成及它所能进行的反应的类型的特性。

在类型论中可以看到的化学形式有如下述：

$$\left.\begin{matrix} H \\ H \end{matrix}\right\} O \qquad \left.\begin{matrix} CH_3 \\ CH_3 \end{matrix}\right\} O \qquad \left.\begin{matrix} C_2H_3 \\ H \end{matrix}\right\} O$$

$$\text{水} \qquad\qquad \text{醚} \qquad\qquad \text{醇}$$

按照类型论的说法，这些形式仅仅是表示水、醚、醇能够参加相似的化学反应的简略方式，这些形式本身并不反映分子的任何结构，因为分子的结构被认为是不可认识的。唯心主义和不可知论的分子结构的观点利用了在化学这个领域中科学知识的缺陷和不完备性。

布特列洛夫在批判类型论观念及与其类似的观点时指出，化学分子的特点就在于它有确定的结构，即参与分子组成的各个原子之间有着确定的、有规则的联系。按照布特列洛夫的意见，物质的化学性质是由其分子的结构状况所决定的。反之，化学家在研究物质的化学性质以及物质所能参加的那些化学反应时，就获得了判断分子结构的可能性。

布特列洛夫得出结论，必须把彼此直接联系着的原子的相互作用，与借助于某些中间原子或原子团联系起来的那些原子的相互作用区别开来。例如，根据布特列洛夫的理论，水、甲醚及乙醇的分子有如下的结构：

$$H-O-H \qquad \text{水}$$

$$H-\overset{\overset{\displaystyle H}{|}}{\underset{\underset{\displaystyle H}{|}}{C}}-\overset{\overset{\displaystyle H}{|}}{\underset{\underset{\displaystyle H}{|}}{C}}-O-H \qquad \text{乙醇}$$

$$H-\overset{\overset{\displaystyle H}{|}}{\underset{\underset{\displaystyle H}{|}}{C}}-O-\overset{\overset{\displaystyle H}{|}}{\underset{\underset{\displaystyle H}{|}}{C}}-H \qquad \text{甲醚}$$

布特列洛夫根据他所发展的化学结构论，可以阐明当时已知道的许多物质的分子结构，并且预见到后来才被化学家所发现或获得的一系列物质的存在。

布特列洛夫理论奠定了化学发展中在质上新阶段的始基。但不能错误地认为，布特列洛夫理论否定了 19 世纪 60 年代前所形成的关于分子结构的全部理论概念，布特列洛夫的化学结构论是整个先前的化学发展的总结，它包括了在布特列洛夫之前的观点（其中包括类型论和基论）中所含有的正确知识的因素。

化学结构论承认在分子中存在着基，即原子团，在化学反应的过程中，基能够不变化地由一个分子转移到另一个分子。但化学结构论否定了过去所存在的关于的基的特殊的巩固性和基的内部结构的不可认识性的观念。布特列洛夫理论认为，表示分子类型特征的化学反应的确定有很大的意义，但与类型论不同，根据布特列洛夫理论，这些作为特征的化学反应不仅不能阻碍人们去认识分子的结构，相反地，它们实质上就是分子中确定的、稳固的原子结合或原子团的存在所产生的结果。在布特列洛夫理论的基础上研究这些反应，就成为认识分子结构的极重要的方法之一。

正如前述，化学结构理论是在与关于分子结构不可认识性的不可知论的论断的斗争中、在与否认分子和原子实际存在的企图的斗争中产生的。布特列洛夫及其继承者在批判这种观点时捍卫了唯物主义的观点，布特列洛夫不止一次着重指出，并在其一部著作中写道：我们应当把原子和分子看成"是实存的物体，如果我们不愿意陷入完全的黑暗和模糊的话。如果原子概念对我们来说是与某种确定的实在性不一致的，那么，试问我们的具有原子符号的形式中的任何东西，还有什么意义呢？"

总之，化学结构论的发展意味着唯物主义学派在化学的最重要的支柱之一——分子结论上获得胜利。分子结构论中的唯物主义学派在很长的时期中占着主导的地位。

那么，这是否意味着在分子结构论中就这样清除了一切的不可知论的观点了呢？不是这样，在分子结构学说中的不可知论学派还没有完全被清除，它们继续存在着并在等待合适的条件企图发展和扩张。我们即将看到，在最近十年中就发生了这样的情况。但是，为了更清楚地说明在现代的分子结构中唯心主义学派的出发点，稍微谈谈在过去十年之中存在着的唯心主义学派的"隐秘形式"是会有好处的。

我们以苯的化学结构问题为例来进行考察。

这个最简单的芳香族碳氢化合物分子的化学结构是化学家们长期争论的对象。从 19 世纪的下半叶起，在解决苯分子的结构的问题上，唯心主义的倾向就已经有所显露。

根据关于苯的化学性质的实验资料，人们在上世纪中叶就已经知道，在苯的分子中所有的六个氢原子按其化学性质都是等值的，因而在每一个碳原子旁边都应当有一个氢原子。同时还知道，氢是一价的，即它的原子能够形成一个化学键；而碳是四价的，即它的原子能够形成四个化学键。

怎样把这些资料协调配合起来呢？

德国的化学理论家克库勒（1829 – 1896）在 1865 年提出了苯的如下形式：

$$
\begin{array}{c}
\text{C}-\text{H} \\
\text{H}-\text{C} \qquad \text{C}-\text{H} \\
\text{H}-\text{C} \qquad \text{C}-\text{H} \\
\text{C}-\text{H}
\end{array}
$$

然而这个形式并没能说明苯的全部性质。例如，根据克库勒的形式，如果苯的两个氢原子被他种原子 X 所代替，则应当形成五种不同的 $C_6H_4X_2$ 的分子变体，但在实际上却只能获得三种变体。

克库勒为了克服这种矛盾，又作出了一个结论，认为苯分子的结构不能仅以一个结构形式来表示。他提出了苯的两个"结构"：

$$
\text{I.} \quad
\begin{array}{c}
\text{C}-\text{H} \\
\text{H}-\text{C} \qquad \text{C}-\text{H} \\
\text{H}-\text{C} \qquad \text{C}-\text{H} \\
\text{C}-\text{H}
\end{array}
\quad \text{和} \quad \text{II.} \quad
\begin{array}{c}
\text{C}-\text{H} \\
\text{H}-\text{C} \qquad \text{C}-\text{H} \\
\text{H}-\text{C} \qquad \text{C}-\text{H} \\
\text{C}-\text{H}
\end{array}
$$

这两种结构恰好像彼此在镜中的反映。

按照克库勒的意见，苯分子中的双键不断地由一个碳原子向另一个碳原子变换其位置，因此，"结构" I 和 II 是苯分子的不同的相，不同的状态。

到 20 世纪 80 年代，就已经查明，克库勒的假说是错误，而"结构" I 和 II 并不反映苯分子的任何实际的状态。但是苯的形式 I 和 II 仍被保留下来，虽则已经假定，苯分子的世纪结构具有结构 I 和 II 之间的中间特性。

这种用非现实的、思辨的"构造"来代替反映现实的化学概念的企图，按其实质来说，就是对唯心主义方法论的一定的让步。

最近证明，苯的结构可以用以下的形式表示：

$$
\begin{array}{c}
\text{C}-\text{H} \\
\text{H}-\text{C} \qquad \text{C}-\text{H} \\
\text{H}-\text{C} \qquad \text{C}-\text{H} \\
\text{C}-\text{H}
\end{array}
$$

由碳原子炼成的六角环内的许仙表示这样的一个事实，即苯中碳原子的化学价键并非是等值的。以虚线表示的键与用黑的实线所表示的键按其性质是不同的。但由于多年的传统的力量，直到现在，在多数的有机化学教科书和科学报告中，仍然沿用克库勒所提出的结构式来表示苯的结构。

在化学家们对苯和许多类似的分子的结构的观点中所包含的唯心主义倾向，在本世纪的 20 年代中得到了发展，开始时表现为中介论的形式，而后也表现为共振论的形式。

2. 对中介论和共振论的批判

由于主要是英国和美国的有机化学家们（拉乌尔、洛宾松、英果尔德等）的"努力"，在 1923 – 1926 年形成了中介论。为了阐明中介论的实质，我们首先来考察乙酸胺 CH_3CONH_2 的分子结构问题。乙酸胺 CH_3CONH_2 是一种由醋酸与氨化合物相互租用的产物。

在很早就已经知道，乙酸铵的分子结构同以下的两种形式不符：

$$\text{I}. \quad CH_3 - C \overset{O}{\underset{NH_2}{\Big\langle}} \qquad 和 \qquad \text{II}. \quad CH_3 - C \overset{\bar{O}}{\underset{\overset{+}{NH_2}}{\Big\langle}}$$

它具有所谓中间的特性。

按照 I 式，乙酸铵中的氧原子 O 必须以化学双键与碳原子 C 联结，而氮原子 N 则必须以化学单键联结在同一碳原子 C 上。相反地，按照 II 式，氧原子 O 必须以单键与碳原子 C 相连，而氮原子 N 则必须构成双键。在这种场合，在氧原子旁边就会有一个能够构成化学键的剩余电子（－号），而在氮原子上则因和碳原子 C 构成第二个化学键而消耗了第二个电子而相应地形成了过剩的正电荷（＋号）。根据近代的研究，在碳和氧间的化学键上的电子密度，比 $C = O$ 键上的电子密度小，而又大于 $C—O$ 键上的电子密度；碳和氨基的化学键上的电子密度则比 $C—NH_2$ 键上的电子密度大，而又小于 $C = NH_2$ 键上的电子密度。因此，近来大都用下列的形式来表示乙酸铵的结构：

$$CH_3 - C \overset{\curvearrowright O}{\underset{\underset{\curvearrowleft}{NH_2}}{\Big\langle}} \qquad (\text{III})$$

式中的两点表示电子对，箭头是电子移动的方向。

$C = O$ 键旁的箭头表示，在乙酸铵的分子中，由于电子向氧原子上的某些移动，C 和 O 之间的双键要比一般的双键弱些。C—N 键所表示的事实是：由于用双点表示的氮原子的双价电子有些向碳原子方向移动，因而使 C 和 N 间的键比一般的单键要强些。

因此，根据现代的实验材料，乙酸铵的分子可以用 III 式表示，而不必去注意 I 和 II 的结构形式，因为它们很少正确地反映乙酸铵的分子结构。

与唯物主义对分子结构的这些观点不同，中介论是建立在另一种观点之上的，它用联合考察的方法研究所有的三种形式。[①]

---

① 决定中介论和共振论产生的理论认识根源可见第三节

中介论认为形式Ⅲ反映着乙酸铵分子的稳定的或固定的状态，而形式Ⅰ和Ⅱ可看作是激励的状态；形式Ⅲ是中介状态，形式Ⅰ和Ⅱ是极限结构。中介结构的产生是由于极限结构在其中的转化。同时，可以把极限结构看作是非实存的东西，并由此得出了中介效应的概念。中介效应就是化学键在由非实存的极限结构向实存的中介结构转化时的再分配。

由此可见，中介论为了说明分子的结构利用了极限结构和中介效应的概念，而这两个概念并不表示任何客观的状态和过程。在中介论中，分子的实际结构被归结为是由非实存的极限结构和同样是虚构的中介效应的派生物。而既然极限结构不反映分子的任何实际状态，因而就开放了主观主义的可能性，从而也造成了在极限结构中作任意选择的可能性。

在中介论的作者之一英果尔德的下述纲领性声明中可以明显地看出中介论的内容，他认为："……我们的意图在于提出一个由非实际状态得到实际状态的图景，而不是由于某种外界作用所发生的实际状态破坏的图景。"

英果尔德和中介论的其他拥护者们从非实际的极限状态出发，并且利用了非实际的中介效应的概念，企图算出"中介能"，"中介能"被看作是极限状态的能同分子能之间的差。他们企图用中节能的存在来解释有机化合物分子的稳定性。

可见，中介论的基础就是并不反映客观实际的概念的相互作用的观念，相互作用、运动被看作是与物质割裂的东西。因此，运动和相互作用的概念本身也就失去了意义，因为这种非实际的、纯粹是设想出来的分子状态是没有意义的。

现在我们再来考察共振论。

共振论是中介论的唯心主义论点的进一步发展。结构和结构共振的概念是共振论的基础。共振论断言，化学分子可以表示为某些原初的结构形式，每个原初结构所反映的不是在现实中实际存在的东西，而是反映分子中化学键可能的分配。这些原初的结构或"可能的"结构之间好像有着一种相互作用，分子就是由所有的原初结构所组成是某种平均物或折中物。由于这种相互作用，分子就比它如果只有某一种结构时具有较少的能量，这就说明了分子的稳定性。

被设想的那些结构的相互作用就叫做某些结构的共振或不同价的状态的叠加，而由原初结构的共振现象所造成的分子能量的减少，则称为共振能。

共振论按其本质与中介论没有区别。如果用"原初结构"这个术语代换"极限结构"这个术语，中间的叫做"中介结构"；并用"共振"一词代换"中介的相互作用"这个术语；再用"能共振"这个术语来代替"中介能"一词，这样，就可以用共振论的叙述来代替对中介论的原理的叙述。那么，这两个原理之间的区别何在呢？

（1）中介论在提出其基本概念时没有任何特殊的量子力学的论据，而共振论则力图造成一种印象，好像它是以量子力学和量子化学的概念及方法为依据的。

（2）共振论"确切化了"记述共振结构的条件。按照这个理论，为了产生共振，必须使写在纸上的（而不是反映实际的）结构满足下列两个条件：①结构必须有适当的同样的原子配置；②结构必须有同样的非对偶的电子数。而在中介论中还没有这样的确切化。

共振论的拥护者不厌其烦地表白似乎它有量子力学的起源。他们断言，共振论的建立似乎是与中介论、与化学无关的，而仅仅在以后，才从量子力学概念和化学的中介论这两个方面证实了它们在原则上的一致性，这种一致性才导致了这两个理论的代表者的深远的相互了解。

然而，如果我们看看在杂志上发表的关于共振论的许多著作，如果我们读过了那些从共振论的观点来叙述化学问题的论文，则引人注意的是，运用共振论并不需要任何量子力学的数学计算。除了少数的例外，共振论的全部结论都不过是企图用共振论的观点对化学的实际材料作纯属是定性的解释。

而这并不是偶然的事情。由苏联的学者所完成的对共振论的批判性分析表明，共振论的基本概念不仅不是出自于量子力学，而且是与量子力学的原理相矛盾的。因此，不管共振论的作者和拥护者们的主观看法如何，在他们的论文和著作中所作的对简单分子的量子力学计算的叙述，只不过是要在读者中建立一种印象，好象共振论的原动概念是有量子力学论证的。而实际上，共振论丝毫也不须要分子的量子力学计算。

总之，上面列举的共振论和中介论的两个区别的第一点，实质上只是对理论的出发点的弱点的伪装方式上的区别。共振论之所以要援引量子力学，是为了能比共振论更加精巧地和"可靠地"掩饰其共振观念和原初结构概念的不可告人的无根据性。

现在我们再来看看所谓发生共振的条件是怎么一回事。

那些把记述原初共振结构的原则"确切化了"的条件，在化学分子结构的观念中带来了更严重的任意性。在中介论中，在导入"共振条件"之前，非实际的极限结构的数目通常不超过两个，而在导入"共振条件"之后，被考察的结构的数目骤然增加起来。在导入"共振条件"之前，极限结构按其形式与一般的结构形式很少区别，而在导入了"共振条件"之后，就为设想出大量的、各式各样的结构形式开辟了可能性。例如，在共振论中，就写出了苯分子的五种结构式来代替克库勒的两个极限结构。分子越复杂，共振结构的数目就越多地增加。例如，蒽的结构数目不多不少正好等于 429 个！

共振论可以看作是在解决自然科学的具体问题时由理论认识的立场作出非科学的结论的明显例证。

在共振论的作者和拥护者们的著作中，对于作为这个理论的基础的哲学立场，通常是不作直接的说明的。但是，当作者在叙述共振论概念的意义时，那些哲学观点就明显地暴露出来。我们已经着重指出，共振论的作为出发点的概念是纯粹思辨的概念，它具有主观的、任意的性质，这一点是共振论作者本人也不得不承认的。例如，在运用共振论方面著名的专家、美国化学家乌埃朗德就写到：

"从以上的说明中可以看出，比起其他的物理学理论来说，共振的观念在更大的程度上是思辨的构想，它不反映分子本身的任何内在的性质，而只是物理学家或化学家为了自己的方便而发明的数学方法。"

在几行之后，乌埃朗德继续写道：

"现在我们可以来探讨共振对分子的物理特性和化学特性的影响。"

可见，共振论的作者企图从非实际的、仅仅在纸面上存在的共振结构的相互作用中引申出分子的结构和特性，这个理论人为地把那些非实际的、仅仅在纸面上存在的共振结构说成是实际的分子。共振论企图把客观的、不依赖于我们的意识而存在的分子结构看成是仅仅存在于共振论的作者和拥护者的想象中的主观形式的叠加或共振。因此，在共振论中，物质的东西就被观念的东西所偷换，客观的东西就被主观的东西所偷换。

尽管在实际上并不存在共振结构，但共振论仍断言，共振结构参与了所谓量子力学共振的特种的相互作用。因此，按照共振论，就发生了非实际的、思考上的结构或形式的相互作用或运动，发生了没有运动着的客体的运动，发生了形式或观念的运动。而且根据共振论的拥护者们的论断，这种运动会导致能量的获得，导致由实验所测得的共振能的出现！根据共振论的观点，运动本身是与物质脱离的。但正如列宁所指出的："想象没有物质的运动的这种企图偷运和物质分离的思想，而这就是哲学唯心主义。"

对于唯物主义者来说，形式、概念和观念，只有当它们反映客观实际时才有价值。想象没有物质的运动的企图，例如用虚构的"共振的"相互作用和"结构"来"解释"分子的性质，对于以唯物主义观点来思考的物理学家和化学家来说，都是荒谬的；相反地，对于主观唯心主义者来说，这种企图可以完全用他的世界观来解释。

乌埃朗德和共振论的其他拥护者们一点也不为共振结构和共振是虚构而感到难堪，他们宣称，是的，这时虚构，然而这些虚构能够方便地和经济地解释化学现象，因而它们是有益的并且应当得到运用。可见，乌埃朗德和共振论的其他拥护者们认为"方便"和"有利"是理论价值的标准，而不管它们因此会产生怎样的"任意的因素"。但这只能是与知识的真理性的科学评价没有任何共同点的纯主观主义的、唯心主义的标准。

不妨用共振论的一例子来看看以方便性的原则作为科学研究的基础、而不管它因此会产生怎样的任意性的因素的企图会导致什么结构。共振论的作者们一方面把他们的理论说成是"方便的",同时却对蒽用了429种结构,对萘用了42种结构等等,而他们却没有发觉这种极大不方便性,这在实质上难道不是使人惊异的吗?

十分清楚,方便性的准则在这里实质上意味着任意性的方便,意味着耗力最小地想象出对化学事实的"解释"上的方便,而不顾及这些解释是否与客观实际相符合。

3. "化学"唯心主义的认识论根源

我们已经看到,共振论是分子结构论中唯心主义流派的变种之一,它企图求助于量子力学,然而量子力学很难有助于它的发展。

对共振论的批判性分析所得出的结论是,这一理论在实际上不仅不是把量子力学的方法应用于化学问题而得到的结果,相反地,共振论是与量子力学相矛盾的。正如量子力学的分析所表明的那样,在共振论中为了表示个别分子的结构所利用的波函数并不反映分子的任何状态。

在这种场合下,化学中的唯心主义流派利用量子力学的企图(目的?)是以什么为基础的呢?

共振论的拥护者们在其结论中所力图利用的并不是量子力学的客观内容,他们所利用的不过是与量子力学的物理学唯心主义者有关的唯心主义观念,不过是个别物理学家的著作中的某些错误的物理学原理。问题在于,共振论的拥护者们不正确地理解量子力学中对分子的波函数概念所运用的个别数学公式的物理意义。[①] 由此可见,共振论——这时企图在化学中利用量子物理学中的唯心主义错误来"论证"和发展唯心主义的错误。

共振论和中介论,即化学中唯心主义流派的理论认识原因或者说认识论的根源何在呢?

B. H. 列宁早就阐明了唯心主义的认识论根源。列宁所得出的那些结论具有普遍的意义,并且可以作为依据,从这个依据出发能够充分地分析化学中唯心主义流派的理论认识根源。这些流派由于它的特点可以恰当地用"化学的"唯心主义这个名词,以区别于"物理学的"唯心主义或"生理学的"唯心主义。

---

① 见《哲学问题》1949 年第 3 期 B. M. 塔捷夫斯基和 M. H. 沙赫巴罗诺夫的文章,O. A. 列乌托夫的文章;《物理化学杂志》1950 年第 24 卷第 5 期上 B. M. 塔捷夫斯基的文章

从分析中介论和共振论中得出的关于化学中这些唯心主义流派出现的理论认识原因的结论如下：

（1）在化学形式的迷雾中遗忘了物质，在化学的客观性问题上的"思想动摇"，没有考虑到化学形式只有在它们反映分子的实际结构时才有其存在的根据。

这就是化学唯心主义的第一个原因。化学唯心主义者们在研究日益复杂的有机化合物的结构时，在利用抽象的结构形式来描述复杂的有机化合物的结构时，一开始就把由思维所建立起来的抽象当作独立的实体，抽象概念的物质基础被忘掉了，所剩下的只是越来越与现实没有任何联系的思维形式、共振结构、抽象概念的运动和相互作用。

（2）某些化学家在评价化学事实时的直线性和片面性，死板性和僵化性，主观主义和主观盲目。

同一的物质、同一的分子具有多种多样的、有时甚至是矛盾的特性。例如，在一种场合下，苯的活动像饱和化合物，而在另一种场合下，它的分子中又好像含有不饱和的双键。氢氧化铝在一种条件下具有酸的性质，而在另一种条件下又具有碱的性质。橡胶和另一些具有所谓共轭键的有机化合物的分子，在某些方面有着类似金属粒子的性质等等。

某些化学家不用统一的方式去综合这些矛盾的性质，把它看作是事实上存在着的统一的现实的分子的反映，却企图用彼此矛盾的"结构"的堆砌的形式来说明分子。这样就使化学家们可能忘记本来必须记住的关于他们所运用的形式的客观内容。甚至在最好的场合下，"结构"不过是单独的、脱离了相互间联系的分子特性的反映，在经常的情况下，"结构"是与现实完全矛盾的。

（3）没有掌握（或没有灵活地掌握）辩证法，很明显，化学概念、化学形式只是近似地、不完全地、相对地反映着现实，某些化学家对认识过程中的性对性因素作了过高的估计。

化学形式是相对的、不确切的。化学唯心主义者断言，这意味着不需要力求使化学形式更加确切，意味着形式不具有客观的价值。在化学中所剩下只不过是结构——思维的概念和形式，至于形式的选择则应当遵循方便思维经济、有利等原则并借助直觉来决定。

化学上特有的相对主义由于不知道辩证法就这样地走上了巩固化学中的唯心主义流派的道路。

化学唯心主义的特点在于，化学唯心主义者们并不是简单地赞同主观主义的观点，他们是由化学材料中作出唯心主义的哲学结论的。他们企图在研究化学的具体问题的基础上来肯定主观主义的、马赫主义的方法论，企图从唯心主义的立场上解决化学的问题。

中介论和共振论可以作为例证，说明如果自然科学家在他的研究工作中企图从主观主义的观点出发，就会在科学上得到怎样的无效的结果。

（4）讨论分子结构论问题的意义

共振论在它出现之后很快就遭到了来自苏联和外国学者的批判。虽然如此，直到 1949 年，共振论和中介论还是越来越加流传。可见，批判没有得到成功。在 1949 年之后，情况就变化了。在"哲学问题"和其他的一些杂志上，刊登了许多苏联科学工作者的批评性意见。在 1951 年，召开了关于分子结构论问题的全苏会议，这次会议是以彻底地揭露共振论和中介论的非科学性和以化学中唯物主义学派的胜利而结束的。

例如，过去在我国积极参加宣传分子结构论的苏联学者塞尔金和加特金娜在会议之后对分子结构论的状况作出了估价。他们在会议一年之后所发表的"关于'共振论'或'中介论'"的论文中写道：

"我们工作中的一个重大的缺陷就是没有注意方法论的问题。我们在研究化学键的理论时，没有考虑到这个问题涉及化学和物理科学的一般的哲学的及方法论的问题。实际上，在刊物上和关于化学结构论的讨论中的一系列意见中已经指出了这一点，化学键的本性问题的提法本身就包括唯物主义与唯心主义的斗争。这里，一方面是追随布特列洛夫的唯物主义的观点，认为分子是客观的存在；另一方面，则是与分子的不可认识性的唯心主义观念由联系的实用主义的、不可知论的立场。"

"在很大程度上，物理学唯心主义和数学拜物教在化学中的渗入就表现为'共振论'和'中介论'的形式。"①

对分子结构论问题的讨论和对共振论的批判，无例外地也引起了外国化学家们的极大兴趣。1951 年的全苏会议的决议已在外国转载了。例如，在销路很广的英国杂志《自然》（*Nature*）中，以及在中国、波兰、美国、英国、意大利、德国、日本及其他许多国家的杂志中都刊载了这个决议。

许多外国化学家也发表了批判共振论的意见。例如，在日本化学家玉浦三郎和儿岛英三曾着重指出了共振论的方法论基础就是实用主义，他们还批评了论证理论的实用主义方法。英国化学家捷依洛尔指出，共振论"……首先被苏联化学家们所摒弃了，他们当中的许多人自觉地运用辩证唯物主义的原理来考虑问题。辩证唯物主义在作为与错误理论作斗争的手段方面的大有用处，得到了实际的证实。"

现在，共振论的错误不仅被苏联的，而且也被大部分国外的化学家和物理学

---

① 塞尔金，加特金娜．关于"共振论"或"中介论"．苏联科学院通报（化学科学），1952，6：1118

家所承认。

如果注意到，共振论曾经普遍风行，曾被列入教科书之中，并曾企图在现代的理论化学中占据主导的地位，那就不能不承认，关于分子结构论的讨论的结果是作为苏联科学发展的思想原则的决定性胜利。

同时，在国外刊物上所发表的一些材料表明，一部分外国科学家，主要是某些美国的化学家，其中首先是乌埃朗德，至今仍然继续坚持共振论的观点。在美国的刊物中所从事的虚伪宣传仍在助长共振论的观点。例如，美国的《化学教育杂志》(*Journal of Chemical Education*) 在 1952 年就用歪曲的形式转载了苏联作者的一篇论文，企图在美国的科学界造成一种印象，认为对共振论的批判在自然科学方面是没有根据的，认为这种批判是纯属于思想方法的现象。在 1954 年，这个观点又一次以更尖锐的形式发表在这个杂志上。这个杂志是"美国化学协会"的官方机构。

由此可见，围绕分子结构论问题所展开的讨论仍在继续着。然而我们在现在已经可以满意地指出，共振论和中介论已经遭到失败，至于它们从科学刊物上最终消灭的问题，这不过是时间的问题罢了。

批判共振论的最重要的结果之一在于它为分子结构论中先进的、唯物主义的学派扫清了道路。这个学派将沿着制定新的、更完善的、量子力学的计算分子的方法的途径，沿着揭示和研究分子结构中新的、重要的规律性的途径继续发展。

* * *

物理学和化学在当前的发展进程中的标志是马克思列宁主义的方法论对这些科学的影响的增长，是与唯心主义流派的斗争。在一种情况下，唯心主义企图利用在科学发展的任何水平上都不可避免要出现的科学知识的缺陷和不完备性；在另一种情况下，唯心主义哲学利用了自然科学理论中的错误，并且常常有这样的事情，即这些错误本身在很大的程度上是由唯心主义的方法论的缺陷所造成的。最后，也经常可以碰到对自然科学概念的内容的直率唯心主义的捏造。这一切归根到底就是在科学中阻碍科学发展的累赘。

同时，在谈到马克思主义哲学对自然科学的影响时，必须说明一下的情况：科学理论与辩证唯物主义原理之间的联系，在很多场合下，是间接的。因此，只有在具体地研究自然科学材料（首先是那些与客观的实验材料相符合的理论结论）的条件下，对自然科学概念的哲学分析，在大多数情况下才能是正确的和有益的。否则，教条主义态度的巨大危险在于它会导致不正确的哲学评价，从而既给自然科学、也给哲学带来危害。

什么是上层建筑的经济基础 *
——对经济基础包括生产力观点的质疑

在我国学术界，对什么是社会上层建筑的经济基础，有两种不同的意见：一种意见认为基础是生产关系的总和，不包括生产力；另一种意见认为基础是生产方式，它既包括生产关系，也包括生产力。我们赞成前一种看法，不同意后一种看法。

在阐明我们的意见并与不同观点商榷之前，有必要先明确一下论题。

摆在我们面前的问题，是就社会上层建筑和基础的关系，研究什么是上层建筑的基础，而不是考察其他对象的基础。例如，国民经济的基础（农业），现阶段人民公社的基础（生产队）等。

我们不能离开什么是上层建筑的基础这个论题，不应违反逻辑的同一律，否则，即使是很好地满足了充足理由律，仍无助于问题的解决。例如，有的同志认为，只有生产关系和生产力相结合，才能进行生产，社会才能存在和发展，因此，社会的基础就是物质资料的生产方式，基础必须包括生产力。社会存在必须有生产力作基础，这很对，但当前的论题并不是社会存在的基础，而恰恰是社会意识等上层建筑的基础。一个在说社会存在的基础，一个在说社会意识的基础，当然就可能各言其是，讲不到一起去了。

然而，当前的主要问题还不是人们在逻辑上对论题有不同的理解。因为确实有不少同志没有离开上层建筑的基础这个论题，并确实对基础包括生产力提出了许多具体的论据。因此，要搞清什么是基础，就必须对生产力、生产关系、上层建筑的相互关系作具体的分析。

我们主张基础就是生产关系，不包括生产力，是基于以下三方面的理由。

一、生产关系决定上层建筑的性质

上层建筑包括政治、法律、宗教、艺术、哲学、道德等社会意识，以及与之

---

* 原载于《新建设》1962 年第 4 期（1962 年 4 月）

相应的组织和机构——国家、法律制度、军队、政党、教会、文化团体等。上层建筑的最根本性质，在于它代表一定社会集团、阶级的经济利益，由一定社会集团、阶级掌握，并为其服务。在阶级社会中，上层建筑有鲜明的阶级性；各个敌对阶级，在上层建筑领域内也进行着不可调和的斗争。

上层建筑的阶级性质，决定于各阶级在社会生产关系总和中的地位，即每一阶级是根据它对生产资料的占有方式，根据它与其他阶级的经济关系，根据它取得社会财富的分配方式，来建立其上层建筑的。上层建筑领域内各阶级的矛盾斗争，直接反映着各阶级因对生产资料的关系不同而产生的经济利益的区别。在社会上占统治地位的上层建筑，是在经济上占有主要生产资料的阶级的上层建筑；在经济上不占有主要生产资料的阶级，其上层建筑在社会上也不占统治地位。

至于生产力，它所说明的是人和自然界的关系，本身并不具有阶级性，不能直接产生出具有不同阶级性的上层建筑。从生产力的状况，即社会使用什么生产工具进行生产，劳动者的劳动技能和生产经验的多少，以及什么劳动对象被用来生产产品，可以看出自然科学（本身不具阶级性）的状况，但不能区分上层建筑的不同性质和类型。在一个社会中，不同的上层建筑决定于人们在生产关系中有不同地位，而不是由于人们各有不同的生产力；同是大机器生产的社会，既可以有资产阶级的上层建筑，也可以有无产阶级的上层建筑。

政治思想和政治制度是最主要的上层建筑，是上层建筑的核心。政治上层建筑与生产关系有最密切的联系，它体现着阶级的根本利益，集中地表现着阶级之间的经济关系。

政治制度包括国家、政党等机构和组织。国家是在经济上占统治地位的阶级的政治组织，所谓在经济上占统治地位，也就是占有决定性的生产资料。封建主占有土地，资本家占有工厂、矿山、铁路，这就使他们能够在经济上支配劳动群众，他们为了保证这种经济上的统治地位，建立了国家作为自己政治统治的工具，以镇压其他阶级的反抗。社会的生产关系、阶级关系，决定着国家的性质、形式和职能。

但是，有的同志不完全同意这种意见，他们认为，"历史上的任何国家制度都不但有自己的生产关系基础，而且有自己的生产力基础"①，因为统治阶级只有掌握了社会生产力作为物质基础，国家才是一个现实的力量。据此，他们主张把生产力列入上层建筑的经济基础。

我们不能赞同这种观点。生产力不能决定国家的性质（无论哪一个阶级专政），不能说明国家的形式和职能；不能决定上层建筑的性质而又是上层建筑的

———————
① 《基础和上层建筑问题论文集》，上海人民出版社，1958：207

基础，这是自相矛盾的。至于说国家要成为现实的力量，必须有生产力作物质依据，这是对的。例如，生产力的状况如何对国家的军备、资源利用、后备力量等有重大的作用。但这并不能说明生产力是国家的基础。如果根据生产力影响国家实力就把生产力列入基础，那么势必也要把人口多少、地理环境的状况也列入基础，因为国家的实力也是与这些因素有相当大的关系的。问题在于：作为政治上层建筑的国家的经济基础是一回事，它说明国家的产生、性质、形式和职能，从而也从根本上说明了国家的实力；作为与国家实力有关的物质生产依据又是一回事，它只能在某种程度上说明国家实力的大小，而不可能说明国家的产生、本质和职能。

政治思想是各阶级或社会集团对政治制度、对国家和法律的性质和职能、对阶级间的关系等问题的看法。不同阶级有不同的政治观点，这是由各阶级所处的不同的经济地位产生的。政治思想的经济基础也是生产关系。

有的同志也不完全同意这种意见，他们认为，生产力是先进的社会思想的物质根源，基础如果不包括生产力，就无法理解先进社会思想的产生[1]；并认为社会政治思想的内容反映着生产关系与生产力的矛盾，所以社会政治思想的基础必须包括生产力[2]。

我们认为先进的政治思想是社会上先进阶级的思想，先进阶级并不是作为与自然界斗争的物质生产者而创立其政治理论观点的。马克思主义的政治学说是无产阶级的学说，无产阶级并不是由于他们开动机器生产钢铁、煤炭才创立马克思主义。先进的无产阶级之创立马克思主义（通过马克思和恩格斯），决定于他们在生产关系（基础）中所处的受剥削和受奴役的地位，决定于他们在社会阶级关系（生产关系）中进行斗争的需要，决定于变革生产资料私有制为公有制的需要。

生产力的水平不能直接决定先进政治思想的产生，生产力落后的社会往往产生先进的政治思想，这决定于社会阶级关系、阶级矛盾成熟的程度。18世纪的法国，在生产上落后于当时的英国，但在政治思想上却比英国先进，马克思主义产生于当时生产力比较落后的德国，列宁主义产生于当时生产力比较落后的俄国。如果生产力决定着无产阶级思想的产生，那么马克思列宁主义就应当产生在当时生产力最发达的国家，而生产力最发达的国家的无产阶级就应当在思想上是最先进的了，但无论是过去和现在都没有这样的情况。

的确，先进的社会思想和马克思主义的内容反映了生产关系与生产力的矛

---

① 《基础和上层建筑问题论文集》，上海人民出版社，1958：264

② 《基础和上层建筑问题论文集》，上海人民出版社，1958：210

盾，但这也不能说明基础应当包括生产力。问题并不在于客观存在着的生产关系与生产力的矛盾，而在于马克思主义是这样而不是那样去反映这一矛盾，在于马克思主义站在什么立场上去反映客观的社会生活现象，这种反映归根到底是马克思主义的阶级性所决定的，而阶级性、立场决定于人们在生产关系中的地位。如果根据社会思想和马克思主义反映生产关系与生产力的矛盾这一内容就把生产力列入基础，那么势必也把民族、战争，甚至家庭都列入基础，因为社会思想和马克思主义所反映的内容，不仅包括生产关系与生产力的矛盾，而且还包括着压迫民族与被压迫民族的矛盾、战争以及家庭等现象。

总之，生产力不能直接决定社会政治思想的产生、性质和内容，因此，不能把生产力列入基础。

在上层建筑体系中，哲学、宗教、艺术与政治相比，是离基础较远的东西，但它们在阶级社会中依然是有阶级性质的上层建筑。只有各阶级的哲学、宗教、艺术，没有超阶级的哲学、宗教、艺术。这些意识形态的阶级性，归根到底，决定于各阶级在生产关系体系中的地位，决定于不同阶级维护或反对某种生产资料所有制的经济利益。

主张基础应当包括生产力的同志，也从哲学、宗教、艺术等社会意识形态的发展中找到了自己的论据。

首先，他们认为，如果不把生产力列入基础，就不能说明哲学发展的历史形式，从古代的朴素唯物主义、17～18世纪的机械唯物主义到辩证唯物主义，都取决于各该时代生产力状况及自然科学状况[①]。

哲学与自然科学有紧密的联系，从而也与生产力有一定的联系，随着生产力和自然科学的发展，哲学也要相应地有些改变，这是事实。但这个事实并不能构成把生产力列入基础的理由，因为生产力对某一时代中哲学的产生、性质并不起直接决定的作用。

哲学无疑要对自然科学进行概括和总结，但决不能把这一点了解为自然科学本身就决定着哲学的发展。哲学是社会成员、社会阶级的世界观，不同的人、不同的阶级是从他们的立场出发去概括自然科学材料的。哲学的阶级性的表现之一，就在于人们在生产关系中的不同地位，决定他们是否愿意概括自然科学的成果、概括什么以及如何概括，哲学史上的大量事实都说明了这种情况。如果认为自然科学本身就决定哲学的状况，那就不能说明，为什么在大致相同的生产力和自然科学水平的社会条件下，有的人在概括了自然科学材料后作出了唯物主义的结论，反之，另一些人则歪曲甚至捏造自然科学材料，企图论证唯心主义的结论

---

① 《基础和上层建筑问题论文集》，上海人民出版社，1958：235

呢？这个问题（对哲学史来说是一个重要的问题）是无法直接用生产力和自然科学来解释清楚的。

生产力、自然科学不能直接决定人们对哲学基本问题的解决，不能直接决定人们的哲学派别，同样的生产力水平，既产生了德谟克利特又产生了柏拉图；同样的自然科学状况，既产生了培根、霍布士又产生了贝克莱、休谟；同样的物理学发现既证明了辩证唯物主义又产生了"物理学"唯心主义。这一切都是用生产力不能直接说明的问题，而是由生产关系这个基础决定的。

其次，有人认为，宗教与生产力有直接的联系，以此证明基础应当包括生产力。他们的论据是：第一，原始宗教的产生决定于生产力水平的低下①；第二，在阶级对立的生产关系消灭后，宗教的继续存在是与生产力的状况分不开的②。我们不同意这种论证。

在历史唯物主义的宣传和研究工作中，似乎一直流行着这样的见解，即认为在阶级对立的生产关系（宗教的阶级根源）消灭之后，宗教还要在相当长的时期内继续存在下去，其重要原因之一就在于社会生产力还不够发展，只有到了生产力充分发展之后，宗教才会逐渐消亡。我们认为，这种见解本身就值得怀疑，拿这种见解作为论证生产力应列入基础的理由，更是站不住脚的。在阶级对立的生产关系消灭之后，即在社会主义社会中，宗教是没有其经济基础的，宗教观念之所以还在某些人的头脑中继续存在，并不决定于它有所谓"生产力方面的根源"，而要用人们的社会意识落后于社会存在来解释。正像个人主义思想在阶级对立的生产关系完全消灭之后，仍会落后于社会存在的改变而在一定时期继续存在一样，难道也必须给个人主义这种继续存在，由社会主义和共产主义社会的生产力中寻求什么"基础"吗？而且，如果把宗教观念的残存归结为是由生产力这个"基础"所决定的，那么就势必把宗教列入社会主义社会甚至共产主义社会所固有的上层建筑，这显然是不正确的。再者，如果认为生产力是宗教观念残存的根源，那么，在相同生产力水平下的人就都应当（至少是绝大部分人）相信上帝了。可是事实完全不是这样。在同一的生产力水平的条件下，有的人根本不信宗教，另一些人则是虔诚的教徒。认为只有生产力极度发展之后，宗教观念才能逐步消亡，这种说法也值得怀疑。在阶级对立的生产关系被消灭，人与人之间建立了真正的互助合作关系之后，经过政治思想教育，是可以使具有宗教信仰的人掌握唯物主义世界观，放弃宗教世界观的。如果必须划定只有在生产力充分发展后，才能完成这种世界观的转变，那么就会长期地、甚至是永远地让宗教观

① 《哲学研究》1957年第4期：125
② 《基础和上层建筑问题论文集》，上海人民出版社，1958：235

念自流地存在下去，因为生产力充分发展的测量标准是有很大伸缩性的，如果认为只有在生产力发展到人类完全洞察了自然界的秘密，能够绝对避免一切自然灾害和意外事件之后，宗教都会消亡，这在实际上就等于宣布宗教万岁。

原始宗教的产生的确与生产力的低下有直接联系，但并不能由这一点就得出结论，认为整个宗教、甚至整个上层建筑都是由生产力直接决定的。

对原始宗教应当作具体分析。首先，原始宗教无论就其产生、性质和作用来说都与阶级社会中的宗教有重大的区别。例如，决不能简单地说原始宗教是反动的，是"人民的鸦片"。其次，原始宗教除了包括反映人们的社会关系的内容之外，还包括以误解的形式表现的人们对自然界的认识。大家知道，在原始人那里没有作为独立意识形态的自然科学，人们对自然界的认识也包括在原始宗教之中，这点从原始宗教所反映的对象中可以看出：关于生死问题的原始宗教观念实质上是当时的人对动物生理现象的认识，求雨的魔术对气象现象的认识，对太阳神、动物神、盐神等自然神的崇拜是对这些自然物的特性的认识。在这个意义上，原始宗教的部分内容所反映的对象是与自然科学的对象相似的，区别仅在于原始宗教对自然界的反映除了包含一些正确的成分外，基本上是以误解的形式表现的；但这种误解同阶级社会的宗教故意歪曲自然现象为统治阶级利益服务的情况不同，它不是故意歪曲，而是原始人力图正确认识自然界但又无能为力而发生的认识上的谬误。正因为原始宗教的部分内容就是当时人们对自然界的认识形式，所以它与当时的生产力有直接联系，这是并不奇怪的。但是，人们对自然界的认识（无论是正确或错误，只要没有经过阶级利益的故意歪曲）、并不就是上层建筑，因而也不能把原始宗教的全部内容都看成是上层建筑。这样，也就不能从生产力与原始宗教的部分内容（作为自然现象的反映的部分）有直接联系，因而作出生产力直接决定上层建筑并应把生产力列入基础的结论。

为了论证基础应包括生产力，某些同志还引用了有关艺术的材料，认为生产力与艺术之间有着直接的联系。其论据是：第一，生产力为艺术提供了不可缺少的物质条件，如绘画材料、电影机、钢琴等①；第二，原始人的艺术直接反映生产劳动，例如原始音乐就是与劳动中有节奏的动作相联系的，原始的绘画主要取材于各种植物，原始的舞蹈往往再现动物的运动②。

任何艺术都需要一定的与生产力联系的物质条件，例如，没有电影机，就无所谓电影艺术。但这怎么能说明这些物质条件就是决定艺术的基础呢？电影机既不能说明电影艺术的内容，也不能说明电影艺术的本质和作用。同一个电影机，

---

① 《基础和上层建筑问题论文集》，上海人民出版社，1958：210
② 《哲学研究》1957 年第 4 期：125

既可以播放《沙家浜》，也可以播放《白毛女》，这难道是电影机作为基础来决定的吗？

至于原始社会的艺术，也要作具体分析。对原始艺术，决不能像同志那样看作只是"有节奏的动作"、"生产动作的韵律"、"再现各种动物的动作"。原始艺术的本质，是原始社会的人的情感和心理的表现，原始人在集体劳动或战争中得到了收获或胜利，通过艺术来表现自己的欢乐。至于节奏的简单或模仿并不是这种艺术的本质，也就是说，并不是有节奏的动作本身激起了人们的艺术情感，而是被集体的、互助合作活动所激起的艺术情感，利用某种节奏或模仿某种动作表达出来。人们的社会关系，决定了人们的社会心理，反映人们社会心理的艺术通过各种方式（包括对自然物的情感）表现出来，只不过原始人的表达方式比较简单罢了。而且不仅原始人，在现代人的舞蹈中也有对生产动作的模仿，在现代人的绘画中也再现动植物的形象、再现人们的生产活动、再现人们的生产物（电站、水库），难道也可以把这些艺术看做是生产力的上层建筑吗？这显然是不合适的。

而且，如果把生产力看成是艺术的基础，主张生产力与艺术有直接的联系，那么在生产力发展水平较高的历史时期，也应出现艺术上的繁荣阶段，可是事实却不如此。就生产力的发展水平看，古希腊奴隶社会低于封建社会，十九世纪的俄国低于当时的其他国家，可是古希腊艺术发展却高于封建的中世纪，俄国在文学艺术上的繁荣也高于当时的其他国家。

由上可见，上层建筑的各个领域的产生和性质，都不直接决定于生产力，而决定于生产关系、阶级关系。生产关系是上层建筑的基础。

二、生产关系决定上层建筑的数量

上层建筑不仅有质的方面，也有量的方面，即它的存在规模和发展速度。上层建筑的数量方面也是由生产关系、阶级关系来决定的。

有一种意见似乎认为，上层建筑的质决定于生产关系，而它的量则决定于生产力[1]。我们认为，这种说法是不确切的。

上层建筑的质和量，都是由生产关系、阶级关系决定的。根据各个阶级对生产资料所有制的关系不同，根据各个阶级之间的互相关系和互相矛盾斗争的要求，每个阶级不仅建立起一定性质的上层建筑，同时也要求和规定着自己的上层建筑有一定的存在规模和发展速度（即数量）。质和量是不可分割的，有质同时

---

[1] 参见汇海文：《上层建筑一定要适应经济基础》一文的第二节，见《江海学刊》1961 年第 3 期

就有量，很难设想，一事物决定另一事物的质，却不能决定它的量。

在经济基础是少数剥削者占有社会生产资料的条件下，剥削阶级为了对人民群众进行统治，必然要建立庞大的上层建筑；随着生产关系的日益反动，反动阶级的上层建筑必然在数量上更加庞大。处于被剥削地位的阶级，为了改变生产资料的占有方式，为了与剥削阶级的上层建筑相抗衡，也要建立起有足够数量的上层建筑。总之，阶级关系的特点和激化程度规定着上层建筑的存在规模和发展速度。

生产力的状况不能从本质上说明上层建筑的数量。例如，在现代资本主义国家中，许多资产阶级政党的存在，名目繁多的报纸的出版，形形色色的哲学派别的流传，杂七杂八的艺术流派的风行，以及个人主义道德的广泛影响，都不是由生产力的状况和生产力的发展所造成的；这些上层建筑的量只能由生产关系、阶级关系的状况来说明。

那么，生产力是否对上层建筑的数量发生作用呢？当然是有作用的。各种上层建筑机构都要利用一定的物质资料，没有钢铁，就没有军队的坦克，没有纸张，就没有报纸，而钢铁和纸张等物质资料的多少，取决于生产力的状况。但这一点并不能证明生产力是上层建筑的基础，因为钢铁和纸张的量并不就是上层建筑的量，由钢铁转化为军队的坦克，由纸张转化为宣传用的报纸，归根到底，决定于一定阶级的经济需要。生产力的状况为上层建筑的量在物质资料上准备了可能性，但它本身还不会造成上层建筑的量。在实际社会中，现实的上层建筑的量，决定于生产关系、阶级关系。

也许有人会说，一个社会的上层建筑机构的量的发展，不应超过生产力所准备的物质条件，否则就要造成社会的畸形发展，因此生产力决定上层建筑的量。这个诊断的前提很正确，上层建筑机构的过分庞大，必然会造成"生之者寡，食之者众"的畸形局面；但这个说法的结论却错了，因为在实际的社会中，特别是在以剥削为基础的社会中，上层建筑机构的数量经常并不适应于生产力所提供的物质条件。反动阶级不会根据生产力的状况合理地安排诸上层建筑机构的存在规模和发展速度，而只可能使它的反动上层建筑越来越庞大。这种事实正好说明了生产力无法调度上层建筑，上层建筑的数量并不听命于生产力。只有在社会主义条件下，才有可能对上层建筑的事业进行合理的安排，使上层建筑的量适应于生产力所提供的物质可能性，但这一点仍旧无法证明生产力决定上层建筑的量。在社会主义条件下对上层建筑的有计划安排和调度，并不是由于人和自然界的关系，而决定于有了生产资料的公有制作基础。正是这样的生产关系，不仅使社会有可能有计划、按比例地进行生产，同时也有可能有计划、按比例地发展社会主义上层建筑的各项事业，使之具有合适的存在规模和发展速度。

三、生产关系决定上层建筑的变化和变革

生产关系既然在性质上、数量上决定着上层建筑，因而也就决定着上层建筑的变化和变革；而生产力则不是直接决定上层建筑变化发展的基础。

生产力与上层建筑之间并不存在着共变的直接因果联系。在一个社会发展的相当长的时期中，生产力可能有了重大的进步，但上层建筑却并不因此有重大的改变，一直要到生产力的进展引起生产关系有了比较显著的变动，上层建筑才发生或迟或早的改变以适应这种变动。在自由竞争的资本主义时代，生产力发展很快，但这一阶段中资本主义的上层建筑却保持了相对的稳定性；到生产力的进展使生产关系中出现了垄断，资本主义的政治、哲学等上层建筑才发生较显著的变化。总之，生产力不能直接决定上层建筑，它只有通过生产关系的变化作中介，才能影响上层建筑。

有的同志也不同意这一观点，他们论证生产力也是上层建筑的基础时，主张生产力和上层建筑有直接的联系，因而生产力的发展能直接决定上层建筑的变化，并以社会主义国家机构的作用和变化作为这一论证的实例。他们认为，"社会主义国家直接管理生产，某些国家机构的组织形式还直接反映着生产力发展的水平，并直接为生产服务"[1]。并且还提出，由于生产力水平的发展，在生产关系没有任何变化的情况下，发生了上层建筑某些环节的改变，即国家机构中经济管理部门和国民经济计划机关的变动，可见，生产力与上层建筑之间并不需要经济基础的中介[2]。

我们认为决不能从社会主义国家管理生产、从它的某些机构随生产力的变化而改变的事实，作出生产力直接决定上层建筑因而应把生产力列入基础的结论。

社会主义国家在其结构形式方面包括政治组织和经济组织。社会主义国家之所以能够管理生产，这是由于社会主义国家直接掌握着生产资料；在社会主义国家存在的条件下，所谓全民所有制是由国家来代表的。具体地说来，第一，社会主义国家的经济组织直接掌握着全民所有的生产资料，它可以直接支配这些生产资料的使用，直接调拨、分配国有企业的产品；第二，国家的经济组织代表全民同集体所有制的组织形式进行商品交换；第三，国家的经济组织计划社会生产，直接掌握全民所有制经济的分配。这一切都说明社会主义国家的这些经济组织本身就代表着全民所有制这种生产关系。在国家还存在的历史条件下，离开了社会

---

① 《基础和上层建筑问题论文集》，上海人民出版社，1958：200~201
② 《哲学研究》1957年第4期：126

主义国家的经济组织，全民所有制就只是一句空话；社会主义国家的经济组织要是不掌握主要的生产资料和国民经济命脉，不作为全民所有制生产关系的直接代表者，就不可能管理社会生产。可见，不能把社会主义国家的一切方面、它的一切组织形式都看成是"纯"上层建筑，这个论点看起来似乎奇怪，但事实终究是事实——社会主义国家代表全民掌握着生产资料。

生产力水平发展了，经济建设的规模扩大了，社会主义国家的经济组织形式当然要有相应的改变，这种改变正是生产关系的具体形式的变化，这种变化是以生产关系与生产力的状况相适合的规律为依据的。社会主义国家所采取的改进经济管理制度的措施，并不像有的人所说是在生产关系没有任何变化的情况下发生的，恰恰相反，这正是生产关系的变化。当然，这一措施并不改变社会主义生产关系的最根本的性质，但却改变了这种生产关系的具体表现方式。国家经济组织的改变，改变了生产部门之间的联系，改变了生产资料的分配形式，也改变了企业之间的联系——这些都是生产关系改变的具体表现。在生产力的发展使某些经济管理形式发生相应的改变时，社会主义国家的阶级本质、它的政治组织形式并没有多大的变化，后者只有在生产关系有较重大的改变时才会或迟或早地发生改变。

四、对几个主要论据的商榷

在以上三节中，我们论证了生产关系决定上层建筑的性质、数量和变化，因而是上层建筑的基础；而生产力则不能直接决定上层建筑的性质、数量和变化，所以不应列入上层建筑的基础。

然而，主张基础必须包括生产力的同志还有一些论据，需要再作一点分析。

有的同志在反驳基础是生产关系的论点时说，生产力是社会发展中最后决定的东西，"既然最后决定的东西是生产力，那么生产力才应当是社会的'基础'"①。

上层建筑决定于生产关系，生产关系又决定于生产力，那么何必不直截了当地说生产力是上层建筑的基础呢？抽象说来，社会上的一切现象（战争、民族、家庭、语言、自然科学等等）最后都决定于生产力，因而似乎应当把生产力叫做基础，同时也不得不把上述各种社会现象都叫做上层建筑，但这样一来我们就不能区别各种社会现象的不同特点，就会把上层建筑现象同非上层建筑现象混淆起来，而不能具体说明各种具体的对象。我们认为，要具体地确定某种对象（如上

---

① 《基础和上层建筑问题论文集》，上海人民出版社，1958：164

层建筑）的基础，必须具体分析这个特定对象的性质、数量和变化规律，抽象地使用"最后决定者"的概念是不行的。生产力固然决定生产关系，但生产力确实不能具体决定上层建筑的性质、数量和变化规律；把生产力当作上层建筑的基础，而它又不能具体说明上层建筑这一具体现象的本质方面，显然是不恰当的。而且，如果一定要把"最后决定的东西"才叫做经济基础，那么我们也就不能说现代战争的经济基础是资本主义的私有制，是人剥削人的经济关系了，因为资本主义生产关系还有一个最后决定者——生产力；于是，我们就只能说现代战争的经济基础是生产力。然而，这样一来，却使我们不能具体说现代战争这一具体现象的本质。

有的同志在反驳基础是生产关系的论点时还说，如果基础不包括生产力，就是割裂生产关系与生产力的联系，使基础成为空洞的虚无。他们认为，"生产力是社会生产的内容，生产关系是生产的社会形式，难道形式是可以离开内容而单独存在的吗"①？又说，"生产力与生产关系是现实生产中两个不可分离的方面。脱离了生产力的生产关系或脱离了生产关系的生产力不是别的，不过是虚无。社会绝不可能以虚无为基础"②。这些看法亦无助于说明上层建筑的基础包括生产力。

不错，生产关系和生产力密切联系着，但二者又同时互相区别、相对独立。不承认后一点，就无法解释为什么大体相同的生产力状况可以有根本不同的生产关系，也无法说明为什么不同的生产力状况可以有基本相同的生产关系。生产关系既是生产方式中相对独立的一个方面，自然要对社会生活产生自己的作用，这又有什么奇怪呢？又在那一点上是以虚无为基础呢？难道生产资料的所有制等关系不是客观的社会关系吗？难道这种关系是虚无的吗？至于说到形式和内容，唯物辩证法不仅完全肯定了形式对内容有着相对的独立性，并且同时还承认，一个事物可以在一种联系上是形式，而在另一种联系上却是内容。生产关系既是生产力的形式，又是上层建筑的内容；而生产力却不是上层建筑的内容。正像语言既是各种科学和文学作品的形式，又是语言学的内容一样。而且，如果只认定生产关系是生产力的内容，又把生产关系和生产力都列入上层建筑的基础，那么根据内容起主导作用的原理，势必要承认生产力对上层建筑起主导作用，但主张基础包括生产力的同志却没有坚持这种逻辑的一贯性。

有的同志认为，基础如果不包括生产力，基础本身就没有发展动力，"因为经济基础中的矛盾归根结底总是生产力与生产关系的矛盾。离开生产力与生产关

---

① 《基础和上层建筑问题论文集》，上海人民出版社，1958：235~236
② 《基础和上层建筑问题论文集》，上海人民出版社，1958：197~198

系的矛盾，就不能说明一种经济基础为什么会变成另一种经济基础"①。

基础（生产关系）的发展动力当然离不开生产力。生产关系与生产力的矛盾，推动着生产方式的发展，它既说明了生产力的变化，又说明了生产关系（即基础）的变化。我们既不应当把生产关系包括在生产力之内，然后由"生产力内部"去寻找生产力的发展动力；也不应当把生产力包括在生产关系（基础）之内，然后由"生产关系内部"去寻找生产关系的发展动力。不把生产力列入基础（生产关系），完全可以很好地说明一种生产关系为什么会变成另一种生产关系。这是历史唯物主义业已解决了的问题。

总之，我们认为，说上层建筑的经济基础就是生产关系的总和，丝毫也不与生产关系适合生产力的规律相背理。

本文的观点是否正确，希望通过讨论，得到批评指正。

---

① 《基础和上层建筑问题论文集》，上海人民出版社，1958：197~198

唯物辩证法范畴的相互关系问题[*]

任何一门科学都由一系列的概念、范畴、规律构成，范畴是科学的基本概念，它反映现实的最一般的和本质的方面、联系和关系。科学认识的成果不仅表现为许多范畴的形成，而且还在于建立和拟定范畴的相互关系，即范畴的体系。

范畴的体系表现在一门科学的各个范畴之间有着严格的逻辑顺序性。例如，力学范畴相互关系的顺序是：速度、加速度、力、功、能；马克思主义政治经济学的范畴系列是：商品、劳动、价值、货币、资本、剩余价值、工资。这些范畴之间的先后次序不是任意确立的，是不能随便颠倒更动的。

马克思主义哲学也是有它的范畴体系，在辩证唯物主义部分中，依次分析了物质、运动、空间、时间、意识等范畴，并科学地验证了范畴顺序的内在联系。但是，由于哲学科学的高度概括性和对哲学范畴体系研究得不够，有不少范畴之间的相互关系尚未得到应有的阐明。在哲学范畴的相互关系的问题上，值得着重探讨一下通常被当作独立部分来阐述的唯物辩证法的范畴，即：现象和本质、个别和一般、偶然性和必然性、原因和结果、内容和形式、可能性和现实性。这些范畴在整个哲学范畴体系中应有怎样的地位，各对范畴之间应有怎样的内在联系和逻辑顺序，都是当前哲学界还未取得一致见解的问题。

确定唯物辩证法范畴的相互关系，是辩证逻辑的迫切任务之一。首先，只有科学的范畴体系才能反映客观辩证法的完整内容，正是通过范畴的相互关系才能把握客观现实中各种对象和现象的本质联系；其次，范畴是认识的总结，研究范畴的体系，有助于揭示人类认识过程的规律性；最后，范畴又是认识的逻辑工具和手段，科学的范畴体系也有助于人们正确地运用范畴作为认识世界的科学方法论。

确立科学范畴的体系的根本原则，是马克思主义关于辩证法、认识论和逻辑统一的学说，具体地说，是要把历史的东西和逻辑的东西结合起来。范畴体系应当符合下述两点要求。

第一，范畴相互关系的顺序性应当大体上符合于人类认识史，符合于认识由

* 原载于《学术月刊》1962 年第 5 期（1962 年 5 月）

低级到高级的逐渐深化的运动。在前面的，应当是在认识的初级阶段所得到的范畴，然后，又是认识的高级阶段所获致的范畴。力学中范畴的顺序性就是与思维是一致的：速度、加速度、力、功、能等范畴前后次第，大体上反映着由亚里士多德、伽利略、牛顿、焦耳、亥姆霍兹所代表的人们对力学现象的认识过程。政治经济学范畴的顺序也大体上与经济思想史相吻合。作为客观世界最一般联系反映的哲学范畴，其顺序性，应当是认识过程一般规律性的概括。

第二，范畴相互关系的顺序性应当具有逻辑的可推导性，在各个范畴之间应当能够由此及彼地互相引申。在范畴的体系中，开端的是比较简单的范畴，它在潜在的（未展开的）形态中包括较后的、比较复杂的范畴；由最初的范畴能够推演和引申出随后的范畴；范畴的每前进一步，就是对前面的范畴的更深刻的展开和说明。例如，在力学范畴的系列中，速度（v）这个范畴是反映机械运动的最简单的思维形式，但从速度可以导出加速度，之后可以连续引申一直达到能量（mv^2）的范畴；而在后面的范畴则是在更深刻、更复杂的形态上反映着机械运动，如能量就是对速度的更具体的说明。马克思在《资本论》中也正是由此推彼地导出政治经济学的范畴系列的。哲学范畴的系列，也应当具有这种逻辑推导的顺序性。

在论述唯物辩证法的范畴时，首先提出现象和本质这对范畴，这种提法是比较恰当的。把现象和本质作为开端的范畴，符合于人的认识运动的秩序，人类思想史、科学史、儿童智力发展史都表明，认识的第一步起始于接触客观事物的外部现象，然后才逐步深入到事物的本质。正如列宁所指出："人对事物、现象、过程等的认识从现象到本质、从不甚深刻的本质到更深刻的本质的深化的无限过程。"①

以现象和本质这对范畴作为开端的另一个理由，还在于这对范畴在其总体上包含着以后诸对范畴，以尚未展开的形态蕴涵着个别与一般、偶然性和必然性、原因和结果、形式和内容等，例如，本质既是一般的、必然的东西，又是原因和结果、形式和内容的统一；范畴系列的随后展开又都是对现象和本质这对范畴的更深切、更具体的说明。与我们所探讨的其他各对范畴相比，现象和本质乃是最基本的范畴。列宁在指出这对范畴的重要性时说过："辩证法特别是研究自在（ansich）之物、本质、基质、实体跟现象、'为他存在'之间的对立的。"②

在现象和本质这对范畴之后，紧随着的就应当是个别和一般这对范畴。

人们对事物的认识由现象到本质的过程同时也是由个别到一般的推移。认识

---

① 列宁. 哲学笔记. 北京：人民出版社，1956：210

② 列宁. 哲学笔记. 北京：人民出版社，1956：255～256

的秩序总是开始于个别的事物，然后再加以概括，揭示出诸事物的共同的、一般的本质。现象是个别的东西，本质是一般的东西，由现象和本质的关系必然逻辑地导致个别和一般的关系；而揭示了个别同一般的关系，才能真正弄清楚现象和本质的关系。正如列宁所提示："'一般'即'本质'。"①

在现象和本质、个别和一般之后，应当接续那一对范畴，目前似乎有两种看法，一是原因和结果，另一是内容和形式。我认为这两者都不够妥当，而应接续偶然性和必然性这对范畴。

从认识的秩序看，由现象到本质、个别到一般的认识过程，直接联系着的就是由偶然到必然的过渡。在认识过程中，首先接触到的个别现象总是带偶然性的东西，而一般的、本质的东西又总是必然的、规律性的东西。人的认识只有在舍弃了事物的偶然特征，才能达到事物的本质。列宁指出，在最简单的、最普通的、最常见的东西中"已经有偶然和必然、现象和本质，因为当我们说伊万是人，哈巴狗是狗，这是树叶等等时，我们就把许多特征作为偶然的东西抛掉，把本质和现象分开，并把二者对立起来。"②

当人们认识了一般的、必然的东西（即规律），也就在同等程度上认识了本质，对规律的掌握是人对事物本质认识的一个关键性的阶段。列宁指出："规律③和本质是表示人对现象、对世界等等的认识深化的同一类的（同一序列的）概念，或者说得更确切些，是同等程度的概念。"④ 例如，在开普勒之前，人们对太阳系行星运行的了解基本上还处于认识现象的阶段，在开普勒总结了当时的大量天文观测资料并概括出行星运行的三个定律之后，对天体运动的认识才开始进入到揭示本质的阶段。门捷列夫发现化学元素的周期律，达尔文发现生物的进化规律，是人类认识化学元素和物种变化由现象到本质的阶段。

在偶然性和必然性之后，才应当是原因和结果这对范畴。

人的认识由现象到本质，必定要求揭示事物的因果性；探明因果关系是更深入地认识事物本质的阶段。列宁指出："一方面，应该从认识物质深入到认识（理解）实体，以便探求现象的原因。另一方面，真正地认识原因，就是使我们的认识从现象的外在性深入到实体。"⑤

把因果性范畴放在必然性范畴之后的主要根据，是由于认识因果性比认识必然性乃是更高的认识阶段。从认识的秩序看，人们在发现必然性（规律性）时

① 列宁. 哲学笔记. 北京：人民出版社，1956：274
② 列宁. 哲学笔记. 北京：人民出版社，1956：368
③ 规律是普遍的必然性，即现象间普通的、必然的联系。——引者注
④ 列宁. 哲学笔记. 北京：人民出版社，1956：133
⑤ 列宁. 哲学笔记. 北京：人民出版社，1956：141

并不能同时就查明某种必然过程的原因，即并未了解必然过程的因果联系是什么，处于通常所说的"知其然而不知其所以然"的阶段；只有随着认识的深化，探求出客观的因果联系时，对必然性才有了更深刻的、真正的了解。

原因和结果并不像有人所认为是一对在认识的初级阶段能揭示出来的较简单的范畴。人类思想史和儿童智力发展史表明，认识过程总是要经历一个"知其然而不知其所以然"的阶段，才能逐渐达到"知其然又知其所以然"的阶段。自然科学史说明，人们首先是知道了摩擦必然生热，只是在后来，才懂得摩擦必然生热的原因。科学史上有许多必然规律在其发现时并不了解其原因，人们在认识必然性之后才进而揭示其因果性，并在查明了因果性之后对早先已认识的必然规律有更深切的了解。由必然性到因果性，是认识由比较不深刻的本质达到比较深刻的本质的一个过程。开普勒在发现行星运行三大定律时，已经初步认识了行星运动的必然性，但在那时，还不知道行星为什么按这些必然规律运行的原因；只是在牛顿发现了万有引力之后，才从因果性上解释了开普勒三大定律，并使人们对行星运行的必然规律的认识更加深化了①。门捷列夫在发现化学元素的周期规律时，也只是知道了元素性质与原子量联系的必然性，并不了解这种必然性的因果关系；只是在科学发现了原子结构之后，才对周期律有了因果性的认识，并更加深刻地揭明了周期律的本质。达尔文发现生物进化论的过程，也是先初步认识到物种进化的必然性，而在之后，他才指出了决定这种必然性的因果关系是物种的生存竞争。

必须在必然性范畴后再阐明因果性范畴，还由于并非任何必然关系都同时是因果关系，因果性只是必然性的一种形式。必然联系包括所谓并存联系、函数关系和因果联系。并存的必然联系（如上与下、普遍与特殊、雷鸣与闪电）并不是因果联系，有许多函数关系（如直径与圆面积的函数关系）也不是因果联系。人们的认识运动，就是要在判明必然联系的过程中，把因果性关系抽取出来。列宁指出，"我们通常所理解的因果性，只是全宇宙联系的一个极小部分"②，正由于因果性只是各种联系的极小部分，因此它就不可能在认识过程的开端真正被抽取出来；对因果性的认识，标志认识由初级本质到高级本质的又一个新的阶段。列宁曾摘录黑格尔的下述观点："世界上有着许多民族，它们就完全没有这个概念（原因）；要有这个概念，就必须有高级的发展阶段。"③

关于内容和形式这对范畴，人们通常都放在现象和本质之后，似乎由现象到

---

① 当然，牛顿的万有引力定律也是人们对必然性的认识，但只有在揭示了万有引力的原因之后，才能更深刻的了解万有引力这个必然规律

② 列宁．哲学笔记．北京：人民出版社，1956：143

③ 列宁．哲学笔记．北京：人民出版社，1956：250

本质同由形式到内容是同一系列的范畴。这种顺序性是不合理的，这种看法的产生，是由于人们未能区分现象和本质同内容和形式的不同意义，并且未能从认识史的角度考察内容和形式在认识过程中的地位和作用。

形式这个范畴往往在不同的意义上加以运用，并常常被理解为事物的现象形态。但作为内容和形式这对范畴来考察的形式，却无论如何不能把它与事物外表等同看待。所谓内容，是指构成一事物的要素和过程的总和，而形式则是这些要素和过程的结构、组成。在这个意义上，形式不是事物的外表，而是事物的本质，列宁指出："形式是本质的。本质是具有形式的。"① 因此，把认识过程中由现象到本质的推移看作就是由形式到内容的过渡，是不正确的。

为了阐明内容和形式在范畴体系中的地位，有必要首先确定内容和形式这两个范畴本身在认识过程中的地位。人的认识秩序是由形式推移到内容，还是由内容过渡到形式呢？本文主张后一种回答。在认识过程中，人们总是首先揭示出一事物是由那些要素和过程构成，然后，才能进一步了解这些要素以怎样的方式结合起来，即先认识事物的内容，然后才认识事物的形式②。自然科学史表明，人们先确定了物质是由原子组成的（科学的原子假说是在 1801 年由道尔顿提出并由他在 1808 年详细阐述），以后才认识到原子的结合组成分子（科学的分子假说是在 1811 年由阿佛伽德罗提出并在 1860 年由国际化学会议正式确认）。原子论学说产生于分子论学说之前，说明了人的认识先是揭露事物由何种要素构成（作为分子内容的原子），然后才揭示出这种要素的结构（原子以一定结构组合为分子）。对原子结构的认识也是由内容到形式的推移过程。在 19 世纪末，人们认识到原子内部包含着电子和带正电的原子核（即原子的内容），到 1911 年卢瑟福才初步认识到电子和原子核的组成结构（即原子的形式），提出了含核原子模型；随着对内容认识的深化，原子结构的认识也随之发展，1913 年形成了玻尔的原子结构理论；之后，由于进一步认识到原子内部还包含着中子、质子及其他"基本粒子"，原子结构的观念也随之不断相应改变。认识史说明，人们不可能在知道事物本身的各要素是什么之前，就去认识这些要素如何组成和结合起来，也就是说，不可能先知道形式，而后才知道内容。

阐明了认识过程是由内容到形式的推移，就易于了解为什么要把内容和形式这对范畴放在前述诸对范畴之后。从人的整个认识史来看，把握住某一事物的内容和形式的统一，标志着认识过程的高级阶段，正是在这一阶段上，人们才在更加

---

① 列宁．哲学笔记．北京：人民出版社，1974：125
② 事物的内容和形式总是同时存在着的，但人的认识却不能同时揭示出这两者，而必然表现出顺序性，正像事物的质和量总是同时存在，但作为认识过程，却只能先知道质，然后才能认识量

深刻得多的程度上揭示和展开事物的本质和必然的因果关系。自然科学中原子分子论的确立，使人们更加深入地了解过去已发现的许多现象（如气体的扩散和溶解），能进一步说明原来已知的必然规律的原因（如定组成定律、气体反应体积比定律）。正是在原子结构学说发展之后，人们对门捷列夫的化学元素周期律的本质的了解才得以更加深刻一大步，才能真正解释元素遵循周期律的必然原因。

把握住某一事物的内容和形式的统一之所以是认识的高级阶段，是由于只有达到这一阶段，人们才既以分解的方式查明了事物的各个部分，它的具体的、较细致的特点，又以结合的方式查明了事物的各个部分是怎样相互联系和相互作用着。事物的本质虽然在一开始就包含着形式和内容的统一，但只有在认识的高级阶段，这种统一才能被揭示出来；在认识过程中，对本质、必然性、因果性的研究，不可避免地会导致要深入地探讨事物的内容和形式；而形式和内容的揭露又具体化了、丰富了以前的认识。唯物辩证法各对范畴的上述顺序性，反映着认识史的逻辑联系。

在唯物辩证法的若干对范畴的体系中，通常在最后才提出可能性和现实性这对范畴，本文认为这种顺序性也是恰当的。

范畴体系这种顺序性是同认识史一致的，人们的认识运动，既包括在实践的基础上获得认识的过程，也包括由认识向实践飞跃的过程。也就是说，人的认识秩序，不仅是在思维的反映上由现象到本质、由个别到一般、由偶然到必然、由并存到因果、由内容到形式，并如此不断深化；而且还要在认识事物的基础上，揭示出事物发展的客观可能性，并通过实践，把可能性变为现实性。把可能性和现实性放在后面，反映着由认识向实践的过渡。

只有在揭示了前面的各对范畴的基础上，才能理解可能性这个范畴。可能性反映着事物发展的前途和趋势，人们只有了解了事物的本质和规律，弄清了事物产生的因果关系和它的内容和形式，才能认识客观事物发展中有什么现实可能性；而揭示出事物发展的可能性，又标志着认识已发展到更高的水平。现实性是已成为事实的可能性，现实性这个范畴也是对客观存在的反映，但它的内容却不是在认识的最初阶段上对个别存在事物现象的反映，而是以往认识的各个环节的全部总和。人们认识的成就，集中地表现为不仅知道事物有什么客观可能性，并且还懂得如何把我们所需要的可能性变为现实。

以上，就是我们对唯物辩证法若干范畴的相互关系的初步看法。要进一步研究哲学范畴体系问题，还要求付出艰巨的劳动，必须深入地探讨各个范畴所反映的客观内容，全面概括思维史的成就（不仅是个别自然科学史材料的引证，而是总结认识史的各个领域的成果）和批判地考察哲学史上范畴体系的演变（例如，由亚里士多德、康德到黑格尔）。对本文来说，距离这些要求，还远得很，提出来的目的只是希望引起讨论。

整体和部分是唯物辩证法的范畴 *

古代的哲学家曾提到过全与分、一与多、整体和部分的关系。在黑格尔哲学中，比较详细地阐述了整体和部分这对范畴。近代科学对考察整体和部分的辩证关系提出了新的要求，提供了新的材料。在唯物辩证法的范畴体系中，整体和部分应有一定的地位。

世界上的一切事物都是整体和部分的对立统一。整体和部分是彼此相异的；整体虽由部分组成，但它并不等于部分；部分只是整体的多样性的规定之一，它不等于整体本身。整体和部分又是彼此相关的：没有部分就无所谓整体，整体离开部分只是抽象的同一，部分则是整体的一个环节，某物离开与整体的关系并不自在地就是部分，没有整体也无所谓部分。

整体和部分的辩证关系的要点是：第一，整体大于它的各孤立部分的总和，整体的运动、整体的性质区别于组成它的各个部分的运动和性质；第二，部分具有它自身所没有的整体性，某个对象作为特定整体的一个部分，同它作为独立的存在物有质的区别。部分联结为整体，各个部分的运动和性质是整体运动、整体性质的基础。然而，整体并不是部分的堆积。整体中的各个部分彼此联系和相互作用着，形成一定的结合和结构，这种互相联系和结构会改变各个部分原来的状况，并使事物的整体具有它的组成部分自身所没有的性质。

事物的各个组成部分之间互相联系的方式是多种多样的，整体和部分的统一表现为不同的类型。就自然现象来说，大致可以分为三种情形。

其一是整体中的各个部分既可以作为独立物存在，又在整体中保持其独立性并相互结合，或者说是部分由机械性的结合组成整体。这种结合就好像由发条、齿轮、游丝、钻石等组成钟表，这些部件不管是否结合在一起，都能保持自身作为独立物而存在。齿轮无论是装入钟表或从钟表中取出，仍然是齿轮。但是，在这一结合中，整体和部分仍然是辩证的统一；钟表的功能归根到底决定于它的各个部件，而钟表的整体特性——计时——却是每一个部件自身所没有的；发条成为计时器的一个环节并不因为它自身能计时，而是由于它在钟表之中。黑格尔在

---

* 本文原载于《光明日报》1980 年 3 月 13 日

谈到自在的统一时曾指出整体是一个系统，系统中每个部分的性质依赖于整体。他认为，在这种整体中，"个别物体虽各有独立的客观存在；而同时却都同摄于同一系统。例如太阳系就是以这样方式的客观存在。太阳、彗星、月球和行星一方面表现为互相差异的独立自在的天体；另一方面它们只有根据它们在诸多天体的整个系统中所占的地位，才之所以成为它们。它们的特殊方式的运动以及它们的物理的性质都取决于它们对这整个系统的关系。这种密切联系就形成了它们的内在的统一，就是这种统一使各个别存在的天体互相关联而结合在一起"（《美学》第 1 卷，商务印书馆，第 150 页）。这种由机械性的结合构成的整体并不仅限于力学系统，只要整体中的各个部分既独立自在又密切联系，均属于这类结合。例如，由电子和原子核组成原子，或由晶体管、电阻等组成收音机，亦可广义地看作机械性的结合，在这里电子无论从原子中游离出来或在原子中，晶体管无论从收音机中拆除或装入，电子或晶体管仍可作为独立物存在。

其二是整体中的各个要素虽有作为独立物存在的可能，但它们在整体中并不能保持其独立性，而是以变态的方式作为部分而相互结合，或者说是部分由化学性的结合组成整体。例如，锰和氧的结合为氧化锰，就是与齿轮，游丝等结合为钟表不同，锰和氧在结合之前或在氧化锰分解之后可以作为独立物存在，但它们作为部分组成氧化锰的现实整体时，则已不是有独立性的氧或锰了。在这类结合中，各组成部分之间的结构更明显地决定着整体的性质。只从颜色上看，氧是无色的。锰是灰色或银白色的，而氧化锰的颜色却是绿的或紫绿的，其原因就在于锰和氧在互相结合时已不是它们自身，而是以离子的形态存在着。

其三是整体由不能作为独立存在物的部分相互结合为整体，可称之为有机性的结合。在化合性的结合中，可独立存在的对象经过质的变化作为部分构成整体，整体中的部分经过离析可以成为独立存在物。但是，在自然界特别是生物界里，整体常常不是由可独立存在的部分组成，在整体分解为部分时，它的组成部分不仅只是名义上的部分，而且也会丧失其存在的可能。黑格尔认为，有机体的各个部分组成整体，同由石头、窗户构成房屋不同，组成生物整体的手、头、足等不能作为独立的存在物，"割下来的手就失去了它的独立的存在，就不像原来长在身体上时那样，它的灵活性。运动、形状、颜色等都改变了，而且它就腐烂起来了，丧失它的整个存在了。只有作为有机体的一部分，手才获得它的地位"（《美学》第 1 卷，第 156 页）。在生物体的各个部分之间，也存在着机械性的和化学性的结合，但它是以有机件的结合为特征的。正如恩格斯指出："无论骨、血、软骨、肌肉、纤维质等的机械组合，或是各种元素的化学组合，都不能造成一个动物。"（《自然辩证法》，第 191 页）有机结合中的部分只有在整体中才有意义，同时，只有各部分之间"活生生"的联系才能形成整体的生命。

整体和部分的区别是相对的，就地球和其他行星而言，太阳系是整体；就银河系来说，太阳系又是其中的部分。整体和部分的关系也是变化的，整体中每一个部分的变化都影响到整体，整体性的改变要波及部分。

正确认识整体和部分的辩证关系，具有重要的方法论意义和实践意义。科学研究总要用分析的方法，把整体解剖为它的组成部分，否则，人们对事物的认识就会是混沌的；然而，只把整体分解为部分并没有认识整体，还必须用综合的方法（实验的结合和思维的综合），使分离的各个部分复归于联结。把原子分解为电子和原子核是认识原子的重要一环，但只说原子中有电子和原子核是以什么方式结合起来构成作为整体的原子，建立起原子模型。同理，如果只弄清了水可以分解氢和氧就算认识了水，这就把问题简单化了，对科学研究来说，花费更多时间和工夫的正在于要查明氢和氧是以何种方式结合成水分子的，只有做到了这点，才真正认识了水。因此，我们不能只说辩证的认识方法是分析的方法，而应当全面地把辩证的认识方法理解为分析和综合统一的方法。

从整体和部分的对立统一去考察事物，也就是要有整体的观点。对事物的某个部分作分析，要联系到事物的整体、事物的其他部分。不能用全力只抓住一点（即使是有决定意义的一点）而忽略其他。爱因斯坦认为科学研究工作中的专业化是不可避免的，但专业化不应忽略整体观点。他举例说："如果人体的某一部分出来毛病，那么，只有很好地了解整个复杂机体的人，才能医好它；在更复杂的情况下，只有这样的人才能正确地理解病因。"（《爱因斯坦文集》第1卷，第518页）搞科学技术的人要学点哲学，其益处之一是有助于树立整体观点：不但要学点哲学，还要学点本门专业以外的东西。如果搞炼钢的人几乎不了解炼铁，不了解金属加工，不了解经济，就难以搞好炼钢。人们不论把整体中的某一个部分强调得如何重要，高于一切，部分终究是部分，终究要受到整体的制约。

整体观点，还要求如实地把整体当做整体来看待。只是联系到生物的群体来研究生活个体还不够，还要对生物群体的规律作专门研究。只是联系到炼铁、金属加工来研究炼钢也不够，还要把采矿、炼铁、炼钢、金属加工乃至整个技术经济体系作为一个整体来加以研究。现代系统论的基本思想就是把自然过程、人体、技术、社会生活的管理等看作整体的系统，其中包括一系列的单元或子系统，单元有它自身的运动特性又作为系统的一部分受整体制约，系统有作为整体的运动特性和规律。整体大于它的各个孤立部分的总和，原来是哲学上的命题，现已成为系统论中的一个定律。系统研究要考虑各个单元所达到的目标，更注重于考虑系统在整体上要达到的最佳的效益，并由此协调各个单元的运动和单元之间的配合。系统研究需要复杂的计量和数学工具，从观点上说，首先需要的是要从整体出发，局限于小生产的狭隘眼界，缺之战略见解，只见树木不见森林，就不可能发展和应用系统论。

　　唯物辩证法是关于普遍联系的科学，唯物辩证法的范畴不能永远是教科书上讲到的那几对，整体和部分作为反映普遍联系的范畴需要加以研究，给予说明。整体和部分作为唯物辩证法的一对重要范畴，在我们的哲学体系中应有一定的地位。

前因后果说质疑 [*]

前因后果的命题是值得研究的。至少我们可以举出若干实例，表明原因和结果不是一先一后，而是同时出现的。在外力（原因）引起物体作加速运动（结果）的场合，因果有同时性。感应电流的产生（结果）并不后于线圈在场中的运动（原因）。我们不能说同化与异化的矛盾在前，尔后才有由这一矛盾决定的生命运动；也不能说生产力与生产关系的矛盾在先，社会的发展在后。

主张前因后果的同志也可以举出许多实例表明因果关系是以时间顺序为特征的。难道不是先有导弹的发射和飞行，后有某个目标被击中；不是先有病菌的侵入，后有疾病的发生？

举例不能代替论证。举出一个因果同时的例子，可以否定前因后果的普遍性，但不足以证明因果同时是哲学命题。举出一个前因后果的实例，可以推翻因果同时的普遍性，也不足以肯定前因后果的哲学结论。除了摆事实，总还要讲点道理。

前因后果的观点在理论上也是有困难的。

第一，因果关系是表示相互作用的范畴。既是事物之间的作用，总有相互间的某种"接触"。如果只讲引起者（原因）与被引起者（结果）分为一前一后，不讲二者的接触，怎么谈得相互作用？力不接触到物体就无从引起物体状态的改变，就不成其为物体运动的原因。先进的生产关系如果不接触到生产力中的人的因素和物的因素，对生产力不起作用，也就不是生产力发展的现实原因。承认因果关系表示相互作用，又不承认作用的发生要以作用者与被作用者同时存在为条件，是讲不通的。

第二，因果关系是对立统一的范畴。某一事件之所以是原因，没有结果就无所谓原因。反之亦然。如果只看因果关系的前后顺序，在"前因阶段"就有了无结果的原因，或尚未产生结果的原因，这就不大合乎辩证法。

第三，因果作用是一个过程。作为原因的事件不会在结果出现后就立即消逝，它要持续地引起结果的产生。因果的并存可能为时较短，例如，高温高压会

* 原载于《光明日报》1981 年 4 月 23 日

使某些化学反应在瞬间实现，但总要有一定时间的高温高压条件存在。因果关系的持续性还可能为时较长，作用于某物体的外力存在多久，物体就在这段时间里不断作加速运动；物体在多长时间里作加速运功。就表示在同一时间里外力始终存在。只讲先因后果至少是没有涉及因果关系的持续性，或者是忽视了这个问题。

那么，前因后果的观点是否就毫无道理呢？不是的。我们在不少情况下可以讲前因后果，问题是要作具体分析，并考察与因果同时性的关系。

第一，原因是引起者，结果是被引起者，就原因是主动性的因素来讲，正像日常用语要说"由于……因而……"那样，可以提前因后果。但这种逻辑形式上的表述上的顺序，并不就等于现实生活中必须先有"由于"后来才有"因而"。

第二，就可能的原因相对于可能的结果而言，也可以说前因后果。导弹的发射或病菌的侵入是会导致击中目标或发生疾病的，这里就是可能的因果关系。所谓可能的因果关系就是区别于现实的因果关系的。如果导弹在击中目标前一瞬间被反导弹摧毁，它就不是击中目标的原因；只有目标被导弹击中，导弹的力量才是引起目标被摧毁的现实原因。如果病菌侵入人体后被正常机体的白细胞杀死，它也不是致病的现实原因。没有得病，就谈不到原因。

认识可能的原因与可能的结果，对预见有重要意义。凡事当然应当顾及后果，否则，我们就难以力争有利的结局，避免有害的结局。然而，我们也要看到可能的原因并不能表明确定的必然性，可能的原因往往是多义的、不确定的、带模糊性的概念，在这点上它与现实的因果关系有重大的区别——因果关系总要表明某一事件必然引起（决定）另一事件的发生。一种外力发生了，它必然引起什么呢？不知道。外力打在刚性强的物体上可能是引起加速运动的原因，打在玻璃窗上可能是玻璃破碎的原因，还可能是把人打痛、打倒、打伤的原因，等等。只有发生了特定的结果，才是现实的原因。这当然不是说世界上有无结果的现象存在，任何事件总是作为现实的原因在起作用的。

第三，因果作用中不仅有量变，还有质变。就某种原因开始只引起量变，继而才引起质变来看，也可以说有前因后果。一定的高温先是使物体变热，尔后才使之熔解或燃烧，这就有时间顺序。但这里仍有因果的同时性和持续性。如果不是高温（原因）同时使物体变热（结果），而且这一过程要持续下去，就不会有熔解或燃烧。

第四，一事物对另一事物的作用还会留下长期存在的印记。在这种情况下，原因即或消失，结果依然存在，又可以说是前因后果。高温要引起燃烧，即使停止加温，物体仍会继续燃烧。许多疾病在消除了病因之后有后遗症。封建社会的经济基础消灭后，封建意识还要在相当一段时期继续存在。在这里，情况比较复杂，停止加温后物体继续燃烧，是因为物体燃烧的放热反应自身就是物体燃烧的原因，还由于有氧的存在：一些后遗症的存在，往往是并未真正做到彻底消除病因；封建意识得以在新的社会中残留下来，也还有现实的条件在起作用。但不管有多少特点，在这种前因后果的情况下，也都有过因果同时的过程。病因曾与疾病并存，封建意识曾与封建经济基础同时存在。可见，尽管我们可以在若干情况下谈论前因后果，原因和结果的同时并存（或曾经同时存在）总是一个前提，作为前提它有一定的普遍性。而时间顺序则是特定场合的因果关系的特征，不是因果关系的一般条件。

因果同时性如果能够成立的话，它也只是因果关系的必要条件，并不是所有同时并存，持续并在的东西之间都有因果关系。在这里，有一个如何从并存关系中区分出因果关系的方法问题。列宁在讲到辩证法的要素时曾提到"从并存到因果性"（《列宁全集》第 38 卷，第 239 页），是不是有这个意思，还有待研究。

承认因果关系的同时性，或许还可以探讨因果关系的对应性。如果暂且不考虑比较复杂的质变过程（质变相应地有质变的原因），我们可以说有什么样的原因就有其相应的结果：重大的原因引起重大的结果，细小的原因引起细小的结果，持续性久的原因引起持续性久的结果。用细小的、次要的原因去说明巨大的自然过程或更重要的历史事变，用短时期存在的原因去解释长时期存在的现象，往往不能揭示事物的本质。

认识论研究中的一个重要方面*
——理论是如何转化为实践的

　　马克思主义的认识论是实践论，它认为人们的认识来源于改造世界的实践，认识的目的又是为了指导实践，更自觉地去改造世界。我们在阐明辩证唯物主义的认识论时一再讲，由实践向理论的转化只是认识运动的一半，而且是并非十分重要的那一半；更为重要的则是由理论向实践的转化。

　　但是，在我们的哲学论著中，教材中和口头宣传中，却有一种不够相称的现象：对于由实践向理论转化的这一半，文章颇多、论述颇细，大大超过了更为重要的另一半——理论向实践的转化。我们比较充分地讨论了什么是感性认识和理性认识，为什么要由感觉、知觉、印象，上升到概念、判断、推理，如何由搜集材料过渡到整理材料，怎样运用实验观察、比较分类、归纳演绎、分析综合等方法，至于在科学理论建立之后，除了较多地讨论了检验理论正确性的标准，对于理论如何指导实践和转化为实践，没有做出较深入的论述。就算认识运动中"由实践到理论"和"由理论到实践"是同样重要的两个部分，我们对前一半讲了那么多的话。在后一半的阐述中却没有说更多的道理，这种现象难道不值得注意吗？

　　或许有可能，由实践向理论的转化，虽然并非更为重要，却有许多道理可讲；而由理论转化为实践，尽管其意义更为重要，除了实践检验理论以外，并没有更多道理可讲，或如有的同志所说，有了正确的理论只要去应用就转化为实践了，这里只有实践问题，还有什么认识论的原理问题呢！确实，阐明由实践向理论的转化是相当复杂的，这里有许多值得研究的认识论原理。例如，对于理性、思想在实验观测和调查研究中的作用，个体心理上的感知与社会群体经验的关系，经验知识中是否包括概念、判断，逻辑思维和想象、猜测、直觉在科学抽象中的作用等，我们至今还没有妥善的答案。但是，能不能说由理论向实践的转化或理论指导实践的道理就很简单呢？这是不能匆忙下断语的。

　　马克思主义的基本原理是正确的，有了马克思主义的革命理论就必然会有在这一理论指引下的革命运动，但这并不是说马克思主义理论能够自然地、简单地

---

* 本文原载于 1982 年《东北工学院第七次科学报告会社会科学论文选》

等同于社会实践。如果马克思主义的理论没有转化为共产党的纲领，没有从理论和纲领转化为一定时期的战略，没有从纲领和战略转化为若干领域的方针和具体政策，如果这些理论、纲领、战略、方针和政策不能为群众所掌握，不能战胜理论上、战略上的错误倾向，马克思主义的理论再好也是不能转化为实践的。从马克思主义的理论到实践，有一系列的中间环节，跳过这些中间环节，马克思的《资本论》不能直接转化为我国当前经济建设的实践，恩格斯的《社会主义从空想到科学的发展》不能直接转化为我国的社会主义革命的实践。新中国成立以来的实际生活表明，我们在工作中、实践中的某些失误，有的是由于基本原理的论述上出现了片面性；有的则在基本原理上没错，而在某些纲领性问题上超越了阶段；有的是基本原理和纲领没错，在若干战略方针和政策上脱离了实际。马克思主义的认识论研究不能不关心这些情况，不能把由理论向实践转化过程中的中间环节置之度外，不能说这里没有多少道理可讲。正确地分析这些中间环节，对于我们的实际工作有很大的重要性和迫切性。

自然科学是生产力是我们近几年来讲得比较多的，有了正确的、深刻的自然科学理论就必然会有生产实践中的突破和发展，但这也不是说自然科学的理论学说本身简单地等同于物质生产力。实际情况是，并非所有的自然科学理论原理都可以转化为直接生产力，有一些自然科学的理论成就在相当长的时期里没有显示其现实意义，或至今仍看不出其应用前景。对于大量可能有实践意义的自然科学理论，也要经过一系列的中间环节才能实现向实践的转化。科学要经过技术才能变成现实的生产因素，而技术又要有从发明、设计、研制到推广应用的过程；自然科学本身还要形成由基础理论学科到技术基础学科和工程应用学科构成的体系。很明显，只有牛顿力学的运动三定律和万有引力定律还不足以说明大桥为什么会断裂或提升机该用多粗的钢缆；只有麦克斯韦的电磁理论还不足以回答如何提高供电的功率因数或如何设计广播电视的天线；只有断裂力学、材料力学、电工学、无线电电子学还不足以具体解决船舶设计、矿井建设、电站工程中的实际问题。一个国家的科学水平未见得同它的技术水平成正比，一个有先进技术或引进了先进技术的国家未见得在生产力的发展上都得到了满意的效益。辩证唯物主义的认识论也不能只限于笼统地、一般地承认科学可以转化为生产力，而不去关心科学怎样才能转化为生产力和这种转化的中间环节，否则，就不能对社会主义建设起到应有的指导作用。

正是因为这样，认识论的研究不仅要关心科学理论，还要关心技术实践，探讨经验知识和科学理论经过技术转化为生产力的规律性。自然辩证法的对象和内容不单要包括科学观（对自然科学发展一般规律性的认识），还要包括技术论或技术哲学（对技术发展一般规律性的认识）。科学研究的方法论不仅要讲如何利用自然定律和提出技术原理，如何进行中间试验，直至如何进行工程设计。这里，有许多有待深入考察的课题，如科学与技术的区别，实验与试验的关系，经验在技术活动中的作用，比较与相似模拟的逻辑特点，控制论、信息论、系统论的方法论意义等。

对于理论如何转化为实践的研究，由于它与人们的社会实际生活和实际工作有更多的联系，与工程技术的实际活动有更多的联系，因而有其困难的一面。这种研究需要更多地关心实际情况，总结实践中的经验教训，向从事实际工作的同志请教，不下一番工夫是不会有成效的。但这终究是一件应当去做、值得去做的事，至少会使我们在讲到认识运动的第二个飞跃时能多讲一些话，多说一些道理。当然，正因为我们在研究理论如何转化为实践这个方面已经做的工作不多，这个领域的研究又是大有所为的。这篇短文不是研究的成果，只是建议要研究理论如何转化为实践的一点意见。我想，在这种研究中将会使哲学工作者同实际工作者（领导工作者、管理干部、科学技术人员等）更好地结合起来，使哲学研究更有意义，认识论的内容更加充实，更有助于社会主义的四化建设。

科学及其在社会历史中的地位和作用[*]

按照唯物史观关于社会存在（物质关系）和社会意识（思想关系）的划分，科学属于社会的意识形态，是以正确反映现实世界为内容的认识活动和知识体系。在人类脑力劳动所创造的社会精神财富中，最宝贵的是科学。科学是人类自觉活动的指路明灯和强大力量，它照亮了征服自然和改造社会的进程，推动着历史的前进。

科学的价值随社会的发展而与日俱增，社会越进步，脑力劳动和科学知识的重要性就越突出，科学的职能和影响就越大。科学的发展和应用已成为巨大的社会事业，是当代技术发展、经济发展和社会发展的不可缺少的环节，全部社会生活都要在科学的指引下进行改造。

考察作为社会现象的科学，考察科学的性质、社会地位、历史作用和科学发展的条件，是历史唯物主义的重要内容之一。不了解科学及其意义，就不能全面理解社会劳动、社会财富和社会意识的全貌，就难以解释社会生产力的发展和生产方式的变革，更无法说明当代的社会生活和预见未来的社会状况。正因为这样，我们在阐明了社会意识的一般问题之后，以专章来论述科学与社会关系问题。

第一节　科学的一般特征

要揭示科学这种社会意识形式的特殊性，揭示科学在社会历史中的地位和作用，首先就应当从科学产生和形成的过程中，从它同其他社会意识形式的区别和联系中把握其本质属性，应当了解科学体系的基本结构，应当认识科学活动的主要特点。

一、科学的形成和本质

各派哲学家对什么是科学的说法不同，各国的百科全书给科学下的定义各

---

* 本文引自肖前，李秀林，汪永祥．历史唯物主义原理．北京：人民出版社，1983。陈昌曙负责其中一章的撰写

异，哲学家和科学家们对科学概念的理解也互有差别，但把科学归属于知识的范畴，看做是人们的认识活动和认识成果，则是没有多大分歧的。其中的一些哲学家局限于在知识范围内来谈论科学，认为科学只是感觉的序列、经验的汇编、有用的术语、待证伪的"似真性概念"等。另一些哲学家和大多数科学家则认为科学知识是现实世界的反映，主张把经验与理论结合起来，坚信科学真理的可证实性和可靠性。

马克思主义认为，科学（包括自然科学、社会科学和思维科学）首先是知识形态的东西，人类生活的各个方面都离不开知识，知识是社会的产物。生产劳动和知识从来是密切相关的，人们总要从劳动中获得知识，并且以知识为武器进行劳动。劳动是整个人类生活的首要条件，物质生产是社会存在和社会发展的基础。然而，物质生产中不可避免地有精神因素的参与。人们在劳动中不仅要靠体力、靠四肢的力量去作用于自然界，而且要靠智力、靠大脑的活动去调整和控制人与自然界之间的物质变换的过程。物质生产又只有依赖于一定的社会关系和社会条件才能实现，社会生活不仅要生产物质产品，还有着其他多方面的内容，各个不同的社会集团、阶级、个人要了解和说明自己的社会地位，处理同其他社会成员的关系，从事政治、艺术、宗教、理论等活动。就是说，人们不仅需要认识周围的自然界，取得关于自然的知识，还需要认识人类社会，研究思维活动，取得社会知识和思维知识。

在改造自然和社会生活的过程中需要知识的因素，并在实践中不断取得新的知识，但不等于人们在任何场合都能正确地反映自然事物和社会现实，并非任何的知识都是科学。在相当长的历史时期里，人们的自然知识不仅贫乏，而且颇多谬误，难以保证物质生产卓有成效地进行；至于社会知识的不足或不正确，就更为突出。只是在历史前进到一定阶段，关于自然界的知识才趋于正确并形成科学体系；社会发展到更高的程度，才出现了反映社会历史客观规律的科学——马克思主义指导下的社会科学。

原始社会的氏族成员在极其艰苦而漫长的劳动生产中，对人类作出了有重大意义的技术创造，积累并运用着许多自然知识。石器的加工、人工取火、弓箭的发明、陶器的制作、捕鱼打猎、家畜的饲养、植物的栽培、房屋桥梁的建造、金属的冶炼等等，都需要一定的智力发展和长期形成的经验。把原始氏族成员看成绝对无知的"非文化的人"，是不正确的。但是，在原始社会中，生产技术毕竟很不发达，人们用以征服自然的力量还很有限，没有专门探索自然奥秘的知识阶层，没有文字，也没有专门传授知识的教育机构，仅有的经验不能上升到科学理论的高度。对威严奇妙的自然过程的畏惧迷惑，又造成了歪曲、虚幻的反映——原始的宗教萌芽。

　　生产力水平的提高，社会分工的扩大，私有制和阶级的产生，脑力劳动与体力劳动的分离，文字的发明和使用，使古代社会中出现了一批以探索和总结自然知识为主要任务的科学家，以及专门研究社会政治、伦理、宗教、艺术问题的学者。然而在奴隶社会和封建社会中，自然科学终究还刚刚产生，并处于逐渐形成而远未成熟的过程中。那时，初步具有理论形态的只有力学、天文学等少数学科；对于生产实践开始有所总结，基本上是描述工艺过程或实用经验（如我国的《天工开物》、《齐民要术》等著作），对许多自然现象只知其然不知其所以然，没有达到科学理论的高度，这种经验知识或可称为古代的实用科学形态。还有一些学者使用直观的方法去猜测自然的奥秘，他们的自然知识采取了自然哲学的形态，科学与哲学尚未区分开来，二者是浑然一体的。尽管自然科学在古代社会中不断有所进展，但当时占统治地位的社会意识则是宗教神学，科学往往违反其本性而成为教会的婢女，不得超越宗教信仰所规定的界限。宗教或是窒息科学的生机，禁绝从世界本身去说明自然事物；或是歪曲利用某种自然科学知识（如托勒密的地心说），用以维护和宣扬上帝创世说；或是提出荒诞无稽的命题（如因果报应），把人们引入歧途。

　　在古代社会中，代表新的生产关系或要求变革的少数思想家，提出过一些具有进步意义的社会政治观点。但是由于当时生产规模的狭小和社会生活处于相对停滞状态，由于剥削阶级的偏见和被剥削阶级的历史局限性，还不可能形成科学的社会理论。

　　资本主义经济关系的萌发和资产阶级反对封建贵族的斗争，推动了近代自然科学的出现并使它迅速地得到发展。机器大工业的要求及其提供的条件，使科学实验成为相对独立的实践活动。近代自然科学得到了全面的系统的发展，真正成为实验的科学和理论的科学。哥白尼太阳系学说的创立，标志着自然科学开始冲破神学的桎梏而宣告独立和近代自然科学的诞生。之后，人们在各个领域不断揭示出新的事实，各门科学从分门别类地整理材料相继进入理论综合的阶段。17世纪，牛顿总结了前人的研究成果，发现了万有引力定律，系统地论述了经典力学，正确地、比较全面地反映了宏观世界低速运动领域的规律，标志着人类对自然界认识的飞跃。18世纪，热学、静电学、无机化学、生物等也建立起来。可以说，人们对自然界的认识只是在这时才取得了比较系统的科学的形式。到了19世纪，由于蒸汽技术的应用和社会生产力的迅速发展，科学实验全面繁荣，大量新的实验事实涌现出来，以研究宏观过程为内容的各门自然科学都取得了重大的理论突破，能量守恒和相互转化定律、电磁感应理论、化学元素周期律、细胞学说和生物进化论等重大发现，表明近代自然科学已经形成相当成熟的知识体系。19世纪末20世纪初，相对论的确立把人们的视野引向宏观高速过程，量子论的出现又从宏观深入到微观领域。从此，自然科学不仅可以着眼于广漠的宇宙，而且能够明察比秋毫之末还细小的世界，成为高度精确的定量化的科学，人类对客观物质世界的认识，无论在宏观方面，还是在微观方面，都大大向前发展了。

与自然科学方面的情况不尽相同，人类对社会生活的认识到十九世纪才开始奠定了科学的基础。在马克思主义产生以前，人们已经积累了有关社会历史的大量资料，只是在社会化的大生产有所发展和无产阶级成为独立的政治力量以后，才可能对社会形态及其变革作出正确的解释，于是产生了马克思主义。历史唯物主义和剩余价值论的创立，标志着社会科学发展中的根本变革，从此，就能够对经济、政治、法律、艺术、道德、宗教等社会现象进行科学的分析。

无论自然科学还是社会科学，首先属于人类意识的范畴。科学认识和科学思维的主体都是社会的现实的人，科学是社会历史发展的产物，它的形成和发展都取决于社会条件，并对社会的物质生活和历史的进程发生重要的影响。就这些方面看，科学与其他的社会意识形态有相同之处。科学又有别于其它社会意识，它是一种特殊的社会现象，特殊的社会意识，它不仅反映社会存在，而且反映自然过程。科学是知识，是对现实的反映。但它不是宗教意识，不是对现实的虚幻的、歪曲的反映，而是如实地、正确地反映客观世界及其规律，是具有客观真理性的知识。科学也不同于道德观念，对于科学知识只能从真或假（正确或错误）、深刻或肤浅、全面或不够全面等方面加以评价，至于善或恶、正义或非正义等则不是衡量科学是非的准绳。科学在反映客观现实时有时也要运用想象、幻想去构思自然事物的图景，但它的任务是要从现象揭出本质，从个别把握一般，从偶然认识必然。科学不像艺术那样借助于形象去感染人们的心灵和情感，给予人们以美的享受，而是要用确凿的事实、逻辑的力量和理论的内容去充实人们的智慧。科学活动，特别是自然科学活动，既是一种精神生活现象，又是社会实践的重要形式之一，科学的成果总是要通过社会物质生活领域体现出来。虽然科学部门有理论科学、技术科学、应用科学的分界，有专门从事理论研究或专门从事实验的分工，但就科学总体来说，理论活动和实践活动、精神因素和物质因素是密不可分的。科学既是一种特殊的意识形态，又可以物化为生产力，这也是科学不同于其他社会意识的重要特点之一。

综上所述，我们可以得出这样的结论：科学是在社会实践基础上探索客观世界的活动，它是以正确地反映现实及其规律为内容，并通过概念、判断、假说和推理等逻辑思维形式表现出来的知识系统，是形成理论体系的自然知识、社会知识和思维知识的总称。

科学这种知识系统或知识体系，作为人类的"认识器官"，包含着极其丰富的内容。首先，科学不断发现和记载关于客观世界的事实，进行科学实验和观察，积累经验材料。科学事实和实验材料是知识宝库的基础，是推动科学理论向前发展的出发点。其次，科学知识不仅要正确反映和描述事实，还要运用一定的方法对所积累的经验材料进行加工整理，给予解释和概括，提出揭示客观过程本质的理论和学说，发现其中的规律性，使知识系统化、规范化。科学规律是知识大厦的主体，是科学理论体系的核心。最后，科学不仅反映客观过程的过去和现状，还要能估计到自然过程和历史事变将朝什么方向发展以及如何发展，看到世界的明天。

二、自然科学和社会科学

一切科学都是客观世界的反映。然而，各门科学由于研究对象不同，它们的认识职能和认识内容又各有自己的特点。

自然科学是关于自然的知识，它所反映的是自然界本身的过程和人与自然界的关系，是和生产力的增长直接联系的。尽管人们的世界观会影响自然科学的发展，尽管不同的阶级在利用自然科学成果时要受到阶级利益的制约，自然科学本身并不是为某个阶级服务的社会上层建筑，它也不会直接随着社会经济关系的变革而改观。认为自然科学有阶级性，例如把物理学分为资产阶级物理学或无产阶级物理学，是没有根据的。

与自然科学不同，社会科学是关于社会的知识，它的多数学科所反映的是人们之间的相互关系和人们的社会地位。社会科学是与生产关系、社会制度以及社会管理相联系的，因而阶级利益不能不对社会科学产生重大的影响。对于同一社会现象，不同利益的社会集团、阶级的看法往往很不一致乃至截然对立。社会科学的主体是上层建筑的组成部分，随着社会经济的改变，社会科学的许多观点和内容也就相应地改变。然而，社会科学的阶级性与社会科学真理的客观性并不总是不相容的。凡是在历史上居于上升地位的阶级，敢于正视社会现实的阶级，就有可能在不同程度上正确反映历史的发展；而处于腐朽没落时期的反动阶级，必然会歪曲社会历史的本来面目。

无论是自然科学或社会科学的结构，都不是一成不变的。科学在近百年来取得了飞速的进步，现代自然科学已形成为具有纵深配合的庞大系统。人们在社会实践中不仅日益深入地揭示自然界本身的规律性，创立了物理学、化学、生物学、天文学和地质学等基础科学，而且还经过实践把自然界加以改造，创造了自然界原来没有的生产部门，改变了自然界的本来面貌，乃至使自然界成为"人类的自然"或"第二自然"；相应地，也就建立了以探讨技术过程的一般规律性为内容（如工程力学、冶金物理化学、自动控制理论）和专门研究特定生产对象（如钨铝冶金学、电机制造学）的技术科学、应用科学。现代的社会科学也正经历着它的分化过程，并还将继续分化。不仅经济学、政治学、法学、历史学、美学、伦理学、社会学等学科要不断发展，分工越来越细的部门经济学和管理科学、社会学的各个分支，以及科学学、未来学等学科也日益显示出它们的重要性。毫无疑问，认识社会历史发展的一般规律，掌握历史唯物主义的科学理论是极为重要的，但这并不应排斥对具体的社会现象作具体的分析研究。社会科学也不能只有基础理论而缺乏分门别类的具体学科，不能只限于理论原则而不作应用研究，不能只有政治经济学而没有工业经济、农业经济、商业经济等部门经济学。

人类知识体系不仅包括自然科学和社会科学两大门类。随着社会实践和人类认识的发展，思维科学（心理学、逻辑学等）在科学体系中越来越占有重要的地位。数学既不是自然科学，也不是社会科学，但各门自然科学都离不开数学，运用数学工具去研究社会生活和进行社会管理也正在取得进展。另外，自然科学和社会科学的相互关系也在发生变化。以往这两门科学几乎没有什么联系，随着人类认识和改造世界活动的深入，它们之间也开始了相互渗透，联系越来越密切。管理科学的形成和发展，环境科学的出现，乃是自然科学和社会科学相互渗透、相互交叉的明显标志。现代科学已经出现了整体化的趋势，即高度分化与高度综合的统一。所有这些，都表现了科学体系内在结构的复杂性。至于哲学，它从来就是自然科学、社会科学、思维科学的概括和总结，在广义的科学体系中，哲学科学是其重要的组成部分。

三、科学活动是社会总劳动的特殊部分

科学在社会生活、社会有机体中的地位问题，是同科学活动的特点密切联系在一起的。

科学活动，同人类的其他社会活动一样，有一个历史的发展过程。早期的科学研究规模很小，设备简陋，主要是个别学者的业余活动。19世纪中叶以后，科学活动日益集中于高等学校、工业实验室和专门研究机构，还按地区、按专业组成各种学术团体。科学探索的领域更加广泛，课题越来越多，从事科学研究已成为许多专家、学者的社会职业。近代科学由于有了专门的任务和手段，规模日益扩大，已经成为社会生活中的特殊部门。本世纪以来特别是在第二次世界大战以后，科学事业的发展已经成为国家战略的重要内容，一些科学部门直接控制在政府手中，许多科学研究项目已具有国家规模，乃至需要国际范围的共同努力。

一些国家用于智力开发和科学研究的投资，每年达数百亿美元，从事科学活动的专家成倍增长。在现代社会中，物质生产仍然是基础，但精神财富的创造，科学活动的开展则比过去具有更重要的地位。科学已成为以提供概念、原理、学说、设计方案、管理方针等为其特殊任务的知识生产部门。

历史唯物主义十分重视研究社会物质生产的条件、要素和特点，也要认真考察知识创造和科学活动的内容和形式。应当承认，创造精神财富的活动，探索自然和社会发展规律的活动，科学的发现和发明，也是社会的必要劳动，也是生产性劳动。科学活动可以说是知识的生产，它同物质生产具有类似的结构。如果借用生产力要素的专门范畴的话，在科学活动、知识生产中，也需要有劳动工具（仪器设备等）、劳动资料（图书报刊等）、劳动对象（在社会实践发展中提出的研究课题）和劳动者（从事科学研究的人员，主要是知识分子）。科学劳动者既处于社会总的关系之中，又在科学活动中以一定方式结合起来。这种结合方式的状况也要适应于科研能力的发挥。在现代条件下，当我们考察一个社会的生产方式时，不仅要着眼于工农业生产的能力，而且要顾及到社会的科研能力、知识生产的能力，以及与此相应的社会经济关系和生产技术关系。

然而，科学活动终究是社会总劳动中的特殊部分。在物质生产中，人们可以而且必须重复制造某一类产品，而知识生产的突出特点则是它的创造性，它要以提出新见解、新思想、新设计、新工艺为目标。不断创新是科学劳动的生命，在科学活动中只有"第一号产品"才能称得上是发现或发明。物质生产（特别是工业生产）可以按确定的程序和计划进行；科学研究则是一个探索未知的过程，在科学活动中挫折、失败和风险是难以避免的，而且还常常出现事先无法料及的机遇。物质生产通常要以劳动者的直接协作来实现，在现代化物质生产的产品上一般都不打上劳动者个人的标记；知识生产过程则难免要有个体性。现代科学劳动的社会化程度日益提高，许多科学研究任务必须要由许多人的直接协作、共同劳动来实现；但以个体的方式阅读文献资料，进行观察、分析、计算、假设、决断，提出自己的创见、建议、方案等仍是很重要的，在精神劳动的产品上往往要刻上个人的印记。物质生产的劳动在特定的社会条件下是自由的劳动，但在阶级社会中，相当一部分物质生产是带强制性的、非自由的劳动。精神生产的情况就不尽相同了，一方面，大多数从事科学活动的劳动者在资本主义社会中是被雇佣的，他们不能自由地确定研究方向，更不能自由地中断劳动；另一方面，他们所从事的科学探讨这种劳动本身又具有不可强制性，用棍棒或鞭子很难强迫他们提出某种创见。科学上的发现和发明必须靠独立思考，靠科学劳动者自己开动脑筋，也要靠学术上的自由讨论和交流思想。在这个意义上，科学活动又是自由的劳动。科学活动需要创造性的探索，需要思想上的活跃，强迫命令、专横独断、闭关自守等等都是有害于科学进步的。

认识并强调科学活动的这些特点是必要的，但这决不意味着它只有个性而不包含共性。不管人类在创造知识财富上有哪些特点，精神生产、科学研究总是体现着社会的一般劳动。科学活动无论以什么方式进行，它在本质上也是一个协作的过程。马克思指出："一般劳动是一切科学工作，一切发现，一切发明。这种劳动部分地以今人的协作为条件，部分地又以对前人劳动的利用为条件。"① 夸大科学活动的特殊性，看不到知识生产与物质生产的统一性，乃至把二者截然对立起来，就不能正确认识科学事业的社会地位和性质。

既然科学活动是社会总劳动中不可缺少的、重要的组成部分，科学研究是艰苦的劳动过程，科学成果是社会必要劳动的结晶，很自然地，从事精神财富生产的知识分子，同创造物质财富的工人农民一样，都是社会生产力的劳动者。应当看到，知识分子并不是一个阶级。在阶级社会中既存在着为反动阶级服务的御用学者、反动文人，这是少数；也存在着对人类文化作出贡献的科学工作者、工程师、发明家，这是多数。还应当看到，在旧社会中，知识分子由于其所受的教育、社会地位、职业特点的不同，他们在政治态度、思想感情上同处于社会底层的、以从事体力活动为主的劳动者有一定的区别；但是，这并不能否定多数知识分子仍是社会财富的创造者和劳动群众的一部分。

在奴隶社会、封建社会、资本主义社会中，都有一批出身于剥削阶级的知识分子，有一些科学家本人就身兼官吏或资本家。我们从科学劳动的角度来评价这些知识分子和科学家时，主要应看他们在创造社会精神财富上起了多大的作用，而不是以他们的出身或职位为根据。凡属对人类文化发展作出重要成就的人，都应给以足够的肯定。至于社会主义条件下的科学工作者，则无论从社会地位、服务方向、劳动内容来说，都是劳动人民的一部分。否定知识生产是社会劳动，否定知识分子是劳动者，把知识分子的多数归属于剥削阶级的范围，既不符合历史的事实，也不利于社会精神财富的创造和继承。

第二节　科学是推动历史前进的巨大杠杆

社会创造了科学，科学造福于社会。科学从一开始就是并始终是进步的、革命的因素。恩格斯指出："在马克思看来，科学是一种在历史上起推动作用的、革命的力量。"② 他还写道，马克思"把科学一首先看成是历史的有力的杠杆，

---

① 马克思恩格斯全集（第25卷）. 北京：人民出版社，1974：120
② 马克思恩格斯全集（第19卷）. 北京：人民出版社，1974：375

看成是最高意义上的革命力量"①。科学对社会发展的促进作用，在增强人的精神力量、推动经济发展和社会变革等方面表现出来。

一、科学是革命的精神力量

人类的社会实践是不断向前发展的，科学也是不断前进的。在各种社会意识形态中，科学是最富于积累性的、永远向上发展的因素。所谓科学革命，决不单是旧学说陷入"危机"，旧原理被证伪，新理论取代旧观念，而同时是前人的正确认识被保留，合理的知识成分被继承。科学总是不断增添新的内容，越积累越丰富，越高级的。诚然，人们的政治思想和道德观念也有历史的继承性，但在新社会取代旧社会的时候，在原有的政治和伦理意识中需要摒弃的东西较多，它们的进展和完善往往是曲折的。艺术的继承和创新有较明显的时代差异，历史上灿烂辉煌的艺术成就在以后很可能不再重现，有些方面（如中国的古诗）更难以超出历史上的水平。至于宗教虽曾盛极一时，但它正在并终究要衰落下去。唯独科学，只要是真正反映着客观事实和客观规律的科学，它就有永不磨灭的光彩，带有"不可逆"的性质。人们一旦取得了新的科学成果，就会放弃过时了的、谬误的东西，科学水平总是一代比一代更高，人们的科学知识总是一次又一次超过历史最高水平，科学的发展总是一代比一代更快，世界上没有任何力量能够长久地阻挡科学的进步。虽然在历史上（例如欧洲黑暗的中世纪）出现过科学上的停滞现象，但那是由于科学以外的原因造成的，是同科学的本性相违背的，而且是暂时的。恩格斯说："科学的发展则同前一代人遗留下的知识量成比例，因此在最普通的情况下，科学也是按几何级数发展的。而对科学来说，又有什么是做不到的呢？"②

科学首先是作为精神的力量，对人类生活发生影响。古代科学就对社会生产和无神论哲学起了促进作用，但整个来说这种作用并不很明显。近代科学在开始产生时就有利于生产，而它在当时的主要作用则是作为反对封建教会的思想武器。在西欧的封建社会中，宗教神学、经院哲学在意识形态领域占统治地位，而且宗教势力还同封建贵族的统治结合起来，拥有巨大的经济实力和政治权威，教会成为封建统治的强大支柱。在这种情况下，如果没有一场广泛而有力的思想解放运动去动摇神权统治，新兴的资本主义生产方式就无法成长。近代科学就是在这种背景下应运而生并活跃于历史舞台的。科学按其本性来说只承认客观的事

① 马克思恩格斯全集（第19卷）. 北京：人民出版社，1974：372
② 马克思恩格斯全集（第1卷）. 北京：人民出版社，1974：621

实，它不迷信任何偶像，不承认任何陈腐不变的教条，不听命于任何权力意志。以哥白尼为代表的近代科学的先驱者勇敢地向被宗教神化了的"地球中心说"挑战，一批科学的殉道者不怕送上火刑场或投入宗教裁判所的牢狱，向神学蒙昧主义的阵地一次又一次猛攻。科学真理打破了宗教信仰的传统观念，它使理性伸张，舆论活跃，给封建制度以沉重的打击。

自然科学的发展为近代唯物主义奠定了基础，打开了形而上学世界观的缺口。自然科学的新成就是马克思主义哲学产生的重要前提。辩证唯物主义的继续丰富和发展，也必须利用和总结现代科学的材料，回答现代科学所提出的世界观和方法论问题。就哲学与自然科学的关系看，首先不是哲学指导科学，而是科学推动着哲学的前进。恩格斯说过："在从笛卡儿到黑格尔和从霍布斯到费尔巴哈这一长时期内，推动哲学家前进的，决不像他们所想象的那样，只是纯粹思想的力量。恰恰相反，真正推动他们前进的，主要是自然科学和工业的强大而日益迅速的进步"[①]。

与近代自然科学蓬勃发展的景象不同，在社会历史的知识领域内，剥削阶级的思想体系曾经长期占支配地位，束缚着人们的头脑。劳动群众对经济、政治、战争、民族、道德等社会现象缺乏正确的理解，因而难免被人愚弄和欺骗。只有在马克思主义的科学形成和传播以后，无产者才能自觉地认识到自己的社会地位和历史使命，才能不再屈从于"命运的安排"，不再听命于"贤明的救世主"，不再局限于眼前的"现实利益"。马克思主义及在其指导下的各门社会科学的发展，无产阶级和人民群众社会历史知识的科学化。是摆脱旧的传统观念，建立社会主义的精神文明，发展社会主义文化的重要条件。

二、科学向社会物质财富的转化

马克思说过："自然界没有制造出任何机器，没有制造出机车、铁路、电报、走锭精纺机等等。它们是人类劳动的产物，是变成了人类意志驾驭自然的器官或人类在自然界活动的器官的自然物质。它们是人类的手创造出来的人类头脑的器官；是物化的知识力量。固定资本的发展表明，一般社会知识，已经在多么大的程度上变成了直接的生产力，从而社会生活过程的条件本身在多么大的程度上受到一般智力的控制并按照这种智力得到改造。"[②] 科学这种知识形态的东西，能够并且已经转化为宝贵的物质财富；或者说，近代的生产力乃是物化的知识

---

① 马克思恩格斯全集（第4卷）. 北京：人民出版社，1974：222
② 马克思恩格斯全集（第46卷）. 北京：人民出版社，1974：219～220

力量。

培根曾经提出过一个著名的口号："知识就是力量"，事实的确如此。资产阶级之所以能够战胜封建贵族的统治，归根到底并不在于它发表的种种政治宣言或参与了国会的选举，而是由于它在科学技术和经济实力上占了优势。火药、报南针、印刷术这两项成就一旦被新兴资产阶级掌握，就成为预告资本主义社会到来的重要催生剂。水力、蒸汽力的利用，机器的应用，这是 18 世纪中叶起资产阶级最终战胜旧世界的强大武器。"随着资本主义生产的扩展，科学因素第一次被有意识地和广泛地加以发展，应用，并体现在生活上，其规模是以往的时代根本想象不到的。"①

自然科学之直接转化为生产力，在 19 世纪中叶以后更明显地表现出来。在这以前，尽管也有科学引导生产发展的情况，但整个来说，自然科学落后于生产，生产技术的改进乃至新技术的发明和传授主要依靠经验的积累和手工工艺。到了 19 世纪后半叶以后，自然科学已经在理论上趋于成熟并走到了生产实践前面，能够预见、指导生产的发展。离开科学知识，就无法说明现代生产力的结构和发展。

在现代社会生产力中，以劳动工具为主的生产资料日益与科学密切结合，新的生产工具几乎都是来自科学的物化。手工工具、水磨、蒸汽机的早期应用主要是经验的产物。然而，没有热力学就没有高效率的蒸汽机和内燃机，没有电磁感应理论就没有发电机和电动机，没有原子物理学就没有原子能发电和核反应的其他应用，没有空气动力学就没有飞机和火箭，没有电子学就沿有电子计算机和自动化机床。内燃机、电机、电子计算机和自动化工具等，不仅是自然界本身所没有的，而且是在先有某种科学之后才有的，这些生产手段直接来源于知识，特别是自然科学的发展。

掌握科学知识是现代社会生产中劳动者的必要条件。在现代社会里，在生产过程中起作用的是具有一定科学技术知识、劳动技能和生产经验的人。可以设想，文化水平不高的工匠甚至文盲也能够使用并改进铁犁或蒸汽锤，但没有相当水平的科学技术知识就难以操纵电力机车或数控机床，更不能去使用和改进电子计算机或空间运载工具了。现代社会生产力中的劳动者中间必不可少地包括科学技术工作者，未来共产主义社会中的物质资料生产者都应当同时是科学技术工作者。

科学的发展也改变了生产中劳动对象的状况。人类靠着世代积累的经验学会了利用自然物，在漫长的时间里，社会生产过程主要是加工自然界本身存在的

---

① 马克思. 机器、自然力和科学的应用. 北京：人民出版社，1978：208

"天然物质"（例如石头、木材），或从自然物中分离出某些东西（例如一般的钢铁生产）。现在，人们则不仅继续利用和分离"天然物质"，而更重要的是学会了合成"人工物质"，生产各种特殊性能的合金、合成纤维、合成橡胶、合成洗涤剂等物品。所谓人工合成，就是科学的物化，就是利用科学知识去创制自然界本来不存在的东西。科学的发展极大地扩大了劳动对象的范围，地壳深处的石油和海底的矿藏可以得到利用，许多原来不能被利用的废物可以成为有用之物。

科学的发展改变了工艺过程的性质和劳动特点。人们用什么方法去征服自然、改造自然，这是生产中的重要环节。现代化的工艺则不仅是多样性的（如利用化学腐蚀、光刻、电火花进行加工），而且更加大型、连续、高速、精密和自动化。现代工艺是科学的工艺，产品的数量特别是质量在很大程度上不仅决定于原材料的状况，而且主要决定于工艺过程的科学化。在历史上的社会生产中，人类的体力支出曾占主要地位；之后，大部分体力劳动则由机器代替了。目前，由于计算机科学的发展，由于各种电子计算机的日益普及，机器已开始取代了部分的脑力劳动。由动力机、传动机、工作机组成的机器体系曾是人类征服自然的有力工具，现代的机器体系中又增加了控制装置的部分，由电子技术武装的自动控制机构已成为生产的枢纽。科学的发展使人类日益从笨重的、有危险性的劳动中解放出来，并且使人类变得更聪明，把人们的智力放大了千百万倍。科学既延长了人类的四肢，增强了人类的体力，延长了人类的感觉器官，也延长了人类的大脑，从而全面地提高了人类征服自然的能力。

科学的发展还改变了社会生产部门的结构和组成，使传统的工农业生产部门和运输业等面目一新，并且造成了一系列新兴的生产部门。人们把现代生产中新增加的许多部门称为"知识工业"、"知识集约型工业"或"以科学为基础的工业"。这种工业或者不需要大量的能源，或者不需要大量的材料，或者所需要的能源、材料用量都不大，而只需要一定数量的信息和科学知识，就可以创造出大量的社会财富。当然，"知识工业"与传统工业的划分只是相对的，随着科学知识在生产中越来越广泛地应用，全部社会生产都将要成为科学化的生产。

科学的发展极大地提高了社会劳动生产率。由于科学的作用，现代社会生产中产品的质量和数量上升的速度经常会大于投资的增长率，产品的增长又经常小于原材料消耗的增长率。

科学的发展也是振兴经济的重要前提。因为先进的科学技术一旦应用于生产实践，就会造成最强大的最活跃的生产力，甚至使生产成倍增长。例如，根据推算，到 2000 年使我国工农业总产值翻两番，有一半要靠科学技术的力量。不靠科学技术的进步，"翻两番"的战略目标是不能实现的。因此，搞现代化，振兴经济，一定要依靠科学技术进步，这是今后我国进行经济建设的一条基本的指导思想。在生产力发展中所体现的科学力量里，不仅有自然科学所造成的技术改进，而且有管理科学所提供的决策力量。生产过程要有物有人，还要有人与物之间的适当配合，人与人之间的适当配合，物与物之间的适当配合，充分发挥人力、物力的效率。这就既要处理所有制方面的问题，还要解决经济技术管理方面的问题。同样的所有制和人力、物力，管理件制和管理方式不同，生产力状况也会有很大的区别。就这点看，管理科学及其应用程度，是生产力发展的一个重要因素。

　　人类社会的生活已经有了二三百万年的历史，然而，由于近代社会物质技术基础的巨大变化，人类在近一百多年中所创造的生产力，却比过去一切世代创造的生产力还要多，还要大。科学从理论知识变成了强大的生产力，变成了人类征服自然的实际力量，这是科学的主要的社会职能。现代社会中的许多物质财富得益于精神财富的创造作用，有了科学，才会有万吨水压机、内燃机车，才会有原子反应堆和登月飞行。工业现代化、农业现代化、国防现代化，从其实际内容说，也就是工业科学化、农业科学化、国防科学化。一句话，就是要有现代化的科学和技术，并使之广泛有效地应用于各部门。

　　科学不仅对社会物质生产的手段、条件、过程和效果等起着巨大的推动和改造作用，而且对社会生活的各个方面都产生重要的影响。科学技术的发展能够促进文化教育、艺术及各种社会服务事业的繁荣。没有摄影机就不可能有电影艺术，没有电视机就不会有电视大学。如果没有气象预报，也会给人们的生产和生活造成很大的不便。科学的发展使得衣、食、住、行，以及家庭生活等领域都有了很大的进步。古代的帝王可以靠残酷掠夺的财富过着豪华的生活，但是，他们却不能享用到现代科学的成果，他们梦想不到人世间会有收音机、电视机、电冰箱和洗衣机，梦想不到有高速飞行的旅游、温度可调节的住所，而这一切在现代社会生活中则已成为现实。科学特别是医学的进步，还使人类的寿命大大延长，从而也有利于人类有计划地控制自己的增长。尽管剥削制度还在不断造成劳动群众的贫困；但是，科学的进展在客观上总是造成社会财富的增长和社会成员生活水平的提高，这是不以任何阶级的意志为转移的。

三、科学进展与社会关系的变革

　　科学使社会生产和人类生活发生了巨大的改变，从而也对人们的社会关系产生了深刻的影响。资产阶级利用科学技术的成果巩固了它对封建贵族的胜利，并使社会中间阶层的很大一部分成为无产者。在现代条件下，人们之间广泛的社会关系也会随着科学技术的进步而发生改变。拖拉机、汽车、农药、化肥、电力的应用，不可能不影响到工农关系、城乡关系，恩格斯就曾指出，电力输送的科学发现终将成为消除城乡对立的杠杆①。现代生产的科学化，也为消除体力劳动和脑力劳动的差别创造了条件并使之逐步实现。农业生产技术的科学化，减轻了农业中的笨重的体力劳动，提高了农业劳动者的科学知识和技术才能。在现代工业中，直接从事科学研究和技术工作的人员比例不断增大，工人的劳动在很大程度上要依靠科学技术。特别在机械化、电气化、自动化的企业中，参与劳动过程的许多成员已经既是体力劳动者，又是知识分子。

科学技术的进步使人们的一般社会关系也有了改变。广播、电视的普及，可以使地域上彼此隔离的人们建立起相互学习的关系、教育者与受教育者的关系。电话、电报、传真技术的发达，使人们之间的社会联系更加密切，社会的组织化程度大为提高。自动售票、自动售货技术的产生，使生产、消费、服务之间的关系发生改变，增强了社会管理的效率。科学的发展不仅使生产的过程更加社会化，而且使人们之间的关系也越来越社会化了。

劳动生产率的增长，生活水平的提高，社会关系的改变，表明科学已经渗透到社会生活的许多领域，并正在推进人类社会的进步。同时，科学的发展还为人类社会向更高阶段的过渡准备了物质条件、社会力量和理论前提。

自然科学所取得的辉煌成就，加深了世界资本主义体系的各种矛盾，使私有制为基础的生产关系同社会化的生产力之间的不适应更为尖锐。最新科学技术使社会财富大量涌现，劳动量大为节约，但是，这在资本主义社会中却表现为资本家所获得的利润大大超过广大群众的实际收入，失业问题严重，不仅那些知识水平较低、主要从事体力劳动的人经常被抛入失业大军，就连许多受过高等教育的科学技术人员的职业和生活也没有保证。现代的科学技术提高了能源和资源的利用效率，资本主义生产的无政府状态却又造成了能源和资源的巨大浪费。科学技术发展的必然趋势是提高生产过程和人类生活的社会化程度，但生产资料的私人占有却阻碍着社会的进程。电子计算机科学、系统工程学、技术经济学的建立和应用，本来可以做到把社会经济的各个部门、各个企业联结起来，把生产、分配、交换、消费联结起来，从而协调各个企业的生产计划和产品分配，形成统一的经济体制。然而，由于各个经济部门、各个企业单位都把持在私人资本家或资本家集团手里，要在全社会范围内充分利用电子计算机科学是不可能的。少数发达资本主义国家还利用其科学技术的优势从不发达国家获取超额利润，使许多不发达国家的经济地位更加恶化。同时，不发达国家则强烈要求利用科学技术发展本民族的经济，不断加强同发达国家抗衡的实力。可以期待，随着广大不发达地

---

① 马克思恩格斯全集（第4卷）．北京：人民出版社，1974：436

区科学和经济的独立成长，世界的格局将会产生重大的改变。在发达资本主义国家之间，彼此利用科学技术的优势力量进行争夺，资本主义各国之间政治经济发展的不平衡正在加剧。

无产阶级的产生和发展是与科学技术的发展密切联系的，现代科学技术也改变着无产阶级的组成和力量。无产阶级是最先进的生产力的代表，他们在现今社会中，不单是大公无私、最有组织纪律性，而且懂得科学知识，掌握着先进技术。在现代社会中，拥有科学知识的新一代的工人阶级，其中包括大多数"白领工人"在内，日益成为社会进步的中坚力量。无产阶级如果还处在目不识丁、知识贫乏的状态，就难以胜任改造现代社会、推动历史发展的伟大使命。

充分揭示人们的社会关系并指引全部社会生活合理化，在很大程度上取决于社会科学的完善和社会科学所发挥的作用。在无产阶级取得政权以前，共产党要依靠社会科学的理论，制定正确的纲领、路线和政策，动员群众去推翻剥削者的统治。在取得政权后，在社会主义建设中，共产党既要十分重视利用自然科学的成就来建设新社会，又要足够注意社会科学理论，特别是有关社会主义建设的学说的发展和应用。

实践表明，我国社会主义革命和社会主义建设中的某些挫折和教训，其中包括对发展生产、发展科学技术方面的忽视和失误，并不是由于人们对物理化学中的基本原理不了解，而是由于违背了生产关系一定要适合生产力状况的规律，对现实阶级斗争的形势作了不恰当的估计，即对社会缺乏科学的认识。实践也表明，没有正确的政治学和法学理论，就不能制定合理的法律规范；没有正确的人口理论，就不能提出恰当的人口政策；文艺的繁荣和文艺批评的开展，需要有正确的美学理论；加强各民族的团结，充分发挥各族人民之所长，需要有正确的民族学、民俗学理论。社会科学理论上的失误，都会造成方针政策上的偏差和实际工作上的挫折。总之，在社会主义建设中，必须把发展社会科学看做是整个科学事业的不可缺少的部分。列宁指出："社会主义自从成为科学以来，就要求人们把它当做科学看待，就是说，要求人们去研究它。"① 现代社会具有一系列新的特点，各个不同的国家、不同的地区又有其特殊性，马克思列宁主义的科学也要在不断研究新情况、新问题中得到发展，才能真正成为改造一世界的实际力量。

坚持用科学社会主义的理论为指导来改造社会，终将使人类生活更加繁荣昌盛。科学社会主义的理论和实践终将会使社会的多数成员认识到真理之所在，吸引他们自觉地按科学原则去建立新的社会制度、社会关系和社会生活准则。人类未来的社会将会按照越来越科学的原则组织起来，人类的一切活动都将高度科

---

① 列宁.列宁选集（第1卷）.北京：人民出版社，1960：244

学化。

总之，科学不仅是改造自然的武器，也是推动历史前进的革命力量，人类的科学知识越正确、越丰富、越能付诸实践，就越能促进社会的发展，社会进步的程度与自觉应用自然科学和社会科学的程度是一致的。

第三节　科学发展的社会条件

科学和社会之间的关系是相互的。科学来源于社会，它的发展和所起的作用又是受社会条件制约的。要充分发挥科学的社会作用，使之造福于人类，就必须研究发挥科学职能的社会机制，创造适合于科学进步的社会环境。只讲科学的社会职能，忽视社会对科学的制约，把科学看做可以超脱于社会的独立因素，乃至主张只要有自然科学的成果就可以救国、救世，这种观点在理论上是不正确的，在实践上是不可能做到的。

一、社会生产制约着科学的进步

自然科学的产生一开始就是由生产决定的，生产的发展和技术的需求推动着古代和近代科学的前进，"生产——技术——科学"的关系在人类文明史上居主导地位。恩格斯在论述近代自然科学同生产的关系时指出："如果说，在中世纪的黑夜之后，科学以意想不到的力量一下子重新兴起，并且以神奇的速度发展起来，那么，我们要再次把这个奇迹归功于生产。"[①] 又说："社会一旦有技术上的需要，则这种需要就会比十所大学更能把科学推向前进。"[②]

现代自然科学与社会生产之间的关系有着新的特点。由于科学研究已成为专门的社会活动和社会事业，由于科学实验和理论思维更加完善和发展，科学对生产的相对独立性增强了。现代自然科学，特别是它的基础研究方面，主要地、直接地是同科学实验打交道，理论探索和数学分析的作用更为突出。诸如天体演化、基本粒子结构、生物遗传机制等问题的研究已大大超出了现实生产的范围，某些学科的发展好像越来越不受生产约束了。而且，生产不仅"管"不了科学，科学却要"管"起生产来了——自然科学的发展往往领先于生产，新兴技术成为现代科学的直接应用。在现代，出现了"科学——技术——生产"的新关系，看不到或低估这一点是不正确的。

---

① 马克思恩格斯全集（第3卷）．北京：人民出版社，1974：523
② 马克思恩格斯全集（第4卷）．北京：人民出版社，1974：505

　　然而，我们又不能夸大科学与生产间的分离倾向。现代自然科学不仅在历史上渊源于社会生产，就现实情况来说，生产仍然是科学的基础，"生产——技术——科学"的关系仍然起着重要作用。任何时候，投身于科学事业的人力，科学研究所得到的物力和财力，总要取决于社会物质生产提供的可能。社会生产仍然制约着现代科学发展的方向、规模和速度。科学可以转化为生产力，科学的发展又需要以生产力的提高为条件。科学会以几倍、十几倍乃至更多的代价"报答"社会生产给予它的恩惠。科学又需要生产提供的"贷款"，然后才能充当生产的向导。如果生产不发达，或者虽注重发展生产但却不以足够的生产能力去武装科学，科学事业也不能很好成一长起来。技术从来是科学研究的手段，现代科学对技术的需求也加大了，高能物理、天体演化等研究要利用高能加速器、质谱仪、电子显微镜、射电望远镜、激光测示仪、航天探测器等装备和仪器，它们在技术上都颇为复杂，而且往往要由若干工业部门的尖端技术协同生产才能制造出来。现代技术是科学化的技术，现代科学是技术化的科学，现代科学在物质基础和研究手段上更加依存于工程技术。在技术科学、应用科学的研究方面，现代科学的许多研究课题仍然是来自生产技术的需要，这是与基础科学不同的。在社会主义建设中，我们既要重视基础科学的研究，又要强调自然科学与生产技术的结合，从而使科学、技术、经济和社会发展互相协调。

　　社会科学的内容不直接反映人与自然界的关系和生产力的状况，社会科学方面的许多研究也不给生产力的提高带来直接效益。然而，这决不意味着社会科学是与生产力无关的"纯粹意识"。社会生产决定着经济关系，进而制约着包括社会科学在内的整个上层建筑。社会科学的发展直接依赖于社会经济关系的状况，归根到底也离不开生产力的水平，社会科学的研究同样需要生产提供"贷款"和"资助"。某些社会科学（主要是经济学）的研究与生产的发展有较多的联系。在无产阶级取得政权以后，社会科学的许多研究课题更是以提高劳动生产率，提高劳动者的生产积极性为出发点的。同时也要看到，正因为社会科学同生产之间的关系不是那么直接，在社会生产还没有充分发达以前，人们可能对社会科学不够重视，而把科学事业仅仅理解为自然科学的研究，使社会科学的发展受到一定的限制。然而，这种情况恰恰说明改变社会科学落后状况的必要性和迫切性。特别是开展各种经济计划管理科学的研究，对发展生产力和提高经济效益有着直接的关系。如果不迅速改变这方面的落后状况，将对社会主义现代化建设产生极其不利的影响。我们应当充分认识社会科学对社会发展（其中包括提高生产力水平）和人类意识革命化的意义，并随着生产力的提高促进社会科学的不断发展和繁荣。

二、社会制度和阶级关系对科学发展的影响

科学技术和生产力的发展推动者社会制度的变革，从而也会改变社会的阶级关系。同时，社会制度的性质、阶级关系的状况又制约着科学的发展。美国著名社会学家、科学学的奠基人之一默顿曾经指出："科学是社会和文明的子系统，如果得不到社会的支持，科学不能自主，没有发展的余地"。

人们的社会政治观点。社会思想和各门社会科学的发展，明显地受到社会制度和阶级关系的影响。在旧的社会制度面临危机，新的阶级关系开始形成。阶级矛盾趋于激化的时代，往往是社会思想活跃和新的社会学说应运而生的时期。作为上层建筑的社会科学乃是阶级意识的理论反映，是为巩固或变革某种社会制度服务的，不同阶级的社会学说具有不同的性质、内容和作用。自然科学本身不是社会的上层建筑，自然科学问题的解决和水平的绳高，自然科学研究成果是否具有客观的真理性，只能决定于生产力和科学实脸的状况，没有一定的物质条件，任何阶级的任何需要，都不可能直接导致科学的发现或技术的发明。但是，这决不意味着社会状况和阶级关系对自然科学的发展不起作用。阶级的要求。包括剥削阶级的奢侈生活和军事的需要，对科学活动的方向有重要的影响，特别是会左右某些尖端科学技术发展的规划和速度。自然科学本身没有阶级性，但科学的活动和成果控制在哪个阶级手中则会有完全不同的社会作用。许多科学家正是基于这一点。认为自然科学是"双刃剑"。爱因斯坦说："科学是一种强有力的工具。怎样用它，究竟是给人带来幸福还是带来灾难，全取决于人自己，而不取决于工具。刀子在人类生活上是有用的，以它也能用来杀人"。[①]

在奴隶社会、封建社会中，奴隶主贵族和大地主阶级一方面不重视科学的发展，竭力使科学服从于宗教意识，另一方面又利用他们的权势，使科学技术成为满足贪欲、聚敛财富、军事征战的手段。他们主要关心的是把科学用于修筑宫殿、陵墓，城堡，锻制兵器，建造战车舰船以及用于他们的生活享受。资本主义的生产方式必须要利用科学、占有科学，资产阶级曾对科学的发展起了积极的作用。在资本主义社会中，科学的进步极大地提高了劳动生产率，增加了社会财富，同时，科学成果又使资本家得到巨额利润，与之相比，工人所得则微不足道。资产阶级还把最新的科学技术用于进行侵略战争，把科学的奇迹变成屠杀的武器。

在现代条件下，垄断资本主义对科学的发展也有双重作用。一方面，资本主

---

① 爱因斯坦. 爱因斯坦文集. 上海：商务出版社，1979：56

义的垄断企业使科学活动社会化，它的规模更加扩大，大企业的研究机构在科学技术的探索和开发上有更雄厚的力量，也能取得更多更大的成果。由于科学对一个国家的经济实力、政治实力、军事实力关系甚大，由于国际竞争的存在，世界各大国都把科学的发展当作重要的国家战略，使科学特别是与军事有关的科学技术取得较快的进展。有关原子能、空间宇航、电子计算机以及激光等方面的科学技术，就首先是由于军事的需要而发展起来的。另一方面，垄断的出现又使资本家可以不再像已往那样积极地依靠新的发现和发明，而是通过垄断价格去谋取超额利润，相互之间搞技术保密、封锁，限制了科学成果的充分利用。资本主义的经济停滞，使科研投资的增加发生困难。由于科学事业控制在资本家手中，还使某些不能直接带来大量收益的学科（如某些基础科学）未能得到应有的重视。资本主义制度妨碍科学的发展，还使科学与生产的结合往往不能顺利进行，有的国家的经济虽有较快的增长，但科学活动却相对落后；有的国家虽然科学水平较高，获得诺贝尔奖金的人数甚多，但科学却难以转化为现实的生产力，经济停滞不前。

由于科学可以造福于人类，又会被利用来使人类遭受灾难，许多善良的科学家主观上抱着为人类服务的目的去从事研究，或者设想可以"为科学而科学"，结果却发现自己的成果并未给人们带来幸福，反而由于被应用于政治争霸和军事目的，造成了他人的失业乃至被屠杀，并使穷国的处境更坏。科学技术的不适当的应用，还导致环境的污染，生态平衡的破坏，能源和资源过快的消耗。在这种背景下，产生了所谓科学悲观主义的思潮。科学悲观主义或反科学主义把失业、战争、环境污染、民族文化的衰退、某些人的精神堕落、懒惰和贪图享乐等，都归之于科学的罪过，甚至主张回复到不要科学的古代社会乃至原始状态去。这是完全错误的。马克思主义反对科学悲观主义，它认为，失业、战争、环境污染等，并不是科学本身造成的，有些正是要求科学技术去解决并可以解决的问题。科学、真理，始终是而且只能是人类进步的表现和力量。

马克思主义者永远以乐观的态度对待科学，但也不赞同夸大科学作用的所谓"科学主义"。科学主义或科学至上主义认为，只要有科学技术就可以解决一切社会问题，甚至可以靠自然科学去拯救资本主义制度使之免于陷入危机。马克思主义认为，科学是整个社会系统中的重要因素，但并不是唯一的或孤立的革命力量。只靠科学技术的进步，没有无产阶级的革命斗争，资本主义不会自动地转变为社会主义。马克思主义承认科学的革命作用，乃是承认科学可以用正确的思想武装人们的头脑，承认科学可以促进生产力的提高并为向更高级的社会过渡准备物质条件，承认要有革命的理论才有革命的运动。马克思主义本身就是革命的科学，它是引导人类向社会主义、共产主义过渡的明灯。

科学的命运及其社会效果，在不同社会制度下是很不相同的。列宁在十月革命胜利后不久就曾说过："过去，全部人类的智慧、全部人类的天才创造，只是让一部分人独享技术和文化的一切成果，而另一部分人连切身需要的东西——教育和发展也被剥夺了。然而现在一切技术奇迹、一切文化成果都成为全国人民的财产，而且从今以后，人类的智慧和天才永远不会变成暴力手段，变成剥削手段。"[①]

社会主义制度的建立和发展需要科学的力量，同时科学的发展也需要社会主义。社会主义为科学的发展和科学作用的发挥开辟了广阔的道路。在社会主义制度下，不仅自然科学的社会地位、目的发生了根本的改变，使它将能够突飞猛进；而且也使真正的社会科学得到发展并得到在实践中充分实现的条件。列宁指出："只有社会主义才能使科学摆脱资产阶级的桎梏，摆脱资本的奴役，摆脱做卑污的资本主义私利的奴隶的地位。只有社会主义才可能根据科学的见解来广泛推行和真正支配产品的社会生产和分配，也就是如何使全体劳动者过最美好、最幸福的生活。"[②] 社会主义可能并应当为科学的发展造成最有利的环境，并不等于在这里科学会自动地兴旺起来。在社会主义制度已经基本确立的情况下，要按照科学本身发展规律领导科学，必须制定正确的科学政策，认真实行科学民主，贯彻"百家争鸣"的方针，鼓励学术上的自由讨论，在充分发挥科学工作者个人积极性的基础上，还要把科技工作者组织起来，参加发展科学的规划，并组织好重大项目的协作攻关，使对社会主义经济建设有重大经济效益的关键性的科学技术课题，能够得到比较顺利的解决。特别要重视科研成果的使用和推广，做好科学技术的组织管理工作，提高工作效率，发展科学技术。否则，社会主义的优越性就不能充分发挥出来。

任何社会都要利用先前社会留下的科学技术遗产，任何一个刚刚取得统治地位的阶级都要任用由旧社会培养出来并曾经为过去的阶级服务过的知识分子。科学是无国界的。要进行社会主义建设，就必须吸取资本主义的科学文化，团结各方面的科学技术专家，造就大批知识分子。闭关锁国，故步自封，拒绝利用科学文化的历史成就和学习外国的先进科学，就不能发展本民族的科学。没有宏大的科学技术队伍，妨碍知识分子施展其科学才能，社会主义建设事业是不会昌盛和巩固的。

三、其他社会因素对科学发展的作用

科学思想、科学精神对社会舆论的活跃和对其他社会意识形式的发展有着重

---

① 列宁．列宁全集（第26卷）．北京：人民出版社，1957：451
② 列宁．列宁全集（第3卷）．北京：人民出版社，1957：571

要的影响，各种社会意识的传播都离不开科学成果。同时，科学的发展又要受社会的政治思想、哲学观点和社会的一般精神面貌的制约。

自然科学的发展会促进人们的思想解放，而政治生活的民主化和思想的活跃又有利于自然科学的兴旺。科学上出现各种学派是正常的事情，不同学派的争鸣是必要的。如果没有学术民主，就很难妥善解决科学上的是非问题，而学术民主是同政治民主密切联系着的。政治民主和思想解放对社会科学的研究更为重要。由于社会科学所探讨的许多重大问题同人民的根本利益、阶级立场直接有关，社会科学方面的某些见解可能会成为方针政策上的依据，产生重大的社会后果。因此，对一些社会科学重大问题的解决和宣传持慎重态度是十分必要的。也正因为这样，在社会科学研究中更需要允许不同观点的争鸣，允许犯错误，不能一有不同见解就斥之为离经叛道，一有错误就批判打倒。社会科学要发展，还要允许广大科学工作者在实事求是研究的基础上提出假说、理论，允许保留意见，不能只有个别权威人物来做定论。把社会科学的发展只看成是个别人物的事情，只能造成社会科学的停滞、贫乏和僵化。

哲学对科学的影响由来已久。古代哲学包括自然知识，古代的自然哲学对近代和现代科学仍要一定的影响。近代唯物主义哲学曾与近代科学一道英勇地反对宗教神学，为科学的前进鸣锣开道，以布鲁诺为代表的进步哲学家自觉地充当了近代科学的代言人，培根、笛卡儿的哲学对自然科学的发展起了重要的促进作用。历史上很多第一流的大科学家，同时又是思想家，例如，牛顿、普利斯特列、达尔文、门捷列夫、普朗克、爱因斯坦、维纳等人，不仅都受到哲学的影响，具有自觉的、进步的哲学思想并用以指导自己的科学活动，而且他们自己在哲学上特别在自然观、认识论、方法论等方面还有相当明确的见解和不少精辟的论述。另外也应当看到，哲学上的唯心主义和形而上学又会妨碍科学工作的开展，或者使科学家对某些科学事实做出错误的解释，或者在做出某些创造之后停滞不前乃至迷失研究的方向。比如实证主义就是如此。爱因斯坦在谈到马赫等自然科学家之所以厌恶原子论时说："无疑可以溯源于他们的实证论的哲学观点。这是一个有趣的例子，它表明即使是有勇敢精神和敏锐本能的学者，也可以因为哲学上的偏见而妨碍他们对事实做出正确解释。这种偏见至今还没有灭绝"[1]。在现代条件下，自然科学中的哲学问题仍具有重要意义，除了认识论、方法论方面的问题之外，如何认识自然科学在社会生活中的地位和作用，正日益成为理论斗争中的尖锐问题。树立以唯物史观为指导的正确的科学观，对于做好科学技术的组织管理工作，从战略上指导科学技术事业，有着重

---

① 爱因斯坦．爱因斯坦文集（第 1 卷）．上海：商务出版社，1979：22

大的实际意义。

由于社会现象极其复杂，人们对社会生活的认识更需要正确的哲学观点作指导。在唯心主义盛行、形而上学猖獗的情况下，社会科学是不可能健康成长的。哲学与社会科学的研究从来就有密切的联系，乃至人们至今还习惯地把文、史、哲、经划为一类（尽管这并不很确切）。正是哲学见解上的不正确，曾妨碍了人们正确地考察社会历史，或者虽然如实地记载了某些社会现象和历史材料，却不能作出恰当的分析和说明。科学社会主义的创立，真正的社会科学得以产生和发展，是同马克思主义哲学特别是历史唯物主义分不开的。马克思和恩格斯最为注意的事情，他们做出了最重要、最新颖的贡献的地方，就是用辩证唯物主义从根本上改造了全部政治经济学，把唯物论、辩证法应用于研究社会生活和历史，以及工人阶级革命的政策和策略，从而使人类在科学地认识社会的大道上向前迈进了一大步。

宗教和科学是根本对立的意识形态。在古代，科学曾受到宗教很大的影响，在科学昌盛的今天，宗教仍在一定程度上影响科学的发展。这主要是由社会原因造成的。随着人类征服自然能力的提高和社会异化现象的被克服，科学必将彻底战胜宗教。

在探讨其他社会因素对科学的影响时，不可忽视教育的作用。教育是复杂的社会现象和特殊的社会部门；而不单属于社会意识的领域；仅就教育的重要任务是传授知识这一点来说，它和科学的发展、科学成果的继承是休戚相关的。科学技术和生产的发展推动了教育事业的进步，教育的发展又促进了科学事业的进步。教育对于科学保持其继承性和连续性，对于科学技术人才的培养，承担着重要的职责。在没有激烈的阶级斗争和战争的环境里，社会管理人才、政治人才乃至军事人才的培养，也主要依赖于科学教育，包括社会科学、军事科学的教育。如果教育事业不发展，一个社会只有很少量的人能受教育，教育质量又不高，科学事业是很难卓有成效和持续发展的。如果可以说今日的科学决定着今日的教育，那么同样可以说，今日的教育又决定着明日的科学。

科学是重要的，科学又不是唯一的、独立自在的社会现象，它要受物质生产、社会制度、社会关系、意识形态及教育的制约。坚持历史唯物主义的科学观，就是要从科学与社会的相互关系中认识社会，也要从这种相互关系中认识科学，促进科学在其同社会的辩证统一中得到发展。人类的未来既是科学充分显示其革命作用的时代，也是科学本身充分发展的时代。可以预见，在未来的社会发展中，科学不仅会在社会生活中发挥越来越大的作用，而且会在各种社会意识形态中占据越来越重要的地位。

陈昌曙参编的《中国大百科全书·哲学卷》有关词条 *

（一）条录

序号	词条	卷名	原书页码	参编者
1	必然性与偶然性	哲学Ⅰ	第 37 页	陈昌曙
2	部分与整体	哲学Ⅰ	第 81 页	陈昌曙
3	决定论与非决定论	哲学Ⅰ	第 386 页	陈昌曙、孔阶平
4	随机性	哲学Ⅱ	第 853 页	齐平、陈昌曙
5	统计规律	哲学Ⅱ	第 882 页	陈昌曙
6	原因与结果	哲学Ⅱ	第 1132 页	陈昌曙

（二）原文

1. 必然性与偶然性（biranxing yu ouranxing，necessity and contingency）

从本质因素和非本质因素的方面来反映事物间不同类型联系的一对哲学范畴。必然性是指现实中由本质因素决定的确定不移的联系和唯一可能的趋势；偶然性是指现实中由非本质的、互相交错的因素决定的以多种可能状态存在的联系。

客观世界的一切过程都是受因果关系制约的，在影响事物运动变化的诸因素中，有本质的原因和非本质原因的区别。本质的、根本性的原因决定着事物发展过程有确定的、稳定的方向，决定着该事物在给定条件下只能以唯一的方式存在并以唯一的可能性转化为现实，即事物发展的必然性。但是，在事物发展过程中，又有非本质的、次要的原因复杂交错的作用，因而使总体上确定不移的过程在具体环节上又表现出非确定的、不稳固的特点，即现象事件的偶然性。特定的偶然性可能发生，也可能不发生，可能这样出现，也可能以另外的方式出现。

---

* 原载于《中国大百科全书·哲学卷》，中国大百科全书出版社，1985 年 8 月出版

　　人们从古代起就开始了对必然性和偶然性问题的探讨。唯物主义哲学家肯定客观必然性的存在，但他们当中的一些人如德谟克利特、斯宾诺莎、霍尔巴赫却完全否定偶然性，认为世界上一切细小的现象都服从于直接的、绝对的必然性，偶然性只是反映人们无知的主观概念。某些唯心主义哲学家如休谟、康德断言必然性是由感觉造成的或只是先验的范畴。唯心主义哲学家黑格尔则把必然性和偶然性的范畴看做是客观精神的产物，但他阐述了二者之间的辩证关系。一些自然科学家既承认有必然现象也承认有偶然现象存在，但他们却认为一种过程或者只能是必然的，或者只能是偶然的，把必然性和偶然性完全割裂、绝对对立起来。

　　辩证唯物主义认为，现实世界中的任何事物、任何关系、任何过程都具有必然和偶然的双重属性。必然性总是要通过大量的偶然性表现出来，没有纯粹的必然性。对于受动力学规律支配的单个客体的行为，可以由它的某一瞬间的状况准确地预言其相继状况，明显表现出必然性特征；同时，这类对象的运动还要受到许多次要的、附带的因素的影响，从而使总方向确定的过程呈现出种种不确定的偏离。只承认必然性而否认偶然性，这就混淆了非本质因素的影响和本质因素的作用，把非本质因素等同于本质因素，陷入机械的决定论和宿命论。

　　偶然性是必然性的表现形式和补充，在种种偶然性的过程中都包含着必然的东西，没有纯粹的偶然性。受动力学规律支配的单个客体的行为只能在一定范围内偏离总的方向，偶然性是在必然性的基础上表现出的不确定性。对于非动力学规律支配的单个客体的行为，由于影响因素极为复杂或对象本身的特殊性，单个客体的运动状态是偶然的，但它们在总体上仍表现出统计的必然性。单个客体的偶然性是总体必然性的特殊表现，对总体起作用的环境和条件的变化必然地影响着每一个个体。

　　必然性和偶然性的区别是相对的。从特定层次、特定关系上来看是由非本质的因素产生的偶然联系，从另一种层次、另一种关系上看可能是由本质因素所决定的必然联系。反之亦然。在一定条件下，非本质的因素由于自身的积累和条件的改变会转化为本质的因素，由这种因素所决定的不确定的、偶然的联系就转变为必然的联系；本质的因素也会因自身的演化和条件的改变不再有根本性的意义，由这种因素所决定的确定的、必然的联系就转变为偶然的东西。

　　正确认识必然性和偶然性的辩证关系对于科学研究和人们的实践活动都有重要的意义。必然性是规律性的主要特征，只有认识必然性才能把握规律性。在科学活动中不能抛开偶然性去追究必然性，也不能只停留于考察个别对象的偶然细节。科学探索的任务是要透过大量的偶然性揭示其中的必然性，使认识运动实现由现象到本质、由个别到一般、由经验到理论的过渡。在科学技术活动中，经常会碰到人们未曾料到的偶然机遇，认真分析机遇现象，可以从中取得新的知识。

自由是对必然性的认识和自觉利用，在革命实践中只有正确地认识必然性才会有行动上的自由。偶然性能够加速或延缓事物发展的必然进程，要善于抓住有利的偶然事变，使它成为促进事物发展的契机。对于可能出现的有害的偶然变故，要防患于未然，当它出现时要尽量限制其作用的范围。

2. 部分与整体（bufen yu zhengti, parts and whole）

标志客观事物的可分性和统一性的一对哲学范畴。整体是构成事物的诸要素的有机统一，部分是整体中的某个或某些要素。

古代的哲学家们就提到过全与分、一与多的关系，亚里士多德还表述过整体并不是其部分的总和的命题。近代的唯物主义者认为整体是物质性的，但他们往往把整体看做是各个部分的机械联结和聚集。唯心主义的整体论者断言只有精神活动才是真正的整体，认为整体先于它的组成部分。黑格尔则从"绝对精神"的自我发展出发，论述了整体和部分之间的辩证关系。

世界上的一切事物、一切过程都可以分解为若干部分，整体是由它的各个部分构成的，它不能先于或脱离其部分而存在，没有部分就无所谓整体；部分是整体的一个环节，离开整体的要素只是特定的他物而不成其为部分，没有整体就无所谓部分。整体和部分的划分是相对的，某一事物可以作为整体包容着部分，该事物又可以作为部分从属于更高层次的整体。

整体是部分的有机统一、集合。集合中的各个部分不是单纯地叠加或机械地堆积在一起的，而是以一定的结构形式互相联系、相互作用着的，从而使事物的整体具有某种新的属性和规律。事物作为整体所呈现的特有属性和特有规律，与它的各个部分在孤立状态下所具有的属性和规律有质的区别，它不是各个部分属性和规律的相加。

部分是整体的一环。事物作为整体中的部分与它作为相对独立的对象也有质的区别。在某些情况下，当整体分解时，其部分可能以原来的状态游离出该整体作为独立物存在，但当它在整体当中时则总是以某种方式与其他部分结合着，在整体中"分享"或带上整体性；在更多的情况下，整体中的部分不能以原来的状态游离出来，当部分脱离整体或整体分解时，其部分就改变其性质或形态而成为他物。不论在哪种情况下，构成整体的各个部分都是在改变其地位、性质或形态的情况下"进入"整体的。

事物的整体及其各个部分都处于不断运动变化中，并且受到环境改变的制约。事物的部分发生变化会影响整体，乃至破坏原来的整体，构成新的整体；整体的变化也会影响其各个部分，排除某些部分或吸引新的环节成为其部分。部分与整体之间的关系不是静态的，而是动态的。

整体和部分的范畴有重要的认识论意义。在认识过程中，人们总是先对整体有大致的了解，继而分析研究其部分，并在这个基础上综合地、具体地认识整体。认识事物在整体上所具有的属性和规律是重要的，在科学认识的活动中，不仅要把握对象的组成要素，还必须把握诸要素间的结构和结合方式，以及由关系结构所产生的单个要素所没有的特性。揭示事物的各要素是深入了解整体的基础，而有了整体性的知识又可以进一步认识其部分。在认识世界时，不能只见部分不见整体。科学的认识方法要求人们既要研究部分，又要考察整体，并把二者有机地结合起来。现代科学在不断分化的基础上日益表现出相互渗透、相互交叉的趋势。由于现代社会生活和物质生产的规模更加扩大和复杂化，自然科学、社会科学都注重于综合性的研究，探讨各领域中整体和部分之间的相互关系，并且出现了着重研究整体结构、整体功能的系统科学和系统工程学。

局部与全局和部分与整体是同一层次的范畴，局部是整体（全局）中的部分，全局是由局部（部分）的结合构成的。全局与其各个局部的总和也有质的区别，它具有高于局部的整体性；局部是全局的基础又从属于全局。战略解决全局性问题，战术解决全局中某个局部的问题。制定社会发展战略、政治战略、军事战略、经济战略、科技战略，都要正确认识事物的整体，并根据全局性的要求使各个局部处于恰当的状态，使各项战术性措施符合战略的目标。毛泽东在论证局部和全局的关系时指出：有局部经验的人，有战役战术经验的人是能够明白更高级的全局性问题的，但必须用心思去想才会懂得全局性的东西；而懂得了全局性的东西就更会使用局部性的东西，因为局部是隶属于全局的，只有全局在胸，才会在局部投下一着好棋；要认识全局性的东西，就必须把握矛盾的各个方面并抓住有决定意义的主要矛盾。

3. 决定论与非决定论（juedinglun yu feijuedinglun, determinism and indeterminism）

关于事物或现象之间相互联系性质的两种对立的哲学见解。决定论是关于事物具有因果联系性、规律性、必然性的学说。非决定论否认因果联系的普遍性，否认事物发展的规律性和必然性，认为事物的运动不受因果关系的制约，没有任何秩序。

人类在长期的实践中逐步形成了事物间互相依存的因果性学说。然而，直到16～17世纪以前，宗教目的论的观点一直占着统治的地位。目的论宣称世间一切事物都是由神按照一定的目的预先安排好的，否定事物有其自身的因果性和规律性，人们只能听从命运的摆布。目的论是"上帝决定（主宰）论"、"伪决定论"，它与唯物主义的、科学的决定论是根本不同的。

近代的许多自然科学家和哲学家坚持了唯物主义的决定论思想，肯定了因果关系的普遍性和客观性。法国学者拉普拉斯（1749～1827）提出的动力学决定论是近代唯物主义决定论的代表。他认为，自然事物都是受客观的力学原因和力学规律支配的，在宇宙体系中没有神的地位；无论是最大的天体还是最小的原子，只要知道了它们在某一时刻的一切关系和作用力，就可以确切推断它们的状况。拉普拉斯决定论反映了宏观自然过程的确定性方面，对近代自然科学的发展有积极的意义。但是，拉普拉斯把世界上的各种联系都归结为单值动力学的联系，认为这种联系只服从于古典力学的规律，从而陷入了机械论。机械论是旧唯物主义的决定论学说的主要缺陷。旧唯物主义者往往只用外力的推动来说明事物，看到了必然性却无视偶然性，强调联系的单一性否认联系的多样性。他们在解释社会生活时又夸大了个人意志的作用，未能把决定论的原则贯彻到底。

一些唯心主义者也承认因果性、必然性、规律性，但是他们归根结底不是从物质本身的性质，而是从精神的性质来解释问题，这同科学的决定论有原则的不同。另一些唯心主义者则认为是人把因果性、必然性、规律性赋予自然界的，这种"观念的决定论"是通向唯意志论和目的论的桥梁。非决定论是唯心主义的哲学观点。有的自然科学家和哲学家认为，无机自然界是受决定论约束的，而生物的发展、生理心理的变化却不服从决定论的原则，要用纯粹的偶然性来解释。还有一些自然科学家和哲学家认为，在宏观世界里决定论是起作用的，在微观世界中决定论就失去了效力；微观客体既不按确定的"轨道"运动，也不能同时准确地测定其位置和动量，只能描述其可能的状态。他们断言某些生物过程和物理过程不遵循客观的规律性，自然科学只是约定的、经验的、逻辑的东西。这是生物学的或物理学的唯心主义。非决定论在资产阶级的社会学中占统治地位。历史唯心主义者认为，既然社会生活都是由有意志的人参与的，那么人的意志，尤其是少数英雄人物的意志就对历史活动起决定作用，因而否认社会历史发展的客观规律性和因果制约性。

辩证唯物主义阐明了因果关系的多样性，反对只用力学的原因去说明一切的机械决定论。认为世界上没有不和偶然性相联系的纯粹必然性，也没有不受必然性制约的绝对的偶然性，必然性与偶然性是辩证的统一。辩证唯物主义承认事物联系和发展的因果性、规律性，指出世界上没有无条件的自由意志，但并不否认人的主观能动性在揭示和运用客观规律中的作用，认为人在客观世界及其规律面前不是无能为力的，那种从事物的因果性、规律性中作出消极无为的被动结论是没有根据的。

决定论有不同的表现形式。对于宏观的动力学来说，拉普拉斯的决定论在原则上仍是适用的，而在随机性的、微观的过程中起作用的是统计规律。统计规律是统计的决定论。虽然人们不能从统计规律去确切判定个别客体的行为，但只要知道了随机系统的初始状态，就可以在原则上知道该系统的状态分布和过程的概率特征，只要给出了微观粒子初始时刻的波函数 $\psi(r, 0)$ 和粒子所处外场的力函数，就可以从量子力学方程推算出粒子在任何时刻的概率状态 $\psi(r, t)$。统计的决定论是决定论的特殊形式，它不是机械的决定论，也不是非决定论。生物的、心理的、社会的运动比微观物理运动更为高级、更为复杂，只用牛顿力学或统计力学是解释不清的，然而，这些运动形式也有其客观的规律，它们也遵循决定论的原则。这已为生物进化论、分子生物学、条件反射学说、脑科学、历史唯物主义和经济科学等所证明。

辩证唯物主义的决定论对于科学认识和社会实践都有重大的意义。客观的因果性、必然性、规律性是科学研究所依据的客观基础。只有正确地对待必然性和自由、客观规律性和主观能动性的关系，人们的行动才会有正确的方向，才能取得成功。

4. 随机性（suijixing, randomness）

偶然性的一种形式，具有某一概率的事件集合中的各个事件所表现出来的不确定性。

具有随机性的事件有以下一些特点：①事件可以在基本相同的条件下重复进行，如以同一门炮向同一目标多次射击。只有单一的偶然过程而无法判定它的可重复性则不称为随机事件。②在基本相同条件下某事件可能以多种方式表现出来，事先不能确定它以何种特定方式发生，如不论怎样控制炮的射击条件，在射击前都不能毫无误差地预测弹着点的位置。只有唯一可能性的过程不是随机事件。③事先可以预见该事件以各种方式出现的所有可能性，预见它以某种特定方式出现的概率，即在重复过程中出现的频率，如大量射击时炮弹的弹着点呈正态分布，每个弹着点在一定范围内有确定的概率。在重复发生时没有确定概率的现象不是同一过程的随机事件。

现实世界中有必然发生的事件，也有根本不可能出现的事件，随机事件是介于必然事件与不可能事件之间的现象和过程。自然界、社会和思维领域的具体事件都有随机性。宏观世界中必然发生的、确定性的事件在其细节上会带有随机性的偏离。微观世界中个别客体的运动状态都是随机性的。物质生产中产品的合格与否、商品的价格波动、科学实验中误差的出现、信息传递中受到的干扰等，也往往是随机性的。对随机事件、随机变量、随机抽样、随机函数的研究是现代数学的概率论与数理统计的重要内容，并被广泛应用于自然科学、社会科学和工程技术中。

对于一个随机事件可以探讨其可能出现的概率，反映该事件发生的可能性的大小。大量重复出现的随机事件则表现出统计的规律性。统计规律是大量随机现象的整体性规律，它支配着随机性系统的状态。

5. 统计规律（tongji guilv, statistical laws）

大量随机性现象在整体上表现出来的必然联系。

自然界、社会和思维过程中的现象是多种多样的，按每一单个现象是否具有必然性来划分，可以归结为两大类：一类现象的单个客体的行为既是必然的，又是偶然的，单个客体运动的必然性通过偶然性表现出来，就这种客体在一定条件下必然发生或必然不发生而言，是确定性的现象；另一类现象的单个客体的运动和状态是偶然的，而在大量重复中则表现出必然性，就这种客体在一定条件下可能发生或可能不发生而言，是非确定性的现象。随机事件是在总体上相同的条件下以一定频率出现的非确定性现象。统计规律是随机事件的整体性规律，它不是单个随机事件特点的简单叠加，而是事件系统所具有的必然性。

概率是统计规律理论的基本概念，它反映着随机过程的本质特征，表征一个随机事件发生的可能性的大小，即该事件在过程的多次重复中出现的频率。如某随机事件在 m 次过程中出现 n 次，则它的概率为 n/m。必然事件的概率为 1，不可能事件的概率为 0，随机事件的概率介于二者之间。统计规律所反映的是大量随机事件在过程的多次重复中的概率分布，反映着各种随机过程和随机变量的相关函数。统计规律的理论和方法在现代科学中得到了普遍的应用，形成了统计力学、统计物理学、统计生物学、统计经济学等许多新的学科。

反映随机性现象规律性的统计规律与反映确定性现象规律性的动力学规律有性质的不同，二者不能互相取代或互相归结。同时，统计规律与动力学规律也有联系。统计的决定论是决定论的一种形式，在某种情况下，也可以把动力学规律近似地看做是统计规律的特例。

6. 原因与结果（yuanyin yu jieguo, cause and effect）

反映事物或现象间普遍联系和相互作用的一对哲学范畴。在客观事物或现象彼此制约和相互影响的过程中，任何事物或现象都是由其他事物或现象引起的。原因引起他事物或现象产生，作为他事物根源的要素；结果受某种事物或现象的作用而产生。因果关系是整个世界普遍联系的一个部分和环节。

因果观的历史发展。对因果关系的认识是历史发展的成果。在人类发展的远古年代、科学研究的初级阶段，人们主要关心某种事物"是什么"和"有多少"，尔后才注意了解事物的"为什么"。古代的少数哲学家较详细地考察了因果性范畴和原因的类型，如亚里士多德的四因说。中世纪的经院哲学用"神创论"解释世界，根本否定客观的因果性。近代科学兴起后，分析事物产生的原因才成为重要的研究课题和认识方法，反映因果性知识的假说和理论才大量涌现并成为科学体系中的重要内容。各派哲学对因果性问题的理解各不相同。唯物主义肯定了因果关系的客观性和普遍性。但形而上学唯物主义却否定因果关系的多样性，不了解原因和结果之间的相互过渡，或者只用力学的原因去说明一切，看不到不同领域中因果关系表现形式的特殊性，陷入了机械论的因果观。唯心主义的哲学家否认因果关系的客观性。例如，孔德根本否认世界上有原因和结果存在，主张只研究怎么样而不去管为什么；休谟否认因果关系的客观性，认为原因和结果只是感觉现象的先后顺序和习惯性的心理期望；康德宣称因果性范畴只是人们用来整理经验材料的先天知性形式；黑格尔断言某种客观精神是决定事物运动变化的最后原因。在唯心主义支配下的某些自然科学家也认为因果律是从主观意向中产生的，企图用数学函数关系代替因果关系，或认为因果律适用范围有限，在微观领域中不再适用。

辩证唯物主义因果观。辩证唯物主义认为，原因和结果的关系是客观的、普遍的和必然的。在自然界、社会和思维领域以及在宏观过程和微观过程中，都没有无缘无故产生的东西，没有无原因的事物，一切事物都是由一定的原因引起的；世界上也没有不发生任何影响的事物，各种事物都必然地会造成一定的结果。唯物主义的决定论原则，就是承认客观世界中的所有事物、现象和过程都必然地由某种原因所产生，只有原因尚待查明或结果尚需考察的对象，不存在不受因果关系支配的事物。原因和结果的关系与时间的顺序性和空间的并存性密切相关，时间和空间是事物间相互作用和因果关系的存在形式。一般来说，原因是在结果之前出现的，但不能只从事物在时间上的先后和空间上的并存来判定是否存在因果关系；因果关系的基本特征是事物间引起和被引起的关系，一事物产生他事物的关系。事物间的因果关系可以定量地表述为函数关系，但函数关系并不都是确定性的因果关系的反映，在函数 $y = f(x)$ 中，有可能 x 是 y 的原因，也可能 y 是 x 的原因，还可能 x 和 y 都是另外原因的定量依存着的结果。原因和结果的关系是对应的、统一的。原因正是也仅仅是它造成了结果才是原因，结果规定着它的引起者成为原因；结果是作为原因的被引起者才是结果，原因规定着它的产生物构成结果。特定性质和规模的原因导致相应的结果，特定的结果取决于相应的原因。只用暂时起作用的原因不足以说明持久出现的结果，只用可能的原因不足以解释现实的结果，只用细微的原因不足以解释重大的结果，只用普遍性的原因不足以说明特殊性的结果，只用自然力的原因不足以说明社会性的结果。原因和结果是可以互相转化的。仅仅就甲事物引起乙事物这点来说，甲是原因，乙是结果，不能颠倒其因果关系。如果从甲引起乙而乙又引起丙的因果链条看，乙既是甲的结果又是丙的原因。在一定的条件下，在甲乙两事物的关系中，不仅甲会造成乙的变化，乙也会反作用于甲使甲发生改变，这时甲乙互为因果。世界上无数事物是交互作用着的，在从总的联系中考察某个事物时，它在此时此地是结果，在彼时彼地又成为原因。

意义——揭示事物之间的因果关系是科学认识的重要内容，是实践活动的重要前提。要了解两个事物间的因果关系，必须用分析的方法把它们从普遍联系中抽取出来，作相对孤立的考察。对于复杂事物间的因果关系，还必须在分析的基础上顾及到多因素的相互制约，采用数理统计、正交试验等方法去认识。在因果关系的认识过程中，人们要从已知的结果出发进而查明其原因，在把握了确定的因果关系后，又可以由原因推断和预见其结果。在实践过程中，人们可以能动地造成某种事物的变革所需要的条件，得到预期的结果，也可以防患于未然，采取措施避免不利结果的产生，或尽量缩小有害原因的作用范围。

我们要求什么样的社会公平？[*]

在改革深入的形势下，人们经常谈论社会公平问题。什么是社会公平？怎样看待社会公平？本文深入浅出地阐述了公平的原则，以及在要求公平原则时应注意的问题。

什么是社会公平？怎样看待我们今天的社会公平？弄清这点是很重要的。社会公平，顾名思义，它大致是指社会生活中公正合理、平等同一的关系。做买卖讲公平交易，是指商品值多少钱卖方就要相应的价，不多取，买方也给足够的钱，不少付，无论亲疏老幼都一样。在体育比赛中讲公平裁判，是指只按比赛双方的水平和临场发挥打分，不分国籍、民族、感情关系，有出色表演都给好分数。犯规都判罚，否则，就叫裁判不公平。公平总是与建立和实行合理的、统一的标准联系着，公平的原则是正当社会活动能够顺利进行的条件。

但是，社会活动中公平的原则，同按公平原则进行的社会活动的前提和结果并不完全是一回事。也就是说，正因为现实生活中有差别才需要有公平原则。不管什么人考大学只有够分数线才能被录取，没有人说这是不公平的，但这是以大学招生数与高中毕业生数的差别，以考生在知识和能力上的差别为前提的；如果人人都能上大学，也就没有录取上的公平原则。而且，公平录取的结果，可能是总分是 500 分的人上大学，而 199 分的落榜，并导致以后的其他差别，就这点说公平原则又带来了不均衡划一。人们可以谴责大学按一次考试分数来录取的方式有毛病或因未被录取而懊丧，却不能说分数面前一视同仁这点不公平。

可见，我们所要求的主要是原则上、基本标准上的公平，绝不是否认实际存在的差异。

那么，究竟怎样来看待我们社会现实生活中的公平原则呢？我国公民都有按其劳动和贡献取得报酬的权利，就这一点是公平的，但也有两种不公平。"干多干少一样，干好干坏一样"就不符合公平原则。就像高分低分一样上大学，跑快跑慢一样当冠军那样不合理。所以，我们要打破"大锅饭"，要改革，也就是承认分配上的差别。不能说富裕程度有差别不公平。但是，有的人并未付出异乎常

* 本文原载于《沈阳日报》1987 年 11 月 27 日

人的劳动或承担什么风险，却得到很多的个人收入，又不依法纳税，这就是不公平。这种不公平在改革的两种体制转换中程度不同地存在，过加强法规和管理，将其尽可能地减到最少。我国公民都是国家的主人，都有宪法规定范围内的政治权利和义务，在这方面也是公平的，而特权、以权谋私却违背公平原则，某些人本事不大，政绩庸庸却凭私人关系当官。本来应当靠买卖公平搞经营，某些人却借特殊权力套购紧俏商品，高价卖出。这种腐败作风危害群众利益、败坏社会风气；人们对这种不公平现象不满，可以理解，但同时也看到，这正是我们着力要解决和克服的。党的十三大提出"从严治党"就是要解决这些问题。

可见，我们要求有社会公平的原则。这是完全对的。只是在以下几点要注意：

第一，不要把实际结果上的不均等，当作原则上的不公平。尤其不要只从自己所得的多少来衡量社会原则的公平或不公平。不要因为自己收入少没先富起来就说贡献大的人更富不公平。

第二，要认真考虑我们为什么需要社会公平。社会公平既是我们的奋斗目标，又是推动社会进步的重要条件。在经济、政治、文化等各方面更加公平，是努力方向，到共产主义社会必将有高度发达的社会公平。同时，只有社会公平，才能充分调动人们的积极性和创造性。在今天，尤其要从提高社会效益和经济效益方面来看待和对待社会公平。我们只能使一部分成绩好的学生升学，先专起来，只能使一部分贡献大的人收入更多，先富起来，从而促进更多的人认真学习、积极工作，推动生产力的发展和精神文明建设。如果不论学好学坏一样升学，不论干多干少或干好干坏一样发财，一则不可能做到，二则不可能发挥个人和企业的主动进取精神。整个社会没有效益大家共同贫穷，谈不上真正的社会公平。党的十三大报告中讲到："我们的分配政策，既要有利于善于经营的企业和诚实劳动的个人先富起来，合理拉开收入差距，又要防止贫富悬殊，坚持共同富裕的方向，在促进效率提高的前提下体现社会公平。"这是很深刻的，是符合我国国情的。

第三，要认识到社会公平的不断完善和实现需要一个过程。这里不仅是指原则上的公平，而且包括实际结果上趋于均衡（但永远不会完全一样）。如果我们的经济发达了，文教卫生等各方面的事业发达了，就可以使人们都分到宽敞居室；使患者都享受几乎同等的医疗条件；使有事外出的人都有差不多的交通工具（如小汽车），等等。很遗憾，在社会主义的初级阶段还做不到这一点，更遗憾的是，我们还不能用取消这类差别，即搞平均主义的办法来一下子实现社会公平。

我们的经济体制改革，是要按社会公平的原则来提高效益和推动生产发展，从一定意义上说，也是在承认差别的基础上力求达到更高水平的社会公平。让善于经营的企业和诚实劳动的个人先富起来，可能使一部分企业或个人感到拉开收入"不公平"；而没有今天的这种"不公平"，就没有明天的共同富裕的社会公平。改革现有住房分配制度，实行房租改革，可能会使人口多、工资少的家庭感到"不公平"，而没有这种"不公平"（住房要交足够的租金是公平的原则），就不会有建筑业的充分发展和共同改善居住条件的公平。社会公平从来就是历史的概念，社会主义初级阶段只能有与其经济发展水平相应的公平原则。这就是除了主要地是指人人都要按劳取酬和公民都是国家的主人，还有与多种所有制经济和多种分配方式有关的社会公平。职工在股份经济中入股，理应按股份得到分红。承包企业者不仅费心经营还要承担风险，他们收入中理应包含风险补偿，允许私营企业雇佣一定数量劳动力，也理应给企业主以部分的非劳动收入。上述种种理应得到的收入，加上理应纳税，在原则上就是公平的。离开具体条件和历史发展，抽象地、笼统地、纯粹从道德概念上议论"公平"，是不切合实际，乃至是有害的空谈。

对历史经验要更全面更深刻地认识*

江泽民同志的国庆讲话，是对新中国成立以来特别是近 10 年历史经验教训的科学总结。我们只有认真思考研究历史经验教训，才能深入地学好《讲话》。在这面，把"文化大革命"结束前 30 年的经验教训，同"文化大革命"后 10 年的经验教训作些对照，是很必要的。

新中国成立 40 年以来，我们取得了伟大的成就。在充分肯定已经取得的成就的同时，必须充分认识这 40 年工作中出现的失误，仅仅从失误的教训看，我以为"文化大革命"前后的情况有很大的不同，其表现形式甚至是相反的。我们今天只有在全面地总结 40 年的经验教训后，才可能减少和避免新的失误。

例如，以前在对待马列主义、毛泽东思想的态度上，我们曾受到"唯书"、"句句是真理"的影响。在以后的一段时间里，又有些人只讲建立所谓新体系，而否定马克思主义。有人甚至提出"马列主义不是真理"，似乎马列主义、毛泽东思想一无是处。我自己就没有认识到资产阶级自由化会在错误倾向中占主要地位，乃至把搞资产阶级自由化只看作是学风问题、学术问题。

在对待政治与经济的关系上，我们曾被"以阶级斗争为纲"、"政治可以冲击一切"的观点所束缚，这几年中又有人以为似乎经济就是政治，政治就是经济，经济搞上去就一俊遮百丑，似乎经济可以冲击一切。好像到处充满爱，阶级斗争烟消云散了，只要会赚钱就行。

在经济体制和经济运行上，我们曾赞赏过"一大二公"，认为社会主义就是高度集中的计划经济，对效率、效益不那么重视。在后一段，又有人把全民所有制作为应当革除的主要对象，要大中型国有企业向乡镇企业看齐，认为社会主义经济也就是市场调节经济，在讲效益的时候过分推崇"一小二私"的优越性。

在对待国内建设与国际关系方面，我们曾大讲过帝国主义本性，把备战放到备荒、为人民服务之前，乃至把正常的国际交往斥之为"洋奴哲学"。在近几年中，又有人以为似乎资本主义和社会主义两个阵营的对垒不复存在，而只有互相帮助，只有国际合作和友爱，对国际敌对势力的渗透、颠覆、"和平演变"缺乏

＊ 原载于《沈阳日报》1989 年 4 月 18 日，专家学者学习江泽民重要讲话座谈会上的发言（之五）

思想准备，甚至认为没有国际敌对势力了。

诸如此类的例子还可以举出一些。

两种表现形式不同的教训都是付出了巨大的代价得到的，都是很宝贵的。过去我曾以为，有了"文化大革命"及其以前的历史教训，我们的工作不会再出什么大问题，剩下的问题就是认真建设，甩开膀子干"四化"。现在看，问题不那么简单，只从一个方面总结经验不够，还需要从多方面更完整地总结经验教训。江泽民同志的国庆讲话指出："我们党已经对前30年的若干历史问题做出了科学的结论。我们必须坚持这些正确的结论，并继续总结这十年来进行现代化建设和改革开放的经验教训，以求得对历史经验更全面、更深刻的认识。"在学习江泽民讲话时，确有必要重新学习党的十一届六中全会通过的《关于建国以来党的若干历史问题的决议》，以讲话深入理解决议，以决议深入理解讲话。

显然，吸取这10年来的经验教训，既不能否定党的十一届三中全会以来正确的东西，更不能简单地回到"文化大革命"前的状态去。要认真学习和研究马克思主义，提高理论素养，又要勇于探索，勇于创新。我们还是要解放思想，问题是要在坚持社会主义方向的前提下解放思想，而不是把思想"解放"到资产阶级那里去。必须把经济建设作为中心任务，大力发展生产力，但又必须以坚持四项基本原则为指导。既要搞好改革开放，又要发扬自力更生、艰苦创业的精神。既要发挥市场调节的积极作用，发展多种经济成分，又要在总体上有计划、按比例地发展国民经济，坚持公有制为主体，把全民所有制大中型企业作为社会主义现代化建设的主要支柱。既要看到国际形势正在由紧张趋向缓和、由对抗转向对话，坚定不移地继续对外开放，又要看到国际敌对势力运用政治的、经济的、文化的手段搞"和平演变"，从而保持足够的警惕。

社会主义建设，尤其是在中国这样一个人口众多、经济文化比较落后，又受国际敌对势力的干扰破坏的大国里进行社会主义建设，不可能不出现曲折和失误。但是，对于在中国共产党领导下的中国人民，特别是全面地总结了经验教训以后，我们完全有理由相信，我国的社会主义事业将更有活力和生机。

"句句是真理"、"过时论"
与马克思主义 *

江泽民同志在国庆 40 周年讲话中重申坚持四项基本原则，以马克思主义为指导思想，提出把学习和研究马克思主义的基本理论，作为全党的紧迫任务，诚恳地希望广大知识分子特别是青年知识分子，认真学习马列主义、毛泽东思想。

总的来说，我们是重视马克思主义理论的，在掌握和运用马克思主义的立场、观点、方法上已经有了很大的进步。同时也不可否认，在对待马克思主义的态度上，在如何学习和研究马克思主义的问题上，过去和当前都存在着值得注意的错误倾向，而且其表现形式又有区别。认真总结在对待马克思主义问题上的经验教训，对于学好江泽民同志的讲话，对于推动思想政治工作和社会主义事业，都有重要意义。

我们许多人曾听过"句句是真理"的说教，把死记硬背语录词句当作学习和掌握马列主义、毛泽东思想。教条主义、思想僵化在错误倾向中曾占主要地位。在拨乱反正、批判"两个凡是"和强调实践标准之后，人们才逐步认识到不仅要坚持，而且要发展马列主义和毛泽东思想，必须坚持才能发展，只有发展才能坚持。近 10 年来，我国的思想理论战线空间活跃，取得了重要成果，推动了改革开放的发展。

但是，在否定"句句是真理"，倡导解放思想和勇于探索、勇于创新的时候，也出现了不和谐声音直至反调。在某些人看来，以往的思想理论都已陈旧，剩下的只是"更新观念"、"建立新体系"，乃至在报刊上发表宣扬"马列主义不能算作真理"的文章，似乎马列主义、毛泽东思想又变成句句都不是真理了。一些人不是由克服教条主义走向真正的马克思主义，而是走到了资产阶级自由化的歪道上去了。他们要求的"解放思想"、"更新观念"、"建立断体系"等，是要把人们的思想"解放到"（应读为束缚于）资产阶级思想体系中去，是要用资本主义世界观取代社会主义世界观，是要拿东拼西凑的糟粕之论当作全新学说让人们接纳。

---

* 原载于《辽宁日报》1989 年 10 月 20 日

从"句句是真理"到"马列主义过时论"的出现，情况是复杂的。有极少数人原本就主张在中国建立资本主义制度，反对马克思主义，他们利用纠正教条主义倾向，把马克思主义归结为教条主义。还有些人是分不清马克思主义与资产阶级自由化的界限，把资产阶级自由化思想仅仅看做是学术问题。一些人则盲目欣赏新观点、新见解，以为新的就是好的，谁敢讲与马列主义原则不符合的话，谁就是思想解放、思想活跃的好汉，就是敢于探索，敢于创新的英雄。

从"句句是真理"，到"马列主义不是真理"，有它的社会阶级根源，也有认识上的根源。批评主张"句句是真理"的教条，当然要强调马列主义不是绝对又绝对的东西，马列主义也有其相对性。而对于不了解辩证法的人来说，既然马列主义是相对真理（实际上马列主义既有绝对性又有相对性），既然马列主义是可以变化发展的，那么马列主义就不是真理。这种情况很像人们曾认为牛顿力学句句是真理，而当牛顿力学显示其相对性，一些人又断言自然科学不再有真理那样。

批评主张"句句是真理"的教条，当然要强调解放思想、勇于探索和勇于创新。我们今天仍然要讲解放思想、勇于探索和创新。问题是思想解放，探索和创新也有两种截然对立的方向：有坚持社会主义方向的思想解放，探索和创新，这是要充实和丰富马列主义，包括纠正马列主义讲的而与实际不相符合的观点，也有坚持资产阶级自由化方向的思想解放，探索和创新，这是不问是否符合实际而要从根本上否定和取消马克思主义，是在探索怎样把中国变成资产阶级的共和国，是在炮制反马克思主义的"新"思潮。

对"句句是真理"和"马列主义过时论"都必须批判。克服"马列主义过时论"的根本途径，一是要站到无产阶级和人民大众根本利益的立场上来，二是要理论联系实际地、认真地学习和研究马克思主义。有人说马列主义只是当今的一个学派，固然不对，但一些人甚至根本没有把马列主义当作学派，根本不看马克思主义讲了些什么和怎样讲的，就起劲地鼓吹它已过时，真可谓理不直而气过壮了。

其实，一切科学理论，包括自然科学理论和社会科学理论，只要正确地反映客观规律，就不会过时。自然科学中关于浮力定律、杠杆原理的认识产生于古代，直到今天仍没有过时，有什么理由断言产生于19世纪且不断发展着的马克思主义在今天就会过时呢?! 马克思主义关于人们首先必须吃喝住穿，首先必须劳动，然后才能从事政治、科学、艺术、宗教和哲学活动的原理，关于人们在生产中不仅同自然界发生关系，还结成一定的社会关系，生产关系随生产力的变化而改变的原理，关于社会阶级划分的历史演变，资本家占有工人创造的剩余价值，阶级斗争是历史发展的直接动力的原理，关于历史活动是群众的事业，人民群众的历史主动性、革命首创精神具有重大意义，每一个社会时代都需要并会创造出自己的伟大人物的原理，关于无产阶级和全人类要争取在政治上、经济上、劳动上、思想上获得解放，社会主义运动必须由无产阶级政党作为组织者和领导者的原理等等，都没有也不会过时。有谁能说生产力已不是全部历史的基础或人们已可以自由选择自己的生产力，又有谁能说资产阶级在今天已不是剥削者，工人（包括白领工人）应永远安心和乐意于被剥削的地位呢？

在马克思主义的科学理论中，它的基本原理和结论没有过时。同时，这些原理和结论也不是僵死的，我们既要在马克思主义指导下探讨和研究新情况、新问题，又要以新的成果充实和丰富马克思主义的基本理论。我们既有了克服"句句是真理"的经验教训，又有了反对"过时论"和资产阶级自由化的经验教训，就一定能更好地坚持马克思主义，学习和研究马克思主义，宣传马克思主义。现在看，只有一种经验教训不够。有了更为全面和完整的经验教训，才可能真正抵制和克服错误倾向。

对学习马克思主义哲学的再认识 *

　　江泽民同志在国庆 40 周年和十三届五中全会的讲话中特别强调，在党内首先是领导干部中要认真学习和研究马克思主义哲学。为什么这次再提或"重提"学哲学？今天的学习与以往的学习有什么不同？有什么新的意义？这些问题都值得深思。

　　一般来说，学习和研究马克思主义哲学，是为了掌握科学的世界观、方法论，运用正确的立场、观点、方法去分析和解决实际问题。现在重新强调学哲学，当然不是要我们停留于对哲学的基本概念和规律的理解上，而主要是为了以马克思主义为指导，研究和探讨当代重大的政治、经济、社会问题，从根本上保证党的领导的正确性、科学性。

　　干部学习和研究马克思主义的基本理论特别是哲学，任务紧迫。这样说，至少有以下三点理由。

　　1. 坚持社会主义方向的需要

　　认真学习哲学，是在我国经历了一场重大政治风波后再提的。极少数策划动乱和暴乱的人公开反对社会主义制度，有的也打着"拥护社会主义"的旗号。一些人跟着走并在一定程度上卷入动乱，则与他们不懂得或听信了"社会主义是讲不清楚的"说法，或只从暂时的生活水平高低看社会主义的成败，或把要求抽象的"人权"、"民主"、"自由"当作社会主义的口号，或把社会主义建设过程中的失误和某些腐败现象混同于社会主义的本质。由于思想和理论观点上的模糊而导致政治上的"失足"，这是必须记取的教训。

　　从理论认识上弄清什么是科学社会主义，只靠哲学不够，但有一点十分重要：马克思主义哲学与科学社会主义有内在的联系。社会主义本是顺乎时代潮流、合乎人民需要的，人们早就有实现社会主义的要求，认为剥削压迫不公正、不合理，希望走共同富裕和世界大同之路。但在马克思主义产生以前，这种愿望大都是从"永恒正义"、"自然平等"出发，具有空想性质。社会主义从空想到科学的发展，如恩格斯所说，是基于两个伟大发现——唯物主义历史观和剩余价

　　* 原载于《辽宁日报》1989 年 11 月 30 日

值论。只有认真学习和研究唯物主义的历史观从生产力、生产关系、上层建筑诸方面的统一去分析我国的国情，才能真正懂得和坚持科学社会主义，深切理解在我国应当、能够且必须走社会主义道路。

我们的许多同志从根本上说并不怀疑在中国要搞社会主义，但在说到社会主义优越性，特别是在与发达国家相比时又似乎不那么理直气壮。这里，确实需要从实际出发和有历史的观点，需要从本质上看问题和遵循科学的比较原则，也就是需要以正确的世界观和方法论作指导。否则，就会把平均工资收入差距等同于平均生活水平的差距；以平均收入掩盖资本主义制度下的贫富悬殊；就会只看到资本主义发达国家，而看不到许多搞资本主义的国家并没有像美国、日本那样富足；就会把搞了 200 多年资本主义的经济水平，同只搞了 40 年社会主义的经济水平作简单类比，把生产力水平的高低机械地归结为社会制度的优劣；就会看不到亚洲一些国家和地区的特殊条件和环境，而把它们的发展完全看做是自身资本运动的结果。当然，我们必须实事求是地承认中国目前经济还不发达，前进中有过不少失误，目前仍有较大困难，但从本质上讲社会主义好的时候则不应当寡言少语，而应是言之成理、持之有故的。我们需要用真实的、生动的材料来说明社会主义制度的优越性，也需要用科学的理论武器即马克思主义哲学来进行分析和论证。

2. 正确执行党的基本路线的需要

认真学习哲学，是在总结新中国成立以来尤其是近 10 年的经验教训的基础上再次提出的。在新中国成立后特别是党的十一届三中全会以后，社会主义建设取得了辉煌的成就，同时也出现了必须充分认识和坚决纠正的失误。在我们的工作中，经常发生一种倾向掩盖另一种倾向，或由一种片面性走向另一种片面性的情况：有过阶级斗争扩大化，"政治可以冲击其他"，也有过经济高于一切，"淡化政治"，无视阶级斗争在一定范围内存在；有过夸大"一大二公"，也有过把个体经济、私营经济摆在不适当地位；有过统收统支、统购包销，也有过完全实行市场调节的意图；有过吃"大锅饭"的平均主义，也有过收入差距过大的分配不公，等等。由于思想观点上的摇摆和缺乏具体分析造成工作上的损失和挫折，也是应当记取的教训。

从根本上正确理解和执行党的基本路线，只靠哲学也不够，但学习和运用唯物辩证法则使贯彻党的路线的重要指导思想和保证。毛泽东同志曾一再强调在工作中要注意到多方面的关系，把形而上学看作必须医治的顽症。在今天，不仅有毛泽东当年讲过的十大关系，而且有新的、更为复杂的关系，提倡学习和研究马克思主义哲学，将会帮助我们弄清这些关系，避免顾此失彼和走极端。

在许多情况下，认识上和工作上的问题并不都来自我们不懂得要全面地看事物，对于既要抓政治也要抓经济，既要重视物质文明建设也要重视精神文明建设，既要自力更生又要引进国外的技术和资金等，一般来说是明白的，但实际做起来却糊涂了，陷入盲目性。我们的许多同志对某些片面性的提法和做法也不是完全没有意见，对于削弱思想政治工作，忽视精神文明建设，到处要求"创收"等早有不满，但又往往会把某些不正确的东西误认为是"新观念"、"新秩序"，或虽有牢骚却不能做出有理有据的分析乃至默许。知识抽象地全面性不能克服这些弱点，需要真正懂得和实行具体问题分析、辩证的否定、一切从实际出发，即掌握和运用辩证唯物主义的方法论和认识论。

思想上的模糊经常与如何对待改革相关。改革当然是确认旧体制有毛病，但社会主义条件下的改革是扬弃，是自我完善的扬弃，并不是把以往的东西全盘抛弃。在改革中应当把旧体制的毛病讲充分，批评支持旧体制的老观念，也就难免使一些人以为过去的体制和观点都一无是处，如果我们缺乏自觉性，就会在给孩子洗澡后连小孩带脏水一起都从盆里倒掉。当前，特别需要懂得什么事辩证的否定，正确地对待传统。那种完全依靠传统或彻底抛弃传统的想法和做法都不可能前进。

片面性的东西有时并非无条件就错；而平均顾及"全面"，也常常不是无条件正确。这又是认识上、工作上的困难。从总体上要求"不要找市长而要找市场"，显然不对，但在特定环节上又的确该找市场不该找市长。反之亦然。总不能笼统地说50%的计划经济与50%的市场调节相结合。同样，全面地注意物质文明建设和精神文明建设，也不是笼统地各以一半精力去分别抓。这里也只能从实际出发，具体分析具体情况。轻易做到这点是不可能的，而学习和研究马克思主义哲学会指导和帮助我们这样做。

3. 做好各部门实际工作的需要

认真学习哲学，对于认识各部门工作的规律性和指导方针也有现实的针对性。从改革开放以来，各方面工作的形势、问题、任务都有了很大的变化。我们除了对整个社会主义建设的基本方向、基本问题常有忽视外，对于自己肩负工作的战略性问题和基本原则也关心不够。或是大体上按老套子处理事务，缺乏创新；或是顺应自发倾向，被动应付。经济领域中偷税漏税、投机倒把的繁衍，文化领域中屏幕"卫生"不佳和低劣书刊猖獗，教育领域中不同层次人才培养比例失调和德育表面化等，对这样一些问题，如果说我们在财政、税收、影视、出版、学校工作中本来是非分明，那是不能完全讲得通的。

实际上，各个领域的工作都有若干根本性的、经常起作用的问题或矛盾，我们在处理日常事务时不能避开这些问题，只能在抓住和围绕这些基本矛盾的基础上才能正确地、有效地完成所承担的任务。企业不能只注意购买原材料、计算成本、检验产品，还必须重视如何既维持正常生产又进行技术改造，如何把传授知识同培养能力结合起来。文艺团体不能只注意物色演员、排练，还必须重视作品的思想内容和艺术质量，如何处理好歌颂与暴露的关系、反映献身精神与表现人性的其他方面的关系。这里所举的例子当然不很准确，但首要是找到自己工作中的基本问题，其次是要正确对待它们，做到这些就必须有理论兴趣和理论素养，必须学习和研究马克思主义哲学。

在实际工作中不仅有方向、路线、方针问题，还经常要对特定的计划、方案做出决策。如何提出切合实际、反映群众根本利益又为群众所拥护的计划和方案，如何在诸多计划、方案中选取相对最佳的一种，如何把预想的计划、方案通过试点，总结经验，都离不开科学的世界观和方法论，都需要学习和研究与决策有关的认识论问题。现代化的决策有许多新的特点，包括使用系统工程的方法和电子计算机；但从根本上说仍要从群众中来，到群众中去，仍要确立群众观点和依靠群众路线的方法。

认真学习和研究马克思主义哲学的必要性，决不仅限于上述几方面，如何正确分析当前的世界形势，如何正确分析党在建设中的矛盾，如何看待和对待社会上和党内的某些腐败现象，都需要有正确的立场、观点、方法。我们切不可以认为过去已经学过哲学，再没有什么可学的了。密切结合实际再次认真学哲学、用哲学，特殊重要，而且必定会有新的收获。

党员干部要研究马克思主义 *

我们习以为常的提法是：共产党员特别是党员干部要认真学习马列主义、毛泽东思想，哲学社会科学工作者的职责是研究马克思主义。实际上学习与研究的这种划分是不完全正确的。毛泽东同志早就指出："一般地说，一切有相当研究能力的共产党员，都要研究马克思、恩格斯、列宁、斯大林的理论，都要研究我们民族的历史，都要研究当前运动的情况和趋势……特殊地说，干部应当着重地研究这些，中央委员和高级干部尤其应当加紧研究。"（《毛泽东选集》第 2 卷第 498 页）

江泽民同志在国庆四十周年讲话中重申党在理论上提高的重要性时，一再提到要学习和研究马克思主义。他说："有必要把学习和研究马克思主义基本理论，在马克思主义指导下研究和探讨当代重大的政治、经济，社会理论问题，作为一项紧迫任务，提到全党面前。在党内首先是党的高级干部中，要提倡认真学习和研究马克思列宁主义、毛泽东思想基本理论，特别是学习和研究马克思主义哲学"。

为什么党员干部不仅要学习，还要研究马克思主义，党员干部是否应当而且可能去研究马克思主义，他们在研究马克思主义的问题上与哲学社会科学工作者有什么区别，该研究什么和怎样研究，都需要讨论清楚，从而使党员干部持续地、认真地、深入地、有针对性地研究马克思主义成为风气，从根本上保证党的领导的正确性和科学性。

党员干部要学习和研究马克思主义，很有必要。在这方面，他们与哲学社会科学工作者有某些共同点。认真的学习，同一定程度上的研究，本来是密切相关的。党员干部学习马克思主义要读书，又要区别书本字句与精神实质、特定结论与观点方法，还要联系实际，考虑已有理论的现实意义。因此，即使只提党员干部要学习马克思主义，这里讲的学习也必然和应当包含着研究，或者说是指学习和研究。

党员干部要学习和研究马克思主义，从根本上说不仅在于要经过研究才能理

＊ 原载于《党政干部学刊》1990 年第 1 期

解马克思主义著作的原意和意义，而且在于当今世界和中国实际上出现了不少新情况、新问题，在于中国共产党人在本国社会主义建设中担负着重大责任，在国际共产主义运动中处于重要地位。如何进行社会主义建设本来就是人类历史上极其伟大又极为艰巨的事业，在中国这个人口众多、社会生产力水平很低的国家进行社会主义建设，面临的新问题就更多、更复杂。而且，当前的国际形势也有了很大改变，国际共产主义运动又出现了新的特点，包括某些迂回和曲折。在这种情况下，如果缺乏马克思主义理论素养，不善于运用正确的立场、观点、方法去分析和解决问题就不可能成为合格的党员干部。

在我国的社会主义初级阶段要以经济建设为中心，坚持四项基本原则和改革开放。但是，由于我们对马克思主义学习和研究不够，却没有真正处理好政治与经济的关系，没有充分注意到振兴经济、改革开放都有坚持社会主义方向的问题。对"社会主义讲不清"、"富就是社会主义"、"生产力标准高于四项基本原则"、"生产力标准就是党员标准"、"公有制经济产权模糊"、"大中型国有企业要引进乡镇企业机制"、"企业不要找市长而要找市场"等观点，分辨不清，无所适从，乃至随声附和。这难道不说明提高理论素养确实是紧迫任务！

近10年来，国际国内形势有了新的变化。国际形势出现了由紧张趋向缓和、由对抗转向对话的趋势，国内阶级斗争不再是主要矛盾，因而不再以阶级斗争为纲。但世界上并不仅仅是国际合作，国内也不是政治标准过时，而是留下了许多值得注意的问题。例如，在今天还可不可以讲资本主义包括帝国主义本性不变，该如何认识资产阶级既是剥削者而工人生活却能改善，西方的政治模式、经济模式、价值观念和生活方式是应当批判的借鉴还是全盘照搬，该怎样认识国内的阶级斗争，是否还可以说两条道路的斗争、谁战谁胜的问题还未根本解决。诸如此类的问题是人们普遍关心的，作为党员干部理应把它们研究清楚。

党员干部学习和研究马克思主义，在马克思主义指导下研究和探讨问题，是为了提高理论素养，坚持正确的政治方向，领导群众完成所承担的任务。在这点上，他们又与哲学社会科学工作者不同。哲学社会科学工作者也要提高理论素养，坚持正确的方向，但他们在研究马克思主义时有着专业的、学术的特点。作为学科去研究马克思主义的哲学，当然要阐发正确的世界规和方法论，而这种研究的内容是相当广泛的，可以从考察孔夫子到孙中山、柏拉图到黑格尔去研究，也可以从自然科学史和当代科学技术的主要成果去做这种研究，还可以从分析批判实证主义、存在主义等各种现代西方哲学流派，或从宗教哲学、艺术哲学去做这种研究。哲学社会科学工作者在研究中追求的是得到正确的结论，这些结论未必都能直接解决特定的实际问题，未必都有可操作性。他们的工作有时可以较快显示其实际意义，有的则要三五年乃至更长时间才能取得成果。党员干部学习和研究马克思主义，则有明显的现实性、针对性。他们所研究的内容一般来说应是与承担的实际任务相关的，是为了做好工作而研究，而不是以研究为职业。当然，如果做实际工作的党员干部能与专业社会科学工作者结合起来共同研究，就更好了。

在我们党的历史上，对学习马克思主义是很重视的，曾经有过"干部必读"的一套著作，在党校和其他的干部学校，有过较系统地学习马克思主义著作的要求。但有时又过分强调了系统性，对理论联系实际不够重视，有本本主义的倾向。在新中国成立后一段时期里，在理论工作、理论学习上也有过简单化、教条化的倾向。"文化大革命"以后，批判了"唯书"、"唯上"，强调唯实，批判了"句句是真理"、"一句顶一万句"，强调要发展真理，但又出现了只讲"更新观念"、只讲"反对思想僵化"的倾向，乃至认为马克思列宁主义、毛泽东思想"过时"，似乎句句都不是真理了。

提倡学习和研究马克思主义，当然不能回到"句句是真理"去，又不能丝毫轻视对马克思主义著作的学习。要读书，又要理论联系实际。比如说，在马克思主义的论著中，对于什么是社会主义、社会主义思想的历史渊源、社会主义与无产阶级和群众根本利益的关系、社会主义的优越性、社会主义建设的基本问题等，都有深刻阐述。结合国际共产主义运动的历史和现实认真学习这些论述，对我们坚持社会主义方向，宣传科学社会主义思想、都是很重要的。否则，在理论上就难以抵制种种错误思潮，实践上就会受挫折。

对于社会主义的几点认识 *

坚持社会主义，是我们的基本原则，各项工作的方向，也是思想认识上的核心问题。经过 1989 年我国发生的动乱。面临当今国际局势的变化，这个问题更显得特别重要。本文从三个方面谈一下对社会主义的认识。

一、为什么说社会主义符合群众要求

我们经常讲到社会主义，那么，社会主义究竟 是谁"发明"出来，是谁的要求？社会主义究竟是顺乎时代之潮流，合乎人群之需要，还是群众要求之外的附加之物呢？

不大了解历史状况的人或许认为，社会主义是马克思首先提出来的。其实，这个答案是不对的，至少不完全正确。

本质上属于社会主义性质的观点久已有之。我国古代就有人反对贫富悬殊，反对天下为君王私有。太平天国的《天朝田亩制度》明确要求土地归天下人共有，"有田同耕，有饭同食，有衣同穿，有钱同使，无处不均匀，无人不饱暖"。当然，这只是平均主义的农业社会主义空想，但它毕竟是要求建立土地公有制的、没有地主剥削的社会。仅从这点看，则高于"私有制宣言"。

明确使用"社会主义"一词的，是 19 世纪上半叶的欧文、圣西门和傅立叶。摩莱里、魏特林等先后提出"共产主义"的主张。他们的观点尽管有所不同，但都在批评、指斥、咒骂资本主义社会，认为剥削是不道德的，并希望有比较好的制度出现。在他们看来，过去的历史充满掠夺、残杀、虚伪、欺骗、罪恶的"工业制度"使大多数人陷于贫困，陷于繁重单调的劳动，而劳动成果却陷入少数寄生者手中，"贫困在文明制度下就是由富裕产生的"。他们要求消灭私有制，建立一个财产平等、男女平等、人人都劳动和按劳分配的社会，"当人类建立财产公有，并结成一个庞大的和睦家庭的时候，机器就成为人类的幸福服务"。可见，关于"社会主义"、"共产主义"的提法并不是马克思的发明，在马克思之

---

* 原载于《干部学习参考》1990 年 7 月 28 日，沈阳市委讲师团编

前就有了社会主义的思想。

　　然而，欧文、傅立叶等人的社会主义思想只是基于"理性"、"正义"的概念，而不是对历史必然性的认识。他们还认为只靠个别人的劝说，使富人也从善良愿望出发，就可以建立美好社会，而不必依靠工人阶级。因此，他们的社会理想只是空想的社会主义。但他们终究是在现实的资本主义社会中构造着社会主义的空想，而不是在那里颂扬或屈从资本主义的现实。

　　马克思和恩格斯在他们的理论活动中批判地继承了空想社会主义，他们得伟大贡献并不是描绘伟大蓝图的细节，而是致力于分析社会历史发展的客观规律和资本主义剥削的秘密，把社会主义奠定在科学的基础上。正如恩格斯所说，社会主义不应当从头脑中发明出来，而是通过头脑从历史的经济的过程中发现出来的，由于唯物主义历史观和剩余价值学说这两个伟大发现，社会主义才从空想变成了科学（《马克思恩格斯选集》第3卷，第423-425页）。马克思主义认为，社会主义是无产阶级和资产阶级间斗争的必然产物，建立社会主义、共产主义制度，是无产阶级的历史使命。

　　那么，究竟什么是科学社会主义，马克思和恩格斯是否把它讲清楚了呢？马克思、恩格斯在许多著作中都论及社会主义，但如果是指社会主义社会中经济体制、企业经营、产品分配、文化教育和人际关系的具体形式，他们没有讲清楚，也没有以讲清楚这些为目的。如果是指社会主义的基本特点或科学社会主义学说的基本内容，则已经是讲清楚了的。我们今天应当和可能把科学社会主义的特征或原则讲得更清楚，不作分析地断言已经讲清楚的东西"讲不清楚"，只能是造成混乱。

　　全面理解马克思、恩格斯在科学社会主义问题上讲清楚了什么，需要认真阅读和领会他们得许多论述。仅从恩格斯所写的《社会主义从空想到科学的发展》一书的最后两段话（《马克思恩格斯选集》第3卷，第443页），我认为已经讲清楚了：科学社会主义是关于无产阶级和人类解放事业的条件和性质的学说，在这一解放世界的事业中，"无产阶级将取得社会权力"，"人终于成为自己的社会结合的主人"（即无产阶级和人民群众的政治地位的解放）；把"社会化生产资料变为公有财产"，"使生产资料摆脱了它们迄今具有的资本属性（即建立公有制和消灭剥削，获得经济地位的解放）"；"按照预定计划经行社会生产"，"人成为自然的主人"（即劳动和生活上的解放）；"生产的发展使不同社会阶级的继续存在成为时代的错误"，人终于"成为自己本身的主人——自由的人"（即整个社会的解放）。"完成这一解放世界的事业，是现代无产阶级的历史使命。"至于这本书和马克思、恩格斯其他著作中的其他论述，就不逐一引证了。

　　社会主义有许多特征，最根本的是生产资料的公有制和共同富裕，要消除私有制，消灭剥削（消除对他人劳动的无偿占有）。尽管空想社会主义及其同情者在许多方面不切实际，这两点也是他们的要求。生产资料私有制和剥削是劳动人民贫困的根源，只要有人剥削人的制度存在，必然会有劳动者反对剥削者的斗争。工人罢工，本质上是反对资本家无偿占有他们的劳动，本质上是符合社会主义的要求。从这一点说，工人阶级有社会主义的自发倾向，列宁指出："人们常常说：工人阶级自发地倾向于社会主义。在下述意义上说，这是完全正确的，就是社会主义理论比其他一切理论更深刻更正确地确定工人阶级受苦受难的原因，因此工人也就很容易领会这个理论。"（《列宁选集》第1卷，第258页）

在现实生活中，也有着社会主义的自发倾向。例如，人们对权钱交易、特权致富的不满，对靠不诚实、不合法办法起家的暴发户的不满，有的是明确地从社会主义原则来衡量的。同时，也有一些人并没有明确的理论意识，而主要是感受性的牢骚，他们感到爆发致富的人不合理地占有了他人的劳动，感到自己的劳动没有得到公平对待，因此，尽管生活水平有提高仍有意见。他们反对腐败实际上是反对少数人不合理的劳动占有，而不是希望实行无偿占有他人劳动的制度，他们的要求实际上是符合社会主义的。至于少数人利用反腐败做别的文章，则另当别论。

社会主义顺乎时代之潮流（是历史的必然），合乎人群之需要，而不是群众要求的异化，只有资本家的辩护人才断言社会主义是强加于人的，难道我们能相信人民有甘愿受剥削的内在要求吗？但是，我们说社会主义合乎人群之需要还有另一层意思，即社会主义的学说是符合人民群众和无产阶级的要求和利益，却不意味着社会主义思想史从群众要求或无产阶级的阶级斗争中自然产生出来的。社会主义学说是从哲学、历史和经济的理论中成长起来的，是革命知识分子的伟大创造，他们在科学理论创造中要总结概括阶级斗争的经验教训，但工人阶级及其阶级斗争则不可能自发地才产生社会主义意识。

科学与常识、理论与经验、都有这种"符合"与"产生"的关系。人们在熟食、照明、制陶、冶铁等实践中长久与热过程打交道，却不能自发地产生"热量"、"温度"、"熵"等科学概念，也不能自发地产生"热力学定律"、"分子运动论"等科学理论。热学学说是从数学、力学和物理学的理论中成长起来的，是知识分子的创造，它符合与热过程打交道的要求，但不是由烧火、煮水等活动中自发产生的。力学学说符合杂技活动的要求，从最出色的杂技活动中也不会自然产生关于转动惯量的理论。

人们只靠自己的活动不能产生科学理论，因而要向别人学习，例如，到学校去听老师教、看书理解，接受科学知识，充实自己。最有经验的锅炉工和杂技演员，如果想不停留于常识和经验，也得接受热学或力学的科学学说。

群众要求和阶级斗争不能自发地产生社会主义意识,对于无产阶级来说,就有一个接受社会主义学说的问题,即接受符合自己要求的科学理论。一批才智出众的无产者率先接受了马克思·恩格斯创立的科学社会主义,他们结合组织起来,又把认识无产阶级地位及其任务的意识灌输到无产阶级中去。作为一个共产党员,更应当自觉地接受科学社会主义的灌输,努力学习马克思主义。科学灌输并不只是对马克思主义、科学社会主义才有的,无数学生在接受物理学、化学和工程学的知识,接受牛顿学说、爱因斯坦学说、达尔文学说,从内容看都是科学灌输。

人们需要接受符合实践要求的科学学说,不仅是由于理论不能自发产生,而且,还因为在日常活动中的经验、常识和要求,往往是有局限的、短视的、表面的,乃至是不正确的。只靠常识和经验,就会把温度与热量混为一谈,或把热过程看做是"热素"的增减,或要求热效率轻易翻两番。在社会生活中只从自发倾向出发,可能是对富人剥削的不满,也可能只看到眼前的经济利益。资本主义社会中的工人阶级,在没有接受马克思主义的时候,会自发倾向于要求增加工资、减少工时和改善劳动条件,把自己的目标局限于经济斗争的胜利,而不是从根本上改变社会政治地位和争取阶级的解放。而且,由于社会中还存在着被精致加工了的资产阶级思想体系,不接受科学社会主义思想,就必然会接受资产阶级思想体系的影响。我们在今天也不能满足于自己的要求天然是反对腐败、反对社会分配不公的,或自己的要求天然是爱国的、民主的,有这些要求可能接受科学社会主义,但仅限于自发的要求,就会分不清社会主义条件下人权的实现与"人道社会主义"的区别、社会主义民主与"民主社会主义"的区别、思想解放与资产阶级自由化的区别、合理的分配差别与平均主义的区别,乃至在错误思潮影响下迷失方向。

社会主义是符合群众要求的,我们应当衷心地拥护社会主义。社会主义不是自发要求产生的,我们应当努力学习社会主义。接受物理学、化学、生物学的学说要下工夫,接受科学社会主义学说也要下工夫。科学社会主义关系到阶级、国家和人类的命运、涉及政治、经济、文化、科学技术等领域,要下工夫去接受。科学社会主义是不断发展的,它面临许多新问题,还要下工夫去研究它。

二、关于社会主义与资本主义的经济对比

我们拥护社会主义,从思想上说不是基于规定或外界要求的不得违反,在这里起作用的只有一句话:从内心认识和相信社会主义好,或确认社会主义的优越性。

确认社会主义好的情况是不同的。只讲眼见为实，看见了社会主义搞好了，说社会主义好，是一种情况。马克思、恩格斯没有看见社会主义，我们的无数革命先烈没有看见社会主义，他们坚信社会主义好，又是一种情况。马克思、恩格斯和先烈们确认社会主义好，是基于社会主义顺乎时代之潮流，合乎人群之需要，是基于认识到社会主义是使无产阶级和人类在政治上、经济上、劳动和生活方式上和整个社会获得解放的伟大事业，是基于对资本主义的不合理性和资本主义必然灭亡的科学分析。

只从眼见为实看优越性是不够的。在瓦特蒸汽机、火车、轮船、内燃机等发明后的一段时间里，人们眼见为实地看到瓦特蒸汽机的效率不如以前的纽可门蒸汽机，内燃机的效率不如蒸汽机，火车不如马车跑得快，轮船不如帆船装货多，说火车比马车好，内燃机效率比蒸汽机高，在那时是看不见的。只有一些科学技术家在那时确认"内燃式"优越，但却不是用眼睛而是用头脑"看到"的—即在本质上或科学道理上的认识。

有了社会主义，又不能不讲眼见为实。何况，也不能要求每一个人都像马克思恩格斯和先烈们那样去理解社会主义。社会主义的现实优越性是要讲的，问题是怎样的讲法。在这点上，人们关心社会主义与资本主义的比较，这很自然，没有比较就断言社会主义好，难以服人。为此，只能用多篇幅来谈现实比较，尽管更重要的是从本质上认识社会主义的优越性。

三、坚持社会主义与总结经验教训

社会主义符合群众要求，社会主义在本质上是优越的，为什么不少人在社会主义方向上还有着这样那样的疑虑呢？应当说，许多人的这种疑虑并不是基于自己不希望走社社会主义道路，也不是在原则上认为社会主义有什么不好，他们主要担心我国在实践上能否沿着正确的方向，使社会主义建设事业兴旺发达起来，有的人则因为看到社会主义建设中出现过多次失误而影响了信心和信念。

社会主义的信念与社会主义的实践不能等同，不能因为实践上的缺陷动摇信心，另一方面，社会主义的信念又与社会主义的实践密切相关，我国在社会主义建设中取得的一系列伟大成就鼓舞着人们信心更足地坚持社会主义方向，而在建设过程中的失策、失误不仅造成工作损失，使经济发达得不够快，还会影响人们对社会主义优越性的体察。

为了更好地坚持社会主义，只讲社会主义好的道理是不够的，道理要讲，而更重要的是把社会主义做好，使社会主义的优越性在实践上充分发挥出来和显示出来。有社会主义好的道理，又有社会主义好的实践，道理和实践互相促进，人们的疑虑都会打消，一切风浪、曲折都可以经受。

把社会主义做好，是伟大而艰巨的事业。为此，要肯定成绩，总结经验，也要正视失误，总结教训。当前，我们既有"文化大革命"结束之前的约30年的经验教训，又有"文化大革命"结束后10年的经验教训，而"文化大革命"前后的失误教训又有很大不同乃至表现形式相反，我们还有总结历史经验教训的参照系，这一切，不仅使全面地、深刻地总结经验教训成为必要，也使全面地、深刻地总结经验教训成为可能。

值得认真思索的问题很多，与坚持社会主义建设方向有关的，例如有：

在经济体制上，我们曾盲目赞赏过"一大二公"，乃至把正当的副业当做"资本主义尾巴"割掉，不承认在现实条件下个体经济、私营经济可以在一定范围存在；在后一段，又有人把全民所有制作为改革的对象，要大中型国有企业向乡镇企业看齐，宣传全民制是什么"产权模糊"，片面强调个体经济和私营经济的生命力。

在经济运行上，我们曾认为社会主义就是高度集中的计划经济，搞尽可能多的统购包销，只讲统一不讲自主，只讲协作不讲竞争；在后一段又有人认为社会主义经济主要靠市场调节，把计划看作妨碍经济运行的框框，只讲自主不讲统一，只讲竞争不讲协作。

在对待政治与经济的关系上，我们曾被"以阶级斗争为纲"、"政治可以冲击一切"的观点所束缚，批判"唯生产力论"；后一段又淡化政治，似乎经济就是政治，政治就是经济，而经济就是赚钱，创收多就一俊遮百丑，似乎经济可以冲击一切，政治工作、清除精神污染、反对资产阶级自由化都不在话下。

在对待国内建设与国际关系方面，我们曾大讲过战争、颠覆的危险，把备战放在首位，以无外债自诩，闭关自守，有人还把正常的国际交往斥之为"洋奴哲学"，后一段又有人主张"全方位开放"，只讲国际合作，似乎资本主义与社会主义两种体系的对立不复存在，对国际敌对势力的渗透、"和平演变"缺乏思想准备。

在对待姓"社"姓"资"上，我们曾把某些既不姓社又不姓资的东西（如科学技术、某些经营管理方法）加上姓资的帽子，把家庭副业当作"资本主义尾巴"，或把该姓"社"的（如工人阶级知识分子和不少共产党员）叫做"姓资分子或姓资派"；后一段又片面强调不讲姓"资"姓"社"，有人还把本该姓"资"的（资本主义的经济结构，资本主义的民主自由）使其无姓或改为姓"社"，或硬要把本该姓"社"的（社会主义的经济体制，社会主义的民主自由）等同于姓"资"。

思想上的片面性、失误和混乱又与如何对待理论相关。在对待马克思列宁主义和毛泽东思想的态度上，我们曾受到"唯书"、"唯上"和"句句是真理"的影响，对教条主义的危害认识不足，后一段又片面追求"更新观念"，"冲破传统"，建立"新体系"，迎接"新挑战"，似乎只要是"新"的就是好的，强调反教条主义，滋生了狭隘功利主义（一种实用主义）。

在诸如此类的问题上都需要认真总结，吸取教训。当然，这种总结是为了推进社会主义建设，既不能否定党的十一届三中全会以来正确的东西，更不能简单回复到"文化大革命"前的状态。我们必须坚定地搞改革开放，只是必须坚持社会主义的改革开放，使改革开放有利于工人阶级和人民群众的根本利益。我们仍然要解放思想，只是思想解放必须符合历史必然性和人民群众的根本利益，符合客观现实和科学真理，而不是把思想"解放"到资产阶级那里去（使思想束缚于资本主义范畴）。我们仍必须敢于创新，勇于探索，在坚持社会主义方向的前提下研究和解决坚持公有制为主体与发展多种经济成分的关系，计划经济与市场调节如何有机结合，怎样既克服平均主义又避免社会分配不公，如何使物质文明建设和精神文明建设的两手都硬起来以及怎样既对外开放又防止渗透等问题，使政策不断完善，丰富和充实科学社会主义的理论。列宁曾说过："社会主义自从成为科学以来，就要求人们把它当做科学看待，就是说，要求人们去研究它。"（《列宁选集》第1卷，第244页）我们今天正面临着研究社会主义的任务。

社会主义是无产阶级的革命事业，社会主义是客观真理性的科学学说，是高度革命性与高度科学性的统一。科学地、全面地总结经验教训，社会主义事业将更有活力和生机。坚持社会主义方向，才能对历史经验教训作出正确的、深刻的总结。

关于社会主义问题的对话 *
——《沈阳日报》学习邓小平谈话体会

近日与友人谈及什么是社会主义和姓"社"姓"资"问题，简录如下：

问：现在不讲姓"社"姓"资"，这是怎么回事？

答：确切地说，不是一概不讲姓"社"姓"资"，而是从改革采取的形式、手段和方法看，不能凡事都先问清、争清姓"社"姓"资"，不要乱戴姓"资"的帽子而不敢搞改革试验，用姓氏来束缚手脚。

问：究竟什么是社会主义能讲清楚吗？

答：这要看讲清楚什么，是社会主义的方向、目标，还是社会主义采取的形式、手段和方法。我看当前所谓的"讲不清楚"主要是后一方面的问题，例如，社会主义就是有计划，公费医疗就是社会主义。等等。

问：不能一下子把问题完全讲清楚可以理解。你说的从根本方向、目标和性质上看社会主义能否再简明地讲一讲？

答：要讲社会主义的历史必然性，讲科学社会主义的学说，是一门课，要看一些书。但如果用一句话说，也可以讲社会主义乃是高于资本主义并能取代资本主义的社会制度。当然，人不能靠定义生活，社会主义不是讲出来的，关键是要在实践上创造和建设起一个比资本主义高又足以取代资本主义的新社会。但道理还是可以讲、应当讲的。第一，应当承认资本主义制度已是社会发展的高端阶段，而且是相当高的阶段；第二，任何一种事物，都不可能达到最高、最最高和不能再高的程度，资本主义也不例外。每一门学问、每一种设备、每一项工艺，即使有了相当高的水平，总不会高到极顶而不能再高，总会有更高的理论、设备或工艺出现并取代已有的东西。封建制度高于并取代奴隶制度，资本主义制度高于并取代封建制度，有什么理由说资本主义永远最高而不能被更高的制度取代呢。第三，资本主义有它的历史缺陷和弊病，这主要是指剥削和贫富两极分化等。

问：你还是讲的一般辩证法和社会发展史。而且，只讲"高于"、"取代"、

还是没有讲清楚究竟社会主义是什么。你认为社会主义本质究竟是什么呢？

答：什么是社会主义，什么是资本主义，可以讲得复杂，也可以讲的朴实，简明地讲，也许可以只用四个字来说明社会主义的本质：共同富裕。当然还要做些解释：第一，社会主义首先要大力发展生产力，要富裕，要消灭贫穷，贫穷不是社会主义；第二，只讲发展生产、经济发达并不完全等于社会主义，资本主义社会也可以达到相当高的富裕；第三，关键是既要富裕，又不导致贫穷两极分化，达到共同富裕的途径、步骤是一部分人、一部分地区先富起来，但方向和目标是共同富裕。

问：你认为社会主义的本质是共同富裕，为什么不强调生产资料公有制和按劳分配？

答：这不是"我认为"，我只是认为邓小平同志最近在南巡谈话中讲的"社会主义的本质，是解放生产力，发展生产力，消灭剥削，消除两极分化，最终达到共同富裕"这段话很有道理。至于公有制和按劳分配当然很重要，但讲共同富裕更能抓住和突出社会主义的本质——公有制和按劳分配是保证发展生产和共同富裕的条件，共同富裕是目标和结果。

问：你不强调公有制和按劳分配，是否想为私营企业、外资企业和非劳动收入留下余地？

答：也可以这么说，共同富裕既然是根本目标和最终结果，所有制结构和分配方式结构就要看是否有利于实现发展生产和共同富裕。因此讲所有制就不能只讲公有制，而要讲以公有制为主体，还要其他经济形式，讲分配形式就不能只讲按劳分配，而要讲以按劳分配为主体，还要讲其他分配形式（包括合法的非劳动收入）。

社会主义（特别是它的初级阶段）不可能那么纯粹。

问：你讲的"其他"和"不纯粹"看来包括着资本主义的东西，我不赞成这些东西如果对社会主义发展有利也不采用，但总不能因为利用了就把它看成姓"社"吧？

答：利用资本主义的东西来发展生产并有利于共同富裕，这本身就是社会主义的政策。

问：那总可以区分哪是资本主义的东西，哪是社会主义的东西，为什么要反对讲姓"社"姓"资"呢？

答：已经讲过不能一概姓"社"姓"资"，只是说不要凡事先问姓"社"姓"资"；坚持社会主义是没有问题，但凡事先问姓"社"姓"资"的前提却有问题，这个前提就是现代社会中的事要么姓"社"，要么姓"资"，这倒真是糊涂。

问：有。生产力就既不姓"社"也不姓"资"。去年在《真理的追求》上有一篇文章讲要区分社会主义生产力和资本主义生产力就至少是糊涂，这就好像要区分社会主义的物理学与资本主义的物理学，社会主义的计算机与资本主义的计算机那样。不仅生产力、科学技术既不姓"社"也不姓"资"，某些管理形式、管理方法也不能用姓"社"姓"资"来划分。而且，资本主义社会中有的东西（如银行、市场）并不都姓"资"，社会主义社会中曾有的东西（如一大二公、统购包销）并不都姓"社"。

问：凡事都问姓"社"姓"资"可能不对，但它主观上是要坚持社会主义，不能说对社会主义不好吧？

答：重要的不是哪个人的愿望。其实，真正要坚持社会主义，就不能凡事皆问姓"社"姓"资"，社会主义要做到高于资本主义和取代资本主义，要利用人类文明的一切成果，不继承和利用资本主义，就不能高于资本主义。换句话说，凡事皆问姓"社"姓"资"，改革畏首畏尾，排斥前人和他人的经验，就只能在口头上高于资本主义，就不能真正坚持社会主义。如果用口头上讲社会主义来反对搞改革试验，用所谓区分生产的姓"社"姓"资"来妨碍发展生产，把富裕都划入姓"资"的名下，把共同贫穷看做社会主义，就更要不得了。总之，坚持社会主义，同不要凡事皆问姓"社"姓"资"是统一的。

试论社会的制约机制 *

　　书刊上常见"相互制约"一词，但对制约的意义及如何在社会生活中建立和利用制约机制却少有论述。例如，讲到企业，大者在自主经营、自我发展上做文章，而对自我约束则谈得不多。其实，约束、制约是很重要的，企业、社会组织或个人不仅要有自我约束，在各个社会组织之间，各项社会活动之间还应当有合理的相互制约。

　　1. 制约举例

　　建立制约环节，利用制约机制，对解决社会矛盾和处理社会关系有重要意义。在这里，一是有某种需要处理或解决的矛盾，二是有某个制约者或制约环节，有某种制约办法或制约机制。

　　这里先举两个例子。如学校常要以学习成绩作为评优、发奖或升降级的重要依据。例如，用看平均分的方法来衡量优劣，规定平均高于 85 分者才可能得到奖学金。这种办法简便常用，但它的制约性较差：一则获奖人数不易控制，因为可能有许多乃至半数以上的学生在 85 分以上；二则这种分数界限可能使教师在给 84 分或 80 分时难以下手，学生常会同教师计较，教师难免打人情分。

　　有的学校采用了制约性好些的相对评分法或名次法来衡量成绩。先是由教师"自由打分"，不管有多少 80 分以上或 60 分以下；然后由教学管理人员按一定比例把一个班（或一百人）的分数化解和纳入 ABCDE 诸级，其中有不超过 10% 的 A 级，不少于 2%~3% 的 E 级，其余多数为 B、C 和 D 级。如出题偏难、打分偏紧，得 80 分者无几，可能 80 分即相当于 A，40 分才相当于 E；如出题偏易、打分偏松，得高分者较多，则可能 95 分才相当 A，而 60 分即相当于 E。在每门课作相对分级基础上，又规定多门课成绩均达到 A 的学生可能评优或受奖，多门课均为 E 的学生可能被淘汰或给予"黄牌警告"。这种办法缓解了师生矛盾，减少了给人情分、怜悯分，而且把多 A 或多 E 的学生限制在少数或极少数的范围内，这比只看平均分更有制约性。

　　再如，在我们的医疗制度中常会碰到医患之间的矛盾，有时患者责怪医生不

　　*　原载于《社会科学辑刊》1993 年第 5 期

给开好药，单位不让买好药，有时患者又责怪医生开的药太贵或专给开贵药。在现实生活中也确有该治病不给治、该用的药不给用或多开贵药的情况发生。如果只在患者同医院、医生这两者之间想问题，矛盾是难以解决的。相比之下，一个有健康保险公司作为第三者或制约者的医疗体制则要健全得多。人们平时投入健康保险，他患病时相当部分花费由保险公司向医院支付，这里就有了制约：如果医院该用的药不用，贻误病情，会增加保险公司的赔偿，保险公司不会干而会"乐于"让医院用药；如果医院多开贵重药或多收费、乱收费，保险公司也不会干而会对医院进行"干涉"。这样，在患者、保险公司、医院之间形成了一个相互制约的三角关系，就比只在医患之间解决矛盾要顺当得多，也比只靠教育更有效。我们在医疗体制改革时可以参照这种有中介制约办法。

2. 制约与发展

相互制约有它的普遍性和客观性。辩证法揭示了事物之间都是普遍联系和相互作用的，这里的联系和作用不能只理解为相互促进、相互依存、相互协同，也应理解为相互约束、相互限制、相互制约。从一定意义上讲辩证思维可以看做是承认约束和限制的制约思维。五行论讲的"相生相克"，生物界中的互为食物链，工程中的负反馈，都包含着相互制约。

工程和社会领域的反馈控制也可以叫做制约控制。瓦特蒸汽机的离心调速装置就是一个速度制约控制器，速度快离心力加大限制速度加快的趋势，反之对速度约束减小。社会领域中的制约控制也比比皆是。可以在生产、流通、交换、消费间相互约束。可以在利率、资金、奖金、职称、职务上相互限制。企业要多发奖金，减少积累，要受到多交奖金税的制约；而要少发或不发奖金，增加积累，又要受到劳动生产率下降的制约。

不能笼统地认为相互制约是一种坏事。没有约束，没有限制，就没有事物和事物的发展，相互制约是事物发展的条件，有时也是事物发展的根据和保证。无制约的发展，犹如无规矩的方圆，都难以设想和实现。然而，人们却常常习惯于把制约当作贬义词来用，如生产关系制约生产力的发展意味这种生产关系落后，如只有旧体制才制约技术进步，好像一切制约都应当被打破和革除。我们并不认为一切制约都好，但对制约的习惯用法和观念则应当改变或重新推敲。

相互制约在许多场合是必要的、有益的，但互相制约、互相牵制、互相推诿并没有严格的界限或只有一板之隔。在此又要回到制约与发展的关系，我们在社会活动和工作中需要的约束和限制，是有利于发展的制约，而不是无原则的纠纷，当然，纠纷并不可怕，不能因为可能有纠纷而不要制约。在患者、保险公司和医院之间也会有纠纷，但不能因此不要保险公司。

3. 建立和健全制约机制

在我们的社会生活中存在着缺乏自主性的情况，改革开放的主要之点是激励自我发展，使企事业和个人具有自我发展的动力、活力和能力。同时，在现实生活中也存在着缺乏自我约束和相互制约的情况，或该限制的没有限制，自由放任，为所欲为，令不行禁不止，或虽有制约环节但其机制不健全，也使许多矛盾难以解决。

在企业之间、社会组织之间、个人之间以及它们与国家关系间，难免发生这样或那样的矛盾，而公检法系统或银行、税务部门则可以看做是起制约的环节，它们按一定程度调节和处理社会矛盾，使社会生活在某种规范里运行。现在的问题是要完善和充分发挥它们的制约机制，不该管的当然不要去管，该管的则既要管得着，又能管理住。

有了制约环节不一定能够发挥其制约作用。例如，法院可看做是介于原告、被告之间的第三者或制约者，它对守法执行起约束作用。如果有了矛盾都无需这个第三者而"私了"，如果本应是第三者角色却与矛盾的一方"同流"，社会秩序就难以维持。银行、税务是企业活动和社会关系的制约者，而如果企业各有不受约束的"第二本账"、"第二金库"，可以不受限制地逃税漏税，则不仅三角债、"白条子"难以制止，贪污、行贿等腐败现象必定丛生。

束缚人们的积极性、创造性的陈规应当打破，但这决不意味着可以没有约束机制，乃至允许为所欲为、胡作非为。我们既要克服管得太死的倾向，也要避免失去控制的偏差。遗憾的是，失控和缺乏制约机制的情况是大量存在的。我们经常是提出应当如何如何，不许如何如何，却很少有办法去做到如何或不做如何，即常常是要求多、口号多，制约办法少、措施少。

对于不良倾向和可能滋生腐朽风气的倾向，更应当有可操作的约束手段、限制措施和制约机制，而不仅仅停留于"反对"或"严禁"的抽象议论和提法上。忽视经济效益和技术进步的重要建设之所以时有发生，利用公款大吃大喝和游山玩水之所以越演越烈，权钱交易官商官倒之所以屡禁不绝，主要不是因为认识上不明确，而是做法上无制约。显然，只宣布不许搞翻牌公司是不够的，问题是必须找到某种制约机制来限制它的产生。在学校工作中郑重宣布不许考试作弊也是不够的，如果没有切实可行的制约办法，杜绝作弊只能是空谈，有时比空谈还要坏。

要实行制约，就必然会有反限制、反约束，这不奇怪也不可怕。合理有效的制约正是在同反制约的较量中健全和日趋完善的。

正确认识市场经济与精神文明的关系 *

　　建立市场经济体制和搞好精神文明建设，都关系到社会主义的全局和命运。社会主义的市场经济体制，与社会主义的精神文明建设，是相辅相成、缺一不可的。具体分析和正确认识这两者之间的辩证关系，有重大的理论意义和现实意义。

　　1. 市场经济与精神文明的相容性

　　从总体上看，市场经济与精神文明的地位和作用是颇有不同的，前者首先与物质产品的生产、交换相关，后者主要属于意识形态的范畴。精神文明领域里的一些思想观念，如爱国主义、尊师爱生、救死扶伤，难以直接从市场经济找到渊源。由市场经济活动派生的一些思想观念，如物欲至上、拜金主义、唯利是图，又与精神文明的要求相抵触。

　　市场经济体制和市场活动必须要讲物质财富、物质利益、货币尺度，必然会有竞争风险、贫富不均、强胜弱汰，因而，也很容易使一些人把各种社会弊病归之为"市场经济效应"，把腐败和社会风气不正看做是市场经济的产物，认为假冒伪劣商品、哄抬物价、权钱交易都是市场经济搞出来的或因搞市场经济才加剧的，惊呼市场一开，人心大坏。

　　确实，市场经济并不是尽善的，如果要说市场经济效应，那就必须把它的正效应与负效应区别开来。在市场与人心的关系上，我们既不能无视负效应只讲正效应，也不应夸大负效应而不看正效应。社会主义的精神文明并非直接来自市场经济，但它与市场经济观念却有相通之处或有相容性的。全面认识市场经济的固有特征，认识真正的市场经济（或完善的市场经济）所具有的特点，会有助于理解这种相容性。

　　市场经济必须讲利他，创造适于他人需用的使用价值是实现商品价值的前提。市场经济当然不是毫不利己专门利人的经济，但它也不是专门利己毫不利人或损人利己的经济，而是既利人又利己的经济。商品生产者必须为他人（消费者）服务，满足他人的需要，只顾自己，完全不考虑他人的需要，就没有自己的

　　* 原载于《科学社会主义研究》1993 年第 11 期

利益。从一定意义说，互利的观点和行为，要比纯粹的利己主义文明得多。

市场经济一定要平等竞争，在这里通行的准则是看谁的商品更为价廉物美，而不是看谁更忠于教义或更有名位。市场经济固然不是弱者的经济而是能人经济，但市场机遇主要不是按信仰和权势来配给的，在商品货币关系面前的经济关系是平等。与封建庄园经济、宗法经济、特权经济和垄断经济相比，市场经济也要文明得多。

市场经济离不开勤俭，它不是懒散经济、怠惰经济，本质上也不是浪费经济、奢侈经济尽管商品的价值量取决于社会平均的劳动时间，每一个商品生产者都力求在单位劳动时间里创造出更多的产品，尽可能在生产中耗费最少的人力、物力和财力。市场经济活动是与紧张劳动、精打细算密切联系的，以为搞市场经济就必定要大吃大喝，挥霍无度，乃是一种误解。

市场经济必须要讲信用，而且要有法制约束，以为市场经济只能是尔虞我诈或无法无天，同样是一种误解。商品的交换和流通经常是通过契约或合同进行的，守信用、勿欺骗乃是商业道德的规范。在商品生产和市场经济中，还常常出现专利、商标权益问题，必须要有彼此共同遵循的约法和条例。

现代市场经济的一个很突出的特点，在于它是高度文明的经济。商品生产一开始就是在较高的文化知识基础上形成和发展起来的，近代和现代条件下的物质生产过程日益成为科学技术的自觉应用，因而也要求有更高的文化素质和知识水平。以为搞市场经济就是做买卖，而做买卖是文盲足可以胜任的事，这至少是一种短见，或只是局部的现实。我们要发展和完善社会主义的市场经济体制，必须要有成千上万的懂科学、懂技术、会管理、会经营的专家，必须大力搞好科学文化事业，加速高新技术的开发和产业化，而这一切也就是社会精神文明的发展。

市场经济是高智力、高文化的竞争经济，因而又必然是一种创新经济。在以市场为导向的生产过程和经济活动中，不仅不断涌现出新的发明，新材料和新设备，不断出现产品创新和工艺创新，与之相伴相随还不断出现管理方法的创新、劳动组织的创新和销售形式的创新。在这里几乎没有什么东西是一成不变的，市场经济的发展同因循守旧是格格不入的。

从市场经济的这些特点可以看出，这种经济体制不仅是历史的必然，而且是历史的进步。与市场经济相适应的观念是符合精神文明要求的，不能把伦理丧失都归罪于市场经济。现实生活中出现的唯利是图、损人利己、权钱交易和腐化堕落等阴暗的东西，乃是资本主义、封建主义的流毒，并不是市场经济的产物。而且，这些弊端的存在与其说是由于市场经济太多，莫如更确切地说是因为当前我们的市场经济还不规范和不发达。我们的市场经济体制才开始建立，随着它的完善和发展，它与人类文明的相容性必将进一步显露出来。

2. 精神文明与市场经济的差异

发展市场经济与精神文明建设有相容性，也就是说，我们要建立社会主义的市场经济体制，同抓好社会主义精神文明建设是一致的、统一的，这两者不仅都需要，都不可缺少，而且是互相促进、互相结合的。没有理由把它们截然分开或对立起来。

然而，正如前面已提到的，市场经济发展同精神文明建设毕竟是属于两个领域或两种范畴的事，是两件有区别的事而不是全等的绝对同一的东西。如果认为只要发展市场经济就完成了精神文明建设的任务，或认为精神文明建设应当百分之百都纳入市场经济活动，那也是一种片面性；而且，作为理论研究，如果不用心探讨市场经济与精神文明之间的差异性、矛盾性、就难以说明二者的统一，也难以解释现实生活，并可能低估精神文明建设的特殊性、紧迫性和重要性。

首先，二者的性质和内容有所不同。市场经济活动在很大程度上是与生产力发展和经济建设相关的，在资本主义制度下或社会主义制度下都可以搞市场经济，并不是说市场经济具有资本主义的本性或社会主义的本性。我们要发展社会主义的市场经济，乃是说我们是在社会主义条件下搞市场经济，要让市场经济为社会主义服务。

至于社会的精神文明，其中包括着既不姓"资"也不姓"社"的东西（如自然科学知识），但其中的相当一部分（如道德规范、文艺思想）却可以和应当作社会主义、资本主义之分。总不能说社会主义道德与资本主义道德已全然相同，总不能以个人私利第一作为我们的伦理准则。

其次，二者的规律和支配原则不同。市场经济受价值规律和物质利益原则支配，在这里要讲互利但也只讲互利而且必须利己，不能和不应把吃亏、自我牺牲用于市场经济。所谓赔本做生意或者只是一种赚钱宣传，或者只是被迫而非自愿的。

在精神文明特别是社会主义精神文明建设中就不能只讲利，尤其不能只讲私利。精神文明总会与思想境界、道德情操、精神支柱相关，总要把愚昧与智慧、善良与邪恶、美好与丑恶区别开来。我们至少要讲先公后私，把集体利益放在第一位，我们还要提倡无私奉献的精神，以及在必要时勇于自我牺牲的精神，就一定意义上说也可以说是吃亏精神。

再者，二者的目标和作用不同。市场经济的首要任务是促进物质财富的生产，活跃流通和分配，提高人们的物质生活水平和富裕程度。市场经济和商品生产的发展必然使少数人先富起来，并可能拉大社会分配不均的差距。市场经济活动会造就一批万元户、亿元户，同时也会有一批企业和个人在竞争中被淘汰，破产或陷入困境。我们要搞好宏观调控来制约市场经济的消极影响，但只要搞市场经济，就不能避免它对经济发展的双重作用。

精神文明的建设应当有利于经济建设和市场经济的发展，也可以说应当服务和服从于经济建设的大局，但精神文明建设又有它自身特有的目标，它的根本任务是要培育新人，提高人的文化修养和思想素质，它着眼于全社会的进步。精神文明建设中必须要把社会效应放在首位而不能只讲经济效益，必须要以人和人心为中心而不能见物不见人。社会主义的精神文明更要立足于人们共同富裕和全面发展。

特别重要的是，市场经济与精神文明的形成条件和发展机制不同。市场经济体制的形成和完善也需要培育，搞经济、做买卖也需要教和学，如果完全不用他人的指导和帮助，完全可以无师自通，"市场营销"就不会成为学校的专业。"市场学"还是一门很重要的、相当深奥的学问。在这个意义上，市场研究、市场文化本身就是社会精神文明的组成部分。

但是，市场活动的产生和发展又有其自发性的方面。一般情况下，几乎不用费太多口舌，人们就会知道挣钱、致富对自己有好处；也几乎不用看多少书或上多少课，人们就会"下海"图利。在市场经济活动中，许多事只要不加禁止，只要允许运作就可能办到，乃至越办越大或愈演愈烈，在这个意义上说市场经济又是比较容易教会乃至一点就通或不教而会的。在市场经济中人们自然而然地倾向于多挣钱、快挣钱，自然而然地把挣钱多、挣钱快的人作为崇拜者。

精神文明特别是社会主义的精神文明却必须要建设，包括提倡和教育，而且千方百计地建设也未必搞得起来或搞得成功。属于科学文化知识的精神文明必须要费口舌去教，必须看书或上课去学，而不能只靠日常生活经验自然产生。靠日常生活经验产生的"火烫手"之类的常识，而不是关于温度、能量等科学概念。数学、物理、化学、生物学的知识都不是在日常活动中自然而然产生的。

属于社会意识形态的精神文明，也不能自发形成，无师自通。只靠市场经济的自然而然的发展，乃至只靠无产阶级的自发斗争，都不可能产生科学社会主义的学说。商业道德也不是在做买卖的过程中自发形成的，市场经济不可能自发产生进步的法律观念、伦理规范和文艺思想。社会主义精神文明是对人类文化成果的科学总结，宣传只要市场经济充分繁荣就自然会带来精神文明的硕果，乃是错误的、有害的。相反，以财富为中心的市场经济，如果没有规范制约而自流发展，它还可能自发产生金钱至上、拜金主义和行业不正之风。

总之，市场经济是有利于经济繁荣也有利于人们更新观念和精神文明建设的，同时，发展市场经济又不应取代和淡化精神文明建设的任务。我们应当寄希望于市场经济体制的完善，也应当寄希望于精神文明建设事业的加强；要既看到二者的一致，又看到它们的矛盾，并在充分估计到二者差异的基础上使二者更好地统一起来。

3. 市场经济与精神文明建设事业

当前，发展社会主义市场经济正以不可阻挡之势冲击着各个社会领域，几乎所有的部门、所有的单位和个人都在考虑如何对待市场经济的发展，如何在市场经济中找到自己的位置，如何在经济上、生活上、思想上与市场经济相适应。历来很少涉及赚钱或盈利的事业单位逐步转向有偿服务，与之相关，一些高收费、乱收费之风盛行起来，似乎一切单位乃至一切人都应以发财作为活动的出发点和归宿，似乎一切部门都应成为市场经济的机构。然而，现实的东西未必都是合理的。当我们冷静思考各个社会部门同市场经济及精神文明建设的关系时，就会发现情况相当复杂，不同部门或单位应当有各自的特殊位置和中心任务。

我们的企业、公司、银行等部门也要以搞好精神文明建设为己任，真正在实际上而不只是在口头做到"两手抓"，例如，搞好企业文化和职业道德，抵制行业不正之风。但它们作为物质生产的和经营的实体，无疑是市场经济体制中的主体，它们要按市场经济的规范行事，以盈利作为直接目标。

对于我们通常所说的事业单位，以及某些社团、机关等，它们就不是或不应当是市场经济的主体。同时，这些单位又可以划分为不同的类型，其中有的同市场经济的联系更紧密些，有的在建设精神文明上担子更重些。例如，医院、体育团体、学校、文艺团体，它们在市场经济和精神文明的关系中就有所区别。具体分析各种部门、单位的这种关系，有重要的现实意义。

医院不是以精神文明建设为专职或主要任务的部门，也不是物质生产和市场经济的主体，但它与市场经济、与精神文明都有非常密切的联系。一方面，医院要提供有偿服务，诊断、化验、住院要收费，要购入和出售药物，用药要收费，要讲求成本、节约，要保证和提高医护人员的生活待遇，社会主义的卫生事业原则上也不应当是义务医疗或无偿医疗（公费医疗只是一种偿付方式）。另一方面，患者去医院终究不同于顾客到商店，医院必须要讲救死扶伤，讲人道主义，讲医德医风，我们的医院更应当是高度文明的医院。遗憾的是，一些医院在转向同市场经济相适应的时候却转到另一个方面，有的把患者只看做是来购物或享受服务的顾客，只把病人作为消费者，有的还把医院办成以盈利经营为本的股份公司，把开检验单、开药方作为向患者提成的凭证，至于收"红包"则似已约定成俗了。可见，摆正医院在市场经济与精神文明建设中的位置，决非无的放矢。

学校是以精神文明建设为本职的部门，办学校就是为了传授科学文化知识，办大学还要搞研究，创造知识。学校历来被认为是清高神圣的府地，同市场、金钱少有瓜葛。我们的学校长期以来几乎是不收费的，教育经费由国家拨给，培养出的人才也无偿地分配给用人单位。近几年来，由于教育经费紧张，特别是由于社会主义市场经济的发展，情况有了重大的变化。教育如何适应市场经济发展的形势和要求，已经成为教育改革和学校工作的重要课题。从目前看已经引起注意的大致有：如何调整专业的门类，拓宽专业口径和知识面，使培养的人才符合市场经济活动的需求；如何把学校办成教学与科学研究的基地，使科学技术知识产业化，使校办产业成为经费创收的来源之一；如何实现学校、企业及其他社会部门在人才培养上的联合；如何实行合理收费，变无偿教育为有偿教育；如何改变校内的人事劳动制度和工资制度，改善教师待遇，如何通过多种渠道分配毕业生，搞好人才市场的预测与人才交流，等等。

教育事业适应市场经济发展的形势和需求，是学校工作的一大进步，这方面的改革才刚刚开始，还有许多事情要做。但是，学校毕竟主要是精神文明的阵地，毕竟不是以盈利为目的的企业或股份公司，不应偏离自己的主航道，而这方面有一些苗头也值得注意。例如，有的学校把收费与赚钱完全混为一谈，出现了过高收费、忽视教育质量乃至变相卖文凭的倾向，有的学校把创收摆在过高的位置，放松了学术水平的提高，有的把过多的财力、人力、物力用于学办产业的发展，乃至把学生作为廉价劳动力使用；还有的以挣钱多少作为考核教师业绩的主要依据，滋长了一切向钱看的风习，总之，把学校变成与世隔绝的象牙之塔固然不好，而如果使我们的学校也变成拜金主义的滋生地，这就与办学宗旨背道而驰了。学校可以讲创收，从根本上说应当讲教书育人、为人师表。

教师是精神文明建设的园丁，一方面要保证教师有较高的生活待遇，教师工资太低，教育事业难以发展，另一方面要以精神文明建设的高尚使命来激励教师，使他们有相应的社会荣誉。对教师的待遇要考虑到市场经济的规则，体现多劳多得、优劳多得，同时又不能完全按物质生产领域的办法实行计件工资或奖惩。对于精神文明事业中的工作质量，对于讲课水平的高低，是相当难以评定和计量的；难以算账，自然也就难以采用市场经济的办法。至于说到要让教师先富起来，富得让其他人都羡慕，这大概也是办不到的。一则广大教师并不把生活特别富裕作为自己追求的目标；二则也很少有办法能让教师首先达到特别富裕的程度。教师主要是靠工资收入，即使是在当今经济很发达的美国、日本，即使是在这些国家的私立学校里，多数师教的收入或教师的平均收入也比企业家低得多，著名的大学教授家顾不起保姆的情况并不罕见，更不用说广大的中小学教师了。我们国家的经济还不发达，无论是城乡的义务教育还是高中以上的学历教育，教育经费都很紧张。即使上大学要收费，也主要是为了补偿，远未能回收成本，更不能多有盈余，我们的教育不是也不应当是以盈利为目的的教育。在我国当前的情况下，真正切实的不是提出让教师先富起来的口号，不是空想教师富得让别人都羡慕，而是实实在在做到不断提高教师的工资，使他们的实际生活状况能保持在社会的中上水平，从而专心致志地做好精神文明事业的工作。

在社会精神文明建设事业中还有文艺团体、出版部门、图书馆、博物馆、报社、电台等等。它们的情况各异，同市场经济的关系也互有送别。其中有的可以搞盈利性收费（如歌舞演出）有的要有回收成本性质的收费（如发行报刊），有的可以搞补贴性收费（如自然博物馆），有的原则上应不收费（如以培养爱国主义意识为目的历史纪念馆）。对于应当盈利的（如文化娱乐），不应当以精神文明建设为由不收费；对于最多只应当回收成本或搞补贴的，不应当以搞市场经济为由多收费；至于参观革命博物馆和烈士纪念馆要收费，更与情理不通。

社会主义精神文明建设的事业有其特殊的重要性和历史使命。它既要保护和有利于社会主义市场经济的发展，又要培养社会主义的新人，提高人们的文化素质和思想修养。脱离经济发展搞精神文明不行，已有很多教训；但如果要求精神文明建设只能服务和服从于市场经济，完全用市场经济的一套来搞精神文明建设，也是不行的。

劳动价值、知识价值与劳动分配[*]

奈斯比特提出"必须创造一种知识价值理论来代替劳动价值理论"的观点，我国学术界对此进行了诸多讨论，其结果可概括为以下两类看法：一是倾向于批评这种代替论，强调要捍卫劳动价值论，认为劳动价值论中已包含着对知识价值的肯定，两者并不矛盾；二是认为知识价值论更符合当代现实，更适于指导现代化建设，而传统的劳动价值论却不足以说明创造性劳动的意义，尤其不足以解释和促进当代知识经济的发展。与推崇知识价值相关，有的学者更强调在经济上实行"按能分配"的原则，或主张应由"按劳分配"转向"按能分配"。本文不同意简单地用知识价值来代替或取消劳动价值论，而应当研究怎样以新的价值观来充实劳动价值论，或以知识价值的合理思想来充实劳动价值论。

1. 传统劳动价值论的欠缺

传统的劳动价值论是由亚当·斯密和李嘉图创立，并由马克思发展且使之体系化。马克思把劳动价值论看做政治经济学的整个基础，并对劳动价值论做出了许多新的贡献。其中包括他对脑力劳动和知识价值的肯定。但是，传统的劳动价值论及与之密切相关的分配理论本身并不是完美无缺的，而我们以往在理解和运用这一理论时，存在的问题就更多。

传统理论以劳动时间或社会必要劳动时间为基础来讨论劳动价值，劳动时间几乎是衡量价值的唯一标准或尺度；但是，如果我们在这一点上过分地拘泥和死板，则可能走入某种误区。例如，认为劳动时间相近则其价值相近，而如果某种对象难以讨论其社会必要劳动时间，则很少或不去讨论这种对象的价值。李嘉图提出要区分简单劳动和复杂劳动，马克思接受和发挥了这个观点，但他们都没有说明复杂劳动与简单劳动不仅有量的区别或程度上的差异，而且有质的不同，复杂劳动不能归结为简单劳动的加和或集合，因而没有回答怎样将复杂劳动"折合"或"换算"为简单劳动的问题。马克思提出社会的"按劳分配"原则，讲到要按照劳动的质和量来对劳动者的收入进行分配，但他没有具体界定劳动的质

＊ 原载于《社会科学辑刊》1999年第4期（1999年8月），第一作者为陈红兵，时为陈昌曙教授的博士研究生

和说明如何划分劳动的质和质的优劣，更没有回答怎样衡量脑力劳动的质量和数量的问题。传统劳动价值论的这种缺陷对实际工作是有影响的，我们以往实行的按劳分配在很大程度上就是按劳动的数量（计时、计件）来分配，在最好的情况下也只是在量上的名副其实地多劳多得。我国在相当长的时期里，对知识不够尊重，对知识分子的贡献估计偏低，平均主义和"脑体倒挂"等现象，应该说都与此问题有关。总之，传统的劳动价值论有重大意义，又不是完美无缺和不容置疑的。

2. 知识价值论的困难

20 世纪 50 年代以来，一些学者提出了知识价值论的观点。知识价值论的提出反映了科学、知识在 20 世纪里突飞猛进的发展，反映了科技成果对现代社会经济的发展已占居首要的地位，也反映了以脑力劳动为主的"白领工人"和知识分子在不少国家已成为社会劳动者的多数。在科学技术对经济发展的贡献率已超过 50% 的条件下，在现代的社会财富主要由脑力劳动所创造的条件下，知识价值论的提出确实是持之有故，言之成理的。

与知识价值论相关，国内外一些学者提出了"按能分配说"，也值得我们认真思考。既然科学技术已成为第一生产力，知识分子已成为先进生产力的开拓者，脑力劳动在社会财富的创造中起主导作用，而知识和科技成果的获得依赖于独创性的能力和活动，把人们的能力与收入分配联系起来考虑是很自然的。

在理论上，知识价值论及与之有关的"按能分配说"的观点颇有理由，然而，这种理论也不是无懈可击的。由于知识生产或科学劳动的独特性，导致对知识价值评价具有高度的复杂性，使得人们确认知识价值出现内在的困难，因而使得这一理论在实践上缺乏可操作性。就此而言，我们或许不应对知识价值论的创立和意义持过于乐观的态度。

知识生产属于创造性劳动，科学的发现和技术的发明只承认冠军或"第一成果"。在通常的物质生产过程中，第一个、第二个乃至第一千个产品都有相同的价值，而科学活动中只认定最初的发现和理论建树的价值，而不允诺重复发现；技术活动只认定最早、最新的器物发明的价值，只对它授予专利权。但是，问题决非这样简单，在科学技术活动中不仅要有精英，还需要有"平民"；不仅要有独创性劳动，还需要有普通的、无差错的劳动，其中包括重复性的劳动。就这一点来说，不仅科学技术活动和精神生产中，冠军的劳动有突出价值，其教练、陪练、队友和竞争对手的劳动也有重要价值，只承认冠军的劳动价值是不公平的，也是不利于科技发展的。何况，在现代条件下，科学发现和技术发明在更大程度上是协作的产物。

知识生产属于"不确定性"劳动，知识价值的确认主要不能从其劳动时间来衡量。物质生产通常按基本稳定的规范、计划、进度进行，从而使劳动时间易于成为度量其价值的尺度。科学技术的发现和发明的过程有突出的探索性，较少受固定规范的约束，难以做明确的成败预测和计划安排。对于探索性强的科技活动，不仅几乎无法在事先预计其成败和工作量，也难以在事后确定其成果所耗的社会必要劳动时间应当是多少。知识的价值主要不能从其社会必要劳动时间来衡量，这是知识价值论得以成立的理由，又是建立知识价值论的困难。人们自然会问，如果抛开或失去了必要劳动时间的尺度，又用什么标准来衡量知识价值的大小，以及把知识价值同其他价值相交换呢？如果没有客观的和有普遍性的知识价值尺度，又何以论证知识价值的理论呢？

知识价值尚难与当前市场经济充分匹配相容，这不是知识价值论不能成立的理由，但却是它足以成立的一个困难。对于劳动价值，不论是把它用于讨论市场经济条件下商品的价值或劳动者的工资，还是用它来分析各经济部门的投入产出，都已有了较充分的说明。知识价值与市场经济的关系问题就要复杂得多，目前已见到的关于"知识经济"，对此亦未做出满意的解释。

通常认为，某些知识（主要是应用性知识）的价值可以得到市场确认，如获专利，劳动价值、知识价值与劳动分配经过技术创新促进经济增长，获得经济效益。但即便如此，我们仍然缺乏具体方法来预计和确切测度这种知识对经济发展的贡献率，也更难以计算知识应用的经济价值。理论性的知识如自然科学的基础知识，虽然有根本性的、长远的、重大的价值，但却很难从经济上度量，或应认为属于一般价值论的范畴，类似于人们常提到的人生价值、伦理价值、政治价值、军事价值、教育价值等。仅就这些价值来说，很难把知识价值论就看做是经济理论，也就难以讨论用它来代替劳动价值论的问题。

与知识价值论相关的按能分配同样有其困难。能力和本领是人们主体拥有的，但一个人有何种能力，有多大本领，既不能只由本人的自我意识认定，也不能由他人的主观决断判定。主体的能力必须外化或物化，表现为某种类型和水平的贡献，才能实行按能分配。而如果必须要以有实际贡献来表现和衡量能力，且贡献又离不开相应的劳动质量和数量，按能分配就未必在原则上区别于按劳分配，未必是一种新颖的观点。按能分配是按照人们的劳动本领给予物质利益。而劳动本领的形成是以长期不懈的辛勤劳动为基础的，它既包括按劳分配意义上的常规劳动的能力，也包括进行创造性劳动的能力。从这个意义上理解，按能分配可以看做是按劳分配的演化、延续和发展，是在按劳分配基础上实现的一种特殊的分配形式。从实践上看，我国的自然科学奖、发明奖、对于有特殊贡献人才的津贴以及特聘教授的待遇，都可以看做是按能分配。

3. 关于"按劳动贡献为准则进行分配"的一些设想

传统的劳动价值虽已包含着知识价值论的内容，却还不足以说明现代知识的价值；但又不能离开劳动价值来讨论知识价值。基于此，我们是否可以设想、讨论和构建一种既言之成理又符合现实的新的经济价值论和分配论，或建立一种广义的按劳分配的理论。

按劳分配在根本上和总体上有合理性。人们的经济收入和物质利益的获得曾经和可能有多种多样的准则和方式。把经济分配与劳动密切联系起来，是社会的一大进步和一个新的基准，在社会主义制度特别是在其初级阶段，应坚持实行按劳分配为主的原则。

对按劳分配应作广义的理解。与人们的经济收入密切相关的劳动，应当和可以从多个方面去分析。例如，从劳动与劳动者个人相关的因素来看，大致就要考虑到以下几点：劳动的行业、部门和岗位；劳动的能力（智能、体力和熟练程度）；劳动产品或服务的质量优劣；劳动付出的时间和劳动的强度；劳动对社会贡献的大小等。实际上，以往在讨论和处理经济收入如工资奖金问题时，已程度不同地综合考虑了这些因素，已不仅只关注于某一点（如劳动时间或劳动量），可以说已具有了广义按劳分配的内容。

广义按劳分配论的根本点，它与传统按劳分配论的主要区别，是它按劳动对社会的贡献大小为准则进行分配。首先，劳动的社会贡献与劳动的"质"相关，物质的创造、文化的建构、日常的服务都属贡献，但存在"质"的差别；其次，劳动的社会贡献又有别于一般意义上的劳动性质的差异，如同是工程师或同是售票员，其贡献大小有悬殊区别，有的可能成为技术创新的带头人，成为先进劳动态度的旗手，从而做出远大于他人和同行的劳动贡献。劳动的社会贡献与劳动的"量"有密切联系，较大的贡献通常要以长期的、日积月累的劳动为基础；但社会贡献与劳动时间并不都呈正比关系，有时会"费工费力不讨好"，有时也会出现一天的贡献胜于 20 年的情况。

以劳动对社会的贡献大小为准则，又不同于特殊强调知识价值和创造能力的按能分配。人们的知识和能力是他们做出贡献的重要条件，但使用外化的包括物化的概念——贡献，比只讲内在的本领高和能力强更有实践的、社会的意义。

广义的按劳分配论，吸取知识价值论的思想，应当对劳动的类型做确切的界定与划分。在这点上，不能只从体力劳动与脑力劳动、简单劳动与复杂劳动来区别，还需要考虑探讨劳动类型的其他划界，如区分为常规性、无差错劳动和非常规的、创新性劳动。大多数劳动者包括科技工作者所从事的日常劳动，大量的属于常规性劳动。在这里通常不需要甚至不允许"标新立异"。社会需要千千万万主要从事常规性劳动或无差错劳动的人们，现在和将来都应当尊重这种劳动，给主要从事这种劳动的人们以更明确和合理的分配及奖励。

同时，今天又应特别强调的，则是对于创新性劳动及其分配问题的研究，它与确认科学技术是生产力，与在各个领域倡导发挥创造性紧密相关。就全社会讲，主要从事创造性劳动的人可能不占多数，但他们的社会作用却大大超过了他们的人数比例；何况，主要从事常规性劳动的人也会在某些方面介入创造性劳动。

创造性劳动的一个特点是它要提供新发现、新理论、新设计或新策略，它的重要特点还在于其选择性及可错性，创造性劳动乃是"可错性劳动"。各种创造性活动都有其探索性、选择性、风险性和可错性，都要付出难以预计的、非常规的代价，都有可能以挫折或失败告终，并不是任何人在任何场合都愿意和能够从事创造性活动或创造性劳动的。而一个社会如果缺乏新的科学知识，缺乏新的器物发明，缺乏新的艺术文化，缺乏新的政治见解，缺乏新的经济纲领和新的企业战略，就不可能进步，不可能发展；而且，如果这类"创造性劳动者"出现了"差之毫厘"的失误，在特定条件下，可能会造成"谬以千里"的重大的社会经济损失。社会必须倡导和大力推进创新性劳动，基于创造性劳动具有的特点，因而对从事这类劳动的人们在收入分配上给予特殊的关注就很有必要了。在这里，特别重要的不是多劳多得，而是"优劳优得"。

按对社会贡献的大小为准则进行分配，从字面上也更明确了分配的主体是社会、国家当然也包括企业。各个企业、各个事业单位要按照劳动贡献发给工资和奖金，政府和社会团体对实现合理分配亦有重要责任。或许可以说，工厂通常会更多地涉及对常规性劳动的分配，而对创造性劳动和主要从事这类劳动的人们的分配则在更大程序上依赖于国家调控，依赖于政府制定的人才培养政策、职称政策、选拔政策和奖励政策，依赖于社会团体的评价、推荐或建议。由于知识特别是创造性成果的价值难以定量计算，与其强求准确的公式，莫如采取某种行政和专家共同体相结合的方法来确认其贡献。

"官员"与哲学：仕而学则优 *

这里讲的"仕"，广义地指行政官员、领导干部，也可包括企业家、校长等管理者。关于干部知识化和干部学习，许多讲话和文章已一再强调，但是仍可以"老调重弹"，本文以"仕而学则优"为主题，讨论官员究竟为何要学，特别是如何学哲学。

在当今中国，我们仍需要有"学而优则仕"，即要有一批学士、硕士、博士去担任公务员、处长、部长、厂长、省市和国家领导人；同时，我们今天还需要有"仕而优则学"，即有一大批科长、主任、经理去攻读学士、硕士、博士学位或进修研究生课程。他们经过学习，其中的一部分人会担任更重要的领导职务，进入新的"学而优则仕"的轨道，另一部分人则会在原岗位上把工作做得更出色，无论哪种情况，都可以说是，官员经过学，就会有"仕而学则优"的进步和结果。我们今天应当提供仕而学则优，研究如何实现仕而学，和推进仕而学则优。

思考和分析仕与学的关系，首先需要讨论的是"仕"与"学"的区别——如果官员（仕）与学者（学）没有多大差异，二者基本相同乃至完全一体化，也就无所谓仕而学，当然也无所谓学而仕。

1. 官员与学者的区别

行政和企业的领导者为什么也要有学问，包括官员为什么要与学者结合，可能需要从他们与学者的区别谈起。而且，关于官员（行动领导者）与学者（思想者如科学家、教师）有什么差异，这本身就是一个哲学问题，是官员和学者都需要思考这个重要的哲学问题——官员如果不从根本上了解自己与学者们的不同，就难以充分意识到学习的重要包括学哲学的重要；学者如果不了解自己与官员的不同，也难以协调好自己与领导的关系。

本文从"官员与学者的区别"这个哲理性的问题谈起（或切入），但不准备详尽地分析和说明官员与学者的各方面差异，而只把二者的不同大致列表如表1。为了简明，也为了便于引起注意，表里描述的区别都是"极而言之"的，即

* 原载于《现代哲学》2000 年第 2 期（总第 60 期）

把某种程度的差异尖锐化，扩大（或夸大）为对立；在现实生活中这些差异和不同当然只是相对的，并没有截然相反、互相排斥的界线。本文论及官员与学者的区别，乃是作为说明"仕而学"的前提，这里想强调的是：只要官员不同于学者，只要官员与学者在期望目标、活动方式、思维规范等方面各有自己的特殊性，他们之间就有互相理解、互相沟通、互相学习的必要，他们之间才有相互结合的问题存在，才可能和需要提出"学者应当使自己成为关注行动的思想家，官员应当成为有思想的行动家"的要求，和官员需要有哲理思维的素质。

表1　官员与学者的差异

项目	官员	学者
关注的中心问题	做（怎样行动），纲领，规划，方针，政策，规则，措施，可操作性	知（怎样解释），规律，公式，原理，学说，理论，有知识成果
基本标准	优劣，"主体"满意，带来利益，效果良好	是非，符合客观实际，言之有据，逻辑自洽
重要要求	实现团结协作，求同存异，保持一致性	达到创新，存同求异，标新立异，保持多样性
规范方法	统筹兼顾，保持必要的折中和平衡	主题突出，准确，精确量化
追求境界	因地制宜，由一般到特殊	普遍皆准，由特殊到一般
活动方式	下级服从上级，少数服从多数，民主集中	真理平等，"上级"服从下级，多数服从少数
对文本的态度	加深理解，照办，贯彻执行	研究讨论，允许怀疑，百家争鸣
知识结构	需要理性，经验积累有重要意义地位	需要经验，理性分析居主导
发展前景	管辖扩展，权力成就，通常逐级升迁	认知跃迁，常有破格任用

这里讲到的一些区别或许还需要作一点说明。例如，从活动过程看，学者大致上是在由物质变精神、由实践到理论的阶段，官员大致活动于精神变物质、由理论到实践的阶段；例如，官员的首要职责是组织协调社会行为，在社会行动中必须有团结的力量，要团结就必须要有统一意志，而不强调分歧，即要做到求同存异，做学问当然也要有共同的范式或规范，但不能把统一放在首位，而必须强调要有新意，真正的"新"必然是异，即要做到存同求异；与此相关，群体行动必须要求有集中、服从上级和服从多数，而在学术领域则必须自由和服从真理——科学真理总是被个别人首先发现，再逐渐被别人、被多数和被"上级"接受。开始发现近代太阳中心说时只有哥白尼一人，多数人并不理解并被教会首脑所反对，经过相当长的时期，日心说才逐渐被公认，多数人以及现代的教会领

袖转变为"服从"哥白尼一个人。

2. 官员从哲学学习什么

官员与学者的区别反映了他们各自的特点，在一定意义上，这些特点既可以说是他们的长处，又可以说是各自的不足或潜在的弱点。例如，学者易于把问题理想化，对现实情况重视不够，易于强调理论上的合理性，对实际可操作性的意义估计不足，易于强调正义而轻视利益，强调个性、学术自由而轻视服从和集中制，易于褒扬和遵从理性而轻视经验，有的学者还或多或少地存在着"唯有读书高"的意识，认为当干部、官员的人大都没有什么学问，或认为教授难做局长好当。学者要理解官员，仍是当今应该注意的问题。

当然，官员的特点也会蕴涵着某些不足和弱点，例如，他们可能更习惯于发布和服从指令，忽视必要的讨论和论证，可能更欣赏一致性而不大尊重差异性和多样性，可能多致力于按文件条文照办、贯彻执行，缺乏开拓、创新和改革精神。基于官员的特点特别是干部知识化和尊重知识的要求，官员不断要理解学者，而且要努力学习知识文化，学习学者的治学精神、治学方法、治学态度和风格。

仕而学，官员的学习，干部知识化，当然包括要学点哲学。现在的问题不是一般地讲学哲学的必要性，而是讨论官员该怎样学哲学，从哲学中学习些什么，或者说，需要以官员从哲学中学习什么，去说明领导干部学哲学的必要性和重要性。

官员可以和应当从哲学学习什么，或许可以有以下几种各有道理、相互联系又不尽相同的回答：①经过学习建立对整个世界的正确看法，把握自然、社会和思想发展的最一般规律；②学习哲学做到世界观与方法论的统一，应用正确的观点去观察问题、分析问题和解决问题；③学习哲学，培育穷根究底地进行思考的素质、风格、习惯，勇于和提出根本性和全局性的问题，并思考和形成创造性的观念或概念。

本文不是探讨哲学的对象和性质，基本上把哲学看做就是穷根究底的思考，或认为凡是穷根究底的思考就是哲学或哲理，这对官员学哲学或许是更重要的。

笼统地说，无论什么人，无论做什么事情，无论干哪个行业，都会碰到各式各样的问题，都要提出问题和解决问题。对"问题"可以按多种尺度分类，本文认为其中的一种尺度是把问题分为"专业性问题"（具体问题）和"非专业性问题"（哲理问题）。

所谓"专业性问题"，简单说，就是需要由专家学者提出和回答的问题，需要有专门的科学技术知识和工具去解决的问题，其中大多为与专门的自然科学和工程技术有关的问题。例如，机床怎样数控，某种疾病需要服什么药，是否需要做外科手术，足球比赛时采用什么阵形等，就都属于专业性问题，是需要由机械工程学家、病理专家、足球教练们来提出和解决的问题。处理这类较具体的问题有时也需要哲学的指导，但这种指导基本上与专家学者们学哲学相关，与官员学哲学没有太大的直接关系。

所谓"非专业性问题"，简言之，基本上是无需特别精深的专业科技知识就能够提出的问题，其中有些问题可能与特定的人文社会科学（如伦理学、教育学）相关，有些问题可能还谈不上什么学科性。例如，"科学、技术、工程、建设、生产、经济有什么关系"、"怎样算做消化吸收引进技术"、"什么是患者，能否把患者看做是医院或医生的消费者"、"竞技体育与群众体育的关系"、"给研究生讲课与给中学生讲课应有什么不同要求"之类，就可以认为是非专业性的问题，提出和讨论这些问题通常不属于某个专门学科的范畴。当然，作为一个数控机床专家也可以或应当参与"做到消化吸收引进技术要经历哪些阶段，以什么为标准"的讨论，足球教练也可以或应当参与"竞技体育与群众体育关系"的讨论，但他们在参与这样的讨论时就已超出了作为数控专家和足球教练的角色，他们在这时主要不是以专家身份来讨论专业性问题，而进入了思考超学科的、非专业性问题的领域。

这样一类非专业性的问题，并不都是哲学，更不都是哲学学科的命题和原理，哲学教材里通常也不去阐述这些问题，但是，这类非专业性的问题又在相当大的程度上不同于必须靠特定专门学科和专门家去分析解决的、具体的专业性问题，而有着较明显的超学科、超专业的特点，反映着某种总体性、根本性的内容，或者说有着一定的哲理性，因而，也可以把某些非专业性问题称之为"哲理性问题"。

对官员或领导干部来说，通过穷根究底的思考提出这样一类非专业性问题，分析这类哲理性问题，可能对提高素质、指导工作、开拓局面和创新发展有重要意义。在这里，可以对领导干部从哲学学习些什么作一个简要的回答——学习进行穷根究底的思考，包括养成从总体上、根本上思考问题的勇气（精神），对已有意见、已有结论进行再思索（反思）的重视（态度），善于追根问底提出和分析问题的能力（方法）。

在改革开放的形势下，我们的领导干部或官员更需要有穷根究底的思考，或者说我们现在非常需要一批有战略眼光的官员，一批有战略眼光的企业家。例如，为了实现国有企业的扭亏增盈，当然必须要解决资金问题、原料问题和工人技能问题等，但又不妨和应当考虑"国有企业的经理、厂长应当有什么样的成就感"、"国有企业技术创新中市场引导与引导市场的关系"、"国有企业确立知识产权有什么优势和困难"之类，这类问题虽然可能是抽象的、空泛的，但却未必都是毫无意义的。例如，为了贯彻和实现可持续发展战略，除了要采取减少废水、废气、废渣排放的具体措施，还可以和需要考虑"科教兴国战略与可持续发展战略之间应当有什么样的关系"、"可持续发展战略实现中的舆论导向、政府行为与企业主体之间应当有什么关系"、"怎样吸引企业投身于环境保护事业并有利可图"之类，这类问题对具体工作可能关系不大，但也不是完全没有影响的。再例如为了发展医疗事业，除了要增加高精度的检验设备、研制新药，还应当和可以探讨"病人和医生的权利与义务的关系"、"保护患者权益与保护医生权益的关系"、"判明医疗事故由本医院组成调查组是否合理，以何为宜"之类，这类非专业性问题的提出和思考显然是有现实意义的。又例如，为了发展科技与教育事业，除了要增加投人和制定具体的奖励措施，还可以和需要提出"科学家与工程师在知识结构、基本素质和社会地位的差异"、"应用基础研究与应用研究的关系"、"自然科学与人文科学有什么区别和联系"、"素质教育与应试教育是否属于一对矛盾，二者能否统一"之类的问题来讨论，这些非专业性的或哲理性的问题都超出了物理的、生物学的诸如卫星发射和电子通信的范畴，又似都与科技和教育事业发展的全局有关。

总之，作为领导者是需要去发现、提出、关心、分析和研究"哲理性问题"或"非专业性问题"的，而为了能够做到这点就需要有穷根究底的思考，就需要提高哲学素养，就需要学习哲学或从哲学去学会和提高思考能力。

3. 官员怎样学哲学

领导者或官员应当从哲学学习穷根究底地思考非专业性的、哲理性问题的素质和能力，但是，无论是我们见到的哲学教科书和哲学专著，或者是学校哲学教师在课堂上讲的哲学原理，其内容大致都是乃至只是"从实际出发"、"实事求是"、"运动发展与演化"、"对立统一"、"感性与理性"、"实践检验真理"等基本的观点和道理，很少有乃至没有上面提到的那些较为根本又较为实际的"非专业性问题"或"哲理性问题"，通过哲学学习特别是从哲学书本和哲学课堂，似乎很难甚至不能提高穷根究底地发现和思考问题的本领。

由此，又可以探讨对官员应当怎样宣传或讲哲学，以及官员应当怎样学习哲学的问题。一方面，对于领导干部的哲学教育或对官员讲哲学，恐怕不能只是遵循"世界的物质性"、"物质和意识"、"对立统一"、"量变质变"、"否定之否定"、"本质现象"、"偶然必然"、"相对绝对"、"真理与价值"的体系，或许应当和努力包含穷根究底地探讨和分析一些"哲理性问题"的内容至少是事例，并且把对"非专业性问题"的穷根究底的思考同基本的哲学观点和哲学原理结合起来。或者说，我们的哲学教材和哲学教学可能需要以穷根究底的思考为主题作某些改变和充实。

　　干部的哲学教学或许还需要在内容上有所变化，可能不仅要结合实际和生动深入地阐述最基本的哲学观点、哲学原理，还可以包含某些"部门哲学"或"应用哲学"的介绍，例如，开设有关"经济哲学"、"科学哲学"、"技术哲学"、"管理哲学"、"教育哲学"、"医学哲学"、"体育哲学"、"工程哲学"、"农业哲学"、"军事哲学"等方面的专题讲座乃至课程，当然前提和基础是必须重点搞好马克思主义哲学基本原理，和结合实际地运用基本的哲学观点。

　　另一方面，领导干部在怎样学哲学的问题上，至少是对于一些官员来说，他们在学习哲学的态度和方法上，可能也需要有某种程度的改变和提高。

　　领导干部学好哲学，从哲学中培养和提高思考能力，学会进行穷根究底地思考，勇于和善于发现、提出、分析有实际意义的哲理性问题或非专业性问题，在根本上取决于自己学习哲学的目的、要求、态度和方法。目的和要求大致上应当说就是前面提到过的"仕而优"，即为了提高素质、提高开拓创新能力，提高工作水平而学，实现仕而学则优。

　　下面就官员学习哲学的态度特别是对领导干部学习马克思主义哲学基本原理的方法说点意见——或许有人认为学习经济哲学、管理哲学等对思考问题有用，学习基础哲学的原理的意思不很大，何况已经学过，不会对提高穷根究底的思考能力有多大的意义。

　　哲学的基本原理，例如，"物质第一性、意识第二性"、"实践是认识的来源、基础和检验真理的标准"、"对立面统一、量变质变、否定之否定"等，确实是比较一般的、抽象的，但是，再学习、理解和探讨这些原理，对提高思考能力不仅仍有必要，而且有根本上的、重要的意义。这里无非有两种学习的态度和方法：一种是着重于确认这些原理的正确性，乃至去记住、背诵和复述它们；另一种是把学习和探讨这些原理作为"思维训练活动"，把哲学当作"训练思维的试验室"对待。

　　人们曾说哲学是智慧之学，是"聪明学"，是思考之学，但智慧、聪明和思考都是需要经过训练的，当然也是通过训练可以不断掌握和提高的。关于学习哲学以训练思维，黑格尔曾有这明确的阐述。在黑格尔那里，哲学就是大写的"逻辑学"——不是通常的形式逻辑，而是以真理为对象的逻辑学，他指出："学习的人通过逻辑学所获得的教养，在于训练思维，因为这门科学乃是思维的思维"，"逻辑学的有用与否，取决于它对学习的人给予多少训练以对待别的目的。"（《小逻辑》，1990 年）

　　实际上，再探讨和研究最基本的哲学概念和哲学原理的过程中，是最有助于进行穷根究底的思考的，从这样的训练中，会大有益于培养和提高发现、分析问题的能力，关键的一点是我们需要在学习和理解基本的哲学原理时注意去提出问题，致力于追问或反思。

例如，我们对"实事求是"的原理的学习，就可以有两种不同的态度和方法：一种是确认和记住"实事求是就是从事实出发去寻找规律"，另一种是通过理解和探讨实事求是去训练思维或思考能力。采取后一种态度和方法，我们就可以和应当对实事求是穷根究底的思考，包括提出和讨论以下的一些问题：

（1）实事求是、一分为二、人民群众创造历史等本来是哲学观点或学术性问题，为什么由哲学和认识论讨论的"实事求是"成为了整个马克思主义的灵魂，还成为了中国共产党的思想路线；

（2）"实事求是"与"从实际出发"、"如实反映情况"、"实话实说"的意思是否等同，如果不完全是一回事，它们之间有什么样的区别和关系；

（3）"实事求是"中的"是"就是指正确可靠、符合客观规律，还是也包括着"正当合理"和"应当如此"的意思，正确与正当、应当，正确、可靠与合理是否等同，有什么关系，如何通过实事求是得到正当与合理；

（4）与上相关，能否说"是"有认识上的是（正义）、道德上的是（善）、艺术上的是（美），这些"是"有什么关系，如何都实事求是；

（5）"实事求是"与"实践出真知"、"摸着石头过河"、"实践是检验真理的标准"有什么关系；

（6）实事求是的基本道理其实很简单，首先是要尊重实际，有一说一、有二说二，为什么在现实生活和工作中常常会做不到，究竟有哪些（利益的、角色和职业的、知识的、心理的）因素使人们难以或做不到实事求是；

（7）"实事求是"中的"实事"不等于"是"，还需要从实事求是，究竟有什么方法对"求"有用或有帮助，除了把"求"解释为探求、寻找、发现，实事去求是的"主要求法"是什么；

（8）有人说敢讲真话才能实事求是，有人说做到实事求是才能敢讲真话，勇于实事求是是同善于实事求是之间有什么样的关系，在什么情况下或对什么人何者是主要的；

（9）为了保证做实事求是的事情，讲实事求是的意见，从社会的、文化的、制度的方面，需要有哪些必要的保障条件、行为规范和实际措施；

（10）坚持实事求是的原则，与坚持少数服从多数的原则、下级服从上级的原则，在现实情况下常常会有矛盾，该如何认识和处理这样的矛盾。

再例如，对"一分为二"的原理的学习，从训练思维或有益于提高思考能力的要求考虑，或许可以提出和讨论以下的一些问题：

（1）在实际工作中经常碰到哪些矛盾——动机与效果、目的与手段、照顾全局与重点倾向、发扬传统与勇于创新等，对于诸如此类的矛盾，在原则上该如何做恰当的理解，可能进行有启发性的探讨。例如，究竟是目的决定手段，目的高于手段，还是目的决定于手段，手段高于目的，或者从具体工作说有什么现实的手段才能提出实际的目的，特定的技术目的是暂时的，目的完成可能被更改乃至遗忘，而手段则继续保持下来；

（2）哲学上经常讲的一分为二（尽管有时也提到既一分为二，又合二而一），在实际工作中经常要求做到的则是实现种种结合，如物质文明建设与精神文明建设结合、物质奖励与精神鼓励结合、领导与群众结合、发展经济与保持环境结合、人文文化与科学文化结合、理工结合等等，这些结合与一分为二之间有什么关系，能否考虑和首先研究物质文明建设与精神文明建设的矛盾、产学研究的矛盾、发展经济与保持环境的矛盾等，这种"矛盾研究"或首先去求异求分的研究与实现结合有什么作用；

（3）哲学上在讲一分为二时强调要抓住主要矛盾，既要有两点论又要有重点论，还批评"均衡论"，但在实际工作却不可避免地要有或必须要有统筹兼顾和折中，现代的关系论更强调系统的整体性和整体优化，几乎不讲突出重点，"折中"与"重点论"，突出重点与整体优化究竟有什么关系，能否说折中也是进行一分为二和解决矛盾的要求，系统论比重点论更全面、更好；

（4）一分为二的"分"有什么方法、办法或措施——比较法、优选法、评比、历史溯源法、逆向思维法、辩护等，怎样评价"树立对立面"，怎样有助于找到对立面，包括有什么方法会有助于去发现别人的长处，有什么方法会有助于找到自己的缺点。

举个别原理和一些问题为例来说明怎样学哲学肯定是不完整和不够确切的。或许还是应当用一句老话来表述，即用理论联系实际的态度和方法学哲学——需要补充的是，理论联系实际地学哲学，既是为了用理论去指导实际工作，也有益于训练思维，训练发现根本性问题。也就是说，对于理论联系实际，不能简单地理解为把现成的理论成果拿过来去直接制定方针政策，或从理论原则直接引申出解决实际工作具体任务的方案和措施；要做到理论联系实际，必须要领会理论的精神实质，学会从总体和全局上提出与本部门工作有关的"哲理性问题"，能够从深层次上去分析这些问题，只有提高思维能力又从实际出发，才能理论联系实际地指导工作。

哲学的三层次与应用哲学 *

近 10 年来，国外的应用哲学研究有了重要的进展。英国"应用哲学学会"的《应用哲学杂志》（*Journal of Applied Philosophy*）从 1984 年创刊到 1994 年每年出版两期，从 1995 年到 2001 年则每年出版三期。在美国，《国际应用哲学期刊》（*International Journal of Applied Philosophy*）到 2001 年春出版了 15 卷。有许多有关应用哲学的研究中心成立，其中应用伦理学的中心就有十多个。出版了一批应用哲学的论著，在网上书店键入"应用哲学"，可查到相关的著作 402 种，其中包括 B. Almond 和 D. Hill 编的《应用哲学》，H. Shapoud 著的《应用社会哲学》和 M. Bradie 等编的《当代哲学的应用转向》等书；输入"教育哲学"、"经济哲学"、"管理哲学"、"文化哲学"等，能查到的书更是不胜枚举，例如有 J. S. Brubacher 著的《高等教育的哲学》。

浏览国外应用哲学研究的概况使笔者联想到两个方面。一是我国的应用哲学在近 10 年里也有了很大的进展。我国有许多学校（如中山大学、上海交通大学、西安交通大学、中央民族大学、辽宁大学等）开设了应用哲学类的课程，出版了《应用哲学导论》（郭国勋）、《应用哲学的新视野》（陈章亮），以及讨论"经济哲学"、"管理哲学"、"教育哲学"、"体育哲学"的著作，在重要报刊上也有肯定应用哲学的文章发表。有的学校或研究所还成立了应用哲学研究室。但问题还有另一个方面，我国现在仍有知名的哲学家不同意应用哲学的提法，在权威的哲学期刊上几乎没有探讨应用哲学的文章发表，"应用哲学"能否成立，它的对象、性质、地位、研究内容和意义等问题仍没有讨论清楚。这里，仅对应用哲学的地位谈一点个人的看法。

从词语看，把"应用"同"哲学"联系在一起就是值得推敲的，似乎可以有哲学的应用，但难说有作为研究领域特别是作为哲学学科的应用哲学。确实，凡应用哲学均有着部门哲学的性质，而"部门"与"哲学"在逻辑上似乎就是相背的东西——哲学是关于整个世界的一般看法的学问，部门不涉及整个世界，"文化哲学"、"教育哲学"、"经济哲学"、"技术哲学"等并不探讨自然、社会

* 原载于《江海学刊》2002 年第 5 期

和人类思维的普遍规律，基本上只讨论世界的某个局部，只涉及局部难道能算是哲学吗?!

笔者以为，讨论应用哲学的地位（哲学地位）首先就需要明确究竟什么是哲学或什么样的研究领域可以算作是哲学（或哲学学科）。

对于什么是哲学，已有了诸多不同的说法。最"标准"的提法是：哲学是关于世界观和方法论的学问，是对于自然、社会和人类思维的根本看法，它研究自然、社会和人类思维的最一般规律。但我以为这个定义未必是不能推敲的，它可能偏于宽泛，可能使数学或复杂性和非线性理论具有哲学资格，因为它们也适用于整个世界：它也可能偏于狭窄，可能使自然哲学、历史哲学（包括历史唯物主义）丧失哲学的资格，因为它们只探讨自然或社会，主要不讨论自然和思维的管理规律，普遍性不够。

究竟什么是哲学，笔者同意有些学者的见解，即认为哲学是反思、再思和追思，是一种根本性的思考或穷根究底的思考，是爱智慧的思维训练，特别是剖析和确认基本概念的素质和能力。如果持这种观点，我以为就可以把所谓的"哲学问题"（指哲学问题，而不就是哲学学科）分为以下的三个层次。

最高的是"基础哲学或元哲学的问题"，是对于整个世界和人与其关系的穷根究底的思考，涉及自然、社会和人类思维的普遍性问题，研究这些问题是"元哲学"或"基础哲学"即我们常说的世界观、价值观和方法论方面的问题。

最低的是"哲理性问题"，它们往往不涉及整个世界，不具有很大的普遍性，不是"标准意义"上的哲学命题，但又不是具体的"专业性问题"，不是专业的自然科学家、社会科学家和心理学家们研究的对象。所谓哲理性问题，例如有：发展市场经济必须有利益驱动，又要有道德自律，利益驱动同道德自律怎样才能统一起来；用计算机使复杂性问题研究成为可能，能用计算机研究清楚的问题是否就真正是复杂性问题；从事竞技体育能扬国威，但可能使身体劳损，群众体育有助于身体健康，但较少能扬国威，该怎样认识竞技体育同群众体育的关系。

对所有这些问题的分析和回答都不是计算机专家、物理学教授、机械工程师或体育教练靠他们的专业知识能做到的，而需要有哲理的智慧，需要有反思、再思和追思，因而说它们是哲理性问题。哲理性问题（对非专业性问题的穷根究底的思考）不是哲学学科的一个层次，但应该看做是哲学问题（哲学性问题）的一个层次，哲理性问题的提出和思考是与哲学研究相关的。

在基本的基础哲学问题研究和相对具体的"哲理性问题"思考之间，可能还存在着一个中间层次的问题——"类哲理问题"，例如，经济类的哲理性问题、管理类的哲理性问题、教育类的哲理性问题等，对它们的研究则构成了部门哲学——中间层次的哲学，例如，经济哲学、管理哲学、教育哲学、技术哲学、环境哲学、工程伦理学、文化哲学、语言哲学、教育哲学、医学伦理学、体育哲学等，所谓应用哲学就是对某一类领域或部门及其哲理性问题的穷根究底的思考。

哲学问题和哲学研究的这三个层次有着普遍、特殊和个别的关系。研究和学习基础哲学会有助于提出和思考哲理性问题，思考和分析哲理性问题需要基础哲学的观点和方法。在基础哲学同应用哲学之间也有着类似的关系，但需要特别重视的是应用哲学又起着沟通基础哲学研究与哲理性问题思考的作用。

应用哲学的研究需要立足于哲理性问题的提出和思考，不关心经济生活、组织管理、文化教育和科学技术发展的现实问题，不从总体上和根本上深入思考它们，就不可能进行应用哲学的研究，应用哲学就会成为无本之木。应用哲学的研究也需要运用基础哲学的观点和方法，不了解和运用分析哲学、现象学、解释学的成果，就不可能进行高水平的应用哲学研究，应用哲学就会陷于就事论事的肤浅境地。

我以为当今更需要强调的是基础哲学的研究应该关注应用哲学的发展，把应用哲学看做是哲学影响现实生活和其他学科研究的重要环节：通过经济哲学影响经济研究和经济政策，通过管理哲学影响管理研究和管理实践，通过教育哲学影响教育研究和教育方针，通过技术哲学影响技术研究和技术活动，离开应用哲学，哲学（基础哲学）就难以影响现实生活。而应用哲学的研究也应该关注基础哲学的发展，把应用哲学看做是充实和丰富基础哲学的根基。为此，我们首先应当承认应用哲学或部门哲学是哲学的层次或学科。我们常说搞哲学的应当懂得某一门专业，更确切点说，或许需要的是搞基础哲学的应该懂得某一门应用哲学或部门哲学，搞应用哲学的应该懂得某一门专业，离开应用哲学，基础哲学就会是无源之水。

也许有人会说哲学的应用是重要的，但没有必要和可能提到应用哲学的层次。对此，只想提一个问题：就数学、物理学、化学来说，既可以有数学的应用、物理学的应用和化学的应用，又有作为学科的应用数学、应用物理学和应用化学，为什么唯独对哲学来说就只能有哲学的应用，而不应当和不允许有应用哲学呢?!

应用哲学方兴未艾，我们希望它对基础哲学的发展和促进人们提出和思考哲理性问题起更大的作用。应用哲学已有了开端，希望它有伟大的未来。